徐衡 编著

（SINUMERIK）数控系统手工编程

化学工业出版社
·北京·

图书在版编目（CIP）数据

跟我学西门子（SINUMERIK）数控系统手工编程 / 徐衡编著. —北京：化学工业出版社，2014.4（2021.1重印）
ISBN 978-7-122-19725-2

Ⅰ. ①跟… Ⅱ. ①徐… Ⅲ. ①数控机床-程序设计 Ⅳ. ①TG659

中国版本图书馆 CIP 数据核字（2014）第 023209 号

责任编辑：王　烨　　文字编辑：谢蓉蓉
责任校对：边　涛　　装帧设计：刘丽华

出版发行：化学工业出版社（北京市东城区青年湖南街 13 号　邮政编码 100011）
印　　装：涿州市般润文化传播有限公司
787mm×1092mm　1/16　印张 14　字数 353 千字　2021年 1 月北京第 1 版第 5 次印刷

购书咨询：010-64518888　　售后服务：010-64518899
网　　址：http: // www. cip. com. cn
凡购买本书，如有缺损质量问题，本社销售中心负责调换。

定　　价：58.00 元

前　言

SINUMERIK

数控机械加工具有较强的技术性，本书是为学习数控加工的初学者、数控机床操作工、数控程序员编写的，旨在普及、提高数控加工技术。本书中心内容是西门子（SINUMERIK）数控系统加工程序的手工编程，涵盖了数控车床、数控铣床和加工中心机床程序的编制，数控机床的操作，数控加工工艺参数的选择，典型加工实例等数控加工知识。

学习数控机械加工的基础是掌握数控手工编程，只有掌握了手工编程，才能操作数控机床，完成对工件的数控加工。本书从提升数控车床、数控铣床和加工中心操作工的岗位能力出发，详细阐述数控手工编程知识，围绕程序应用讲述数控机床操作方法。为方便读者学习，结合加工实例把数控编程、数控机床操作、加工工艺等知识进行综合介绍，使读者在数控加工应用中学习数控知识。

本书是集理论和实践于一体的实用型技术书籍，书中内容由浅入深，照顾了初学者的学习需要，可作为初学者学习数控技术的入门书籍。书中加工实例选自生产实际，对从事数控加工工作有很好的参考价值，适合正在从事数控加工的技术工人、数控程序员学习提高之用。

本书由徐衡编著，编写过程中李超、周光宇、栾敏、关颖、田春霞、段晓旭、赵宏立、孙红雨、杨海、汤振宁、赵玉伟、郎敬喜、徐光远、关崎炜、朱新宇、张元军、刘艳林、王丹、李宝岭、刘艳华等对本书的编写提供了很多帮助，在此表示感谢。

由于作者时间和水平所限，书中难免有疏漏之处，恳请读者予以指正。

编著者

目 录

SINUMERIK

第1章 数控编程基础

第2章 西门子（SINUMERIK）系统数控车削程序编制

第 4 章 西门子（SINUMERIK）系统数控车削编程与加工实例

第5章 西门子（SINUMERIK）系统数控镗铣加工程序编制

第1章 数控编程基础

1.1 数控机床入门

1.1.1 数控机床与数控系统

数控机床是由程序控制的自动化加工设备，由两个基本部分组成，即数控系统和机床本体（光机），如图 1-1 所示。

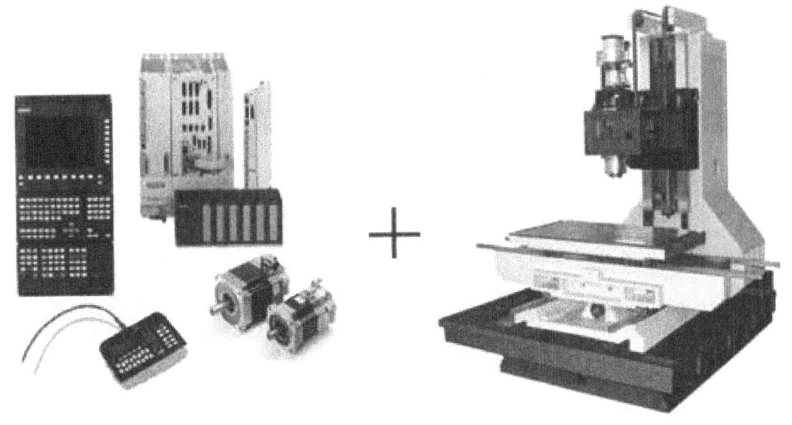

数控系统（SINUMERIK 810D）　　机床本体（铣床）

图 1-1　数控机床的组成

数控机床的智能指挥系统称为数控系统，数控系统由数控控制器、伺服驱动装置和电机组成，例如 SINUMERIK 802D 数控系统如图 1-2 所示。目前国产自主研发的数控系统有华中理工大学的华中Ⅰ型系统、华中Ⅱ型系统，中科院沈阳计算机所的蓝天一型系统，北京航天机床数控集团的航天一型系统等，此外我国市场应用较多的还有西门子系统、FANUC 系统等。

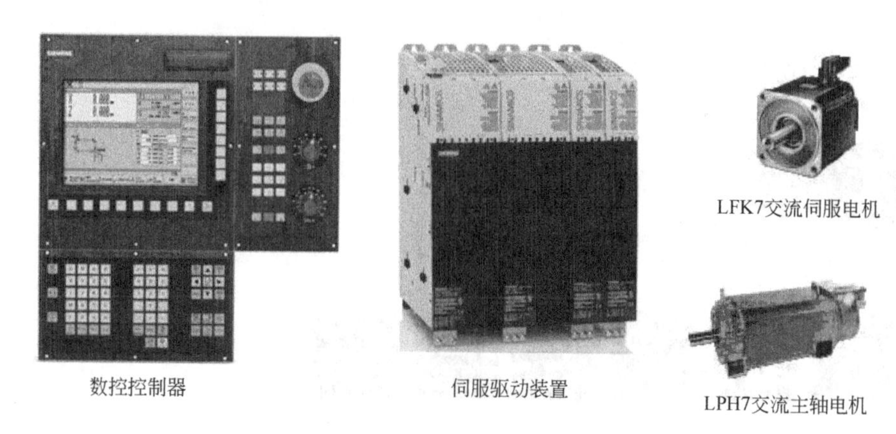

图 1-2　SINUMERIK 802D 数控系统组成

西门子数控系统是最早进入我国市场的数控系统之一，目前在中国市场使用广泛的西门子系统有 SINUMERIK 802S/C、SINUMERIK 802D、SINUMERIK 810D 和 SINUMERIK 840D。其中西门子 802S/C 系统是普及型数控系统，西门子 840D 属于高端系统，802D 系统是 840D 系统的简化版，拥有大部分 840D 的数控功能，它们之间的性能和价格比较如图 1-3 所示。西门子于 2012 年推出的新款普及型数控控制器 SINUMERIK 808D，如图 1-4 所示。这款控制器适用于普及型数控车削和数控铣削，具有结构紧凑、坚固耐用，操作简单，有利于提高机床加工精度和加工效率。

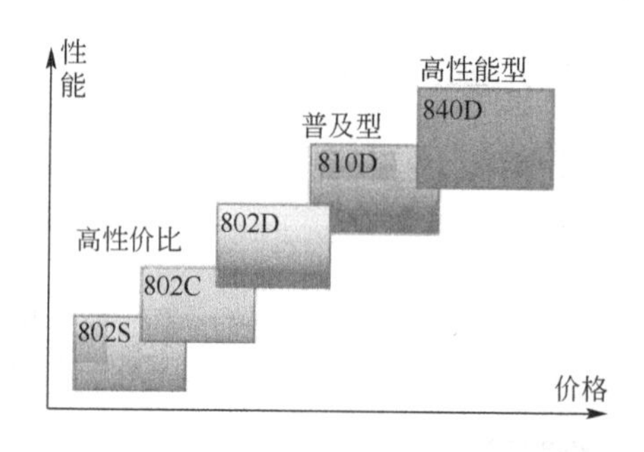

图 1-3　西门子（SINUMERIK）各数控系统的性价比较

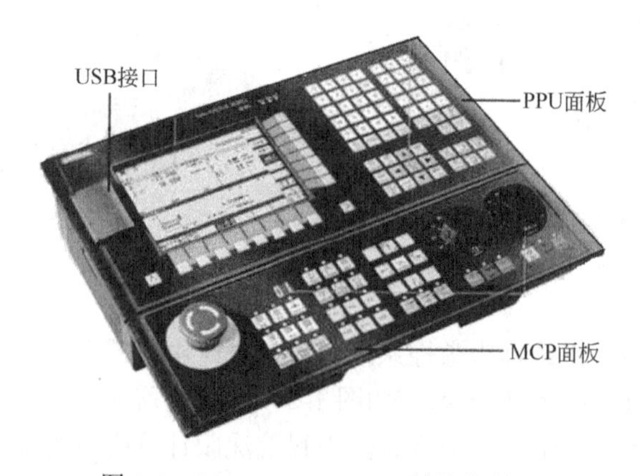

图 1-4　SINUMERIK 808D 数控控制器

机床本体也称做数控机床光机，是数控机床的机械部分。有些数控机床还装备了特殊的部件，如回转工作台、刀库、自动换刀装置和托盘自动交换装置等。

1.1.2 数控机床加工过程

数控机床加工过程如图 1-5 所示，即

① 对加工对象（零件图样）工艺分析，确定切削加工过程。

② 根据加工过程用规定代码编写零件加工程序。

③ 把加工程序输入数控机床，经过数控系统处理，发出指令，控制机床切削加工。

④ 加工出符合要求的零件。

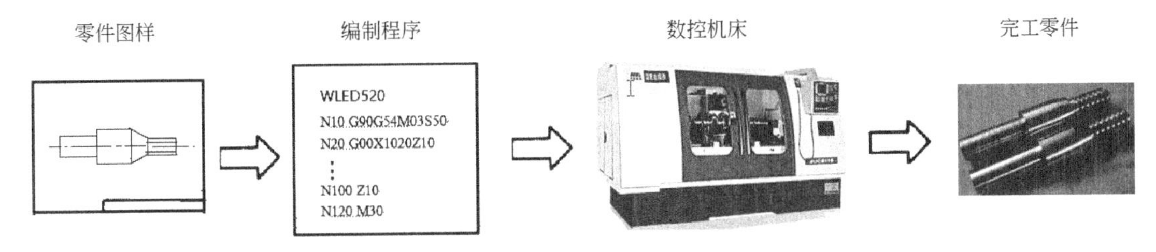

图 1-5　数控机床加工过程

1.1.3 数控加工程序

数控机床由加工程序控制工件的加工过程，数控加工的核心是编制加工程序，程序用规定数控编程语言表达加工中所需要的工艺信息和刀具轨迹。为使数控程序通用化，实现不同数控系统程序数据的互换，数控程序的格式有一系列国际标准，我国相应的国家标准与国际标准基本一致。

有两种编程方法：手工编程和自动编程。手工编程是由人工依据程序指令编制加工程序，自动编程是利用专用编程软件，由计算机生成零件程序，常用自动编程软件有：CAXA 制造工程师、UG、ProE 等。本书介绍手工编程。

西门子数控系统加工功能强，本书介绍西门子数控系统手工编程，由于该系统符合国际标准，从而确保了机床与坐标程序之间的兼容性。该系统具有简体中文界面，窗口式操作界面方便操作人员的使用。西门子编程语言基本通用多种西门子数控控制器，在不同的西门子数控控制器上仅有很小差别。SINUMERIK 808D 数控控制器具有以下特点。

① 使用 JOG 手动操作，支持 T/S/M 功能以及带图形辅助的刀具和工件的测量，方便建立刀具补偿。

② 带图形支持的工艺循环编辑界面和轮廓计算器。

③ 在前面板设有 USB 接口，可用于传输零件程序、刀具数据等加工数据，传输和执行加工程序。

④ 可运行西门子手工编程语言，同时兼容 ISO 编程语言，方便不同习惯的机床操作者。

本书以控制器 SINUMERIK 808D 为基础，介绍西门子手工编程。

1.1.4 数控机床坐标系

加工程序中记录的刀具轨迹，需要依据坐标系，数控坐标系分为数控机床坐标系和工件坐标系，其中数控机床坐标系是生产厂家在数控机床上设定的坐标系，工件坐标系又称为编程坐标系，就是编程所使用的坐标系。

对于数控机床坐标系的坐标轴和运动方向规定已标准化，我国相应的标准与 ISO 国际标准等效，其基本规定如下。

（1）刀具相对工件运动的原则——工件相对静止，刀具运动

标准规定工件静止，刀具运动，刀具远离工件方向为坐标轴正向。由于规定工件是静止的，数控程序中纪录的走刀路线是刀具的运动路线，这样编程人员不用考虑机床上是工件运动，还是刀具运动，只要依据零件图样，就可确定刀具的走刀路线。

（2）机床坐标系的规定

标准规定机床坐标系采用右手笛卡儿直角坐标系。数控机床刀具直线运动的坐标轴用字母 *X*、*Y*、*Z* 表示，三轴关系遵循右手系规定，即伸出右手，大拇指所指为 *X* 轴，食指所指为 *Y* 轴，中指所指为 *Z* 轴，如图 1-6（a）所示。刀具绕 *X*、*Y*、*Z* 轴的旋转运动坐标轴分别用 *A*、*B*、*C* 表示，其旋转的正向按右手螺旋方向确定，即大拇指指向直线坐标轴正向，其余四指指向为旋转运动正向，如图 1-6（b）所示。

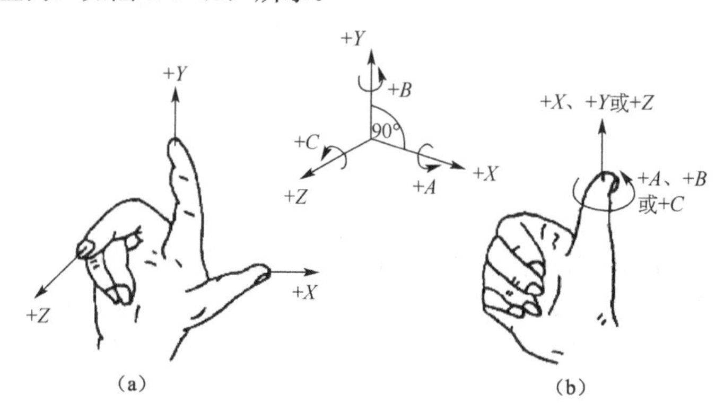

图 1-6　数控机床的坐标系

（3）机床坐标轴的规定

机床坐标系的坐标轴与机床导轨平行。判断机床坐标轴的顺序是首先定 *Z* 轴，然后定 *X* 轴，最后根据右手法则定 *Y* 轴。刀具运动时坐标轴符号规定如下。

① *Z* 轴。数控机床的 *Z* 轴与机床主轴平行，刀具远离工件的方向为 *Z* 轴正向。对于镗铣类机床，机床主运动是刀具回转，钻入工件方向为 *Z* 轴的负方向，退出工件的方向为 *Z* 轴的正方向，如图 1-7、图 1-8 所示。

② *X* 轴。*X* 轴一般是水平、平行于工件装夹面，对于立式数控镗铣床（*Z* 轴是垂直的）的，从主轴向立柱的方向看，右侧为 *X* 轴正向，如图 1-7 所示。对于卧式镗铣床（*Z* 轴是水平的），沿刀具主轴后端向工件看，右侧为 *X* 轴正向，如图 1-8 所示。

③ *Y* 轴。根据 *X* 轴和 *Z* 轴，按右手系法则确定 *Y* 轴的正方向。

④ *A*、*B*、*C* 坐标轴。*A*、*B*、*C* 是旋转坐标轴，其旋转轴线分别平行于 *X*、*Y*、*Z* 坐标轴，旋转运动正向，按右手螺旋法则确定，如图 1-6（b）所示。

（4）工件运动时坐标轴的符号

如果数控机床实体上刀具不运动，而是工件运动，这时在机床上表示工件运动的坐标轴符号为：在相应的坐标轴字母上加撇（′）表示，即 X、Y、Z、A、B、C 轴分别表示为 X'、Y'、Z'、A'、B'、C'。代撇字母表示工件运动，工件运动的正向与刀具运动坐标轴的正向相反。例如数控车床坐标系中 C'轴，如图 1-9 所示。

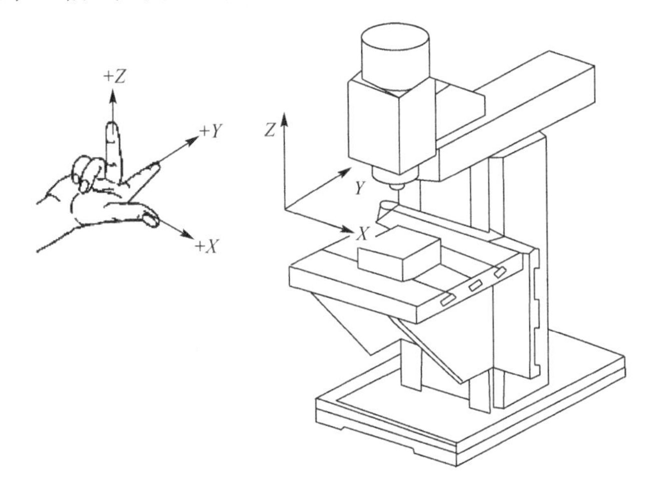

图 1-7　立式铣床坐标系

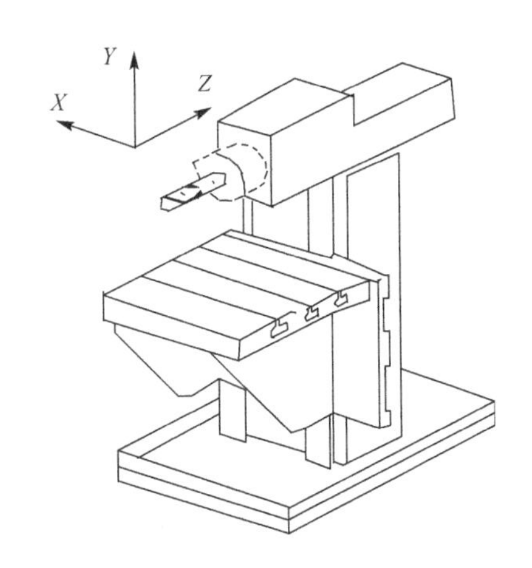

图 1-8　卧式铣床坐标系

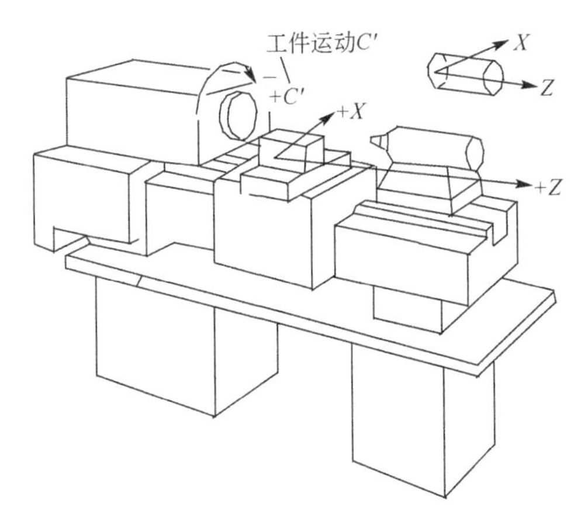

图 1-9　车床坐标系中的 C'轴

1.2 西门子（SINUMERIK）系统手工编程概述

1.2.1 手工编制零件加工程序步骤

编制零件加工程序是把加工中所需要的工艺信息和刀具轨迹用规定的数控编程语言表达出来。编程过程如图 1-10 所示，简述如下。

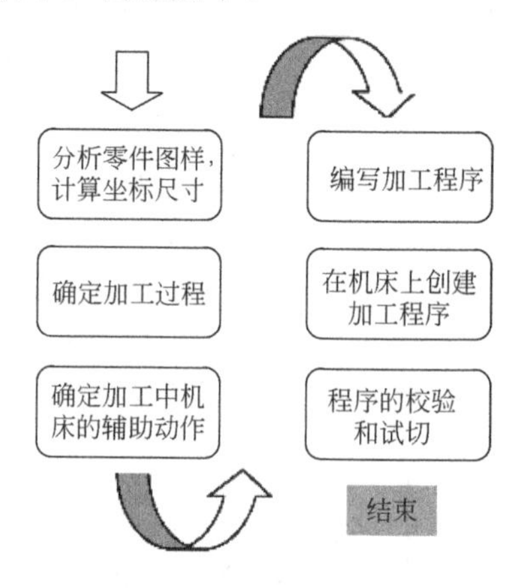

图 1-10 编制零件程序过程

（1）分析零件图样，计算坐标尺寸

数控加工前，应认真分析零件图样，注意以下几点。

① 明确加工任务。确认零件的几何形状、尺寸和技术要求，本工序加工表面和对加工质量的要求。

② 确定工件零点，画出工件坐标系。

③ 计算可能缺少的坐标尺寸，如下述三种情况的计算。

a. 零件设计图样中几何要素的定位尺寸基准应尽量选同一表面，避免基准不重合误差的影响。如图 1-11 所示零件图样，零件的 *A*、*B* 两面均为孔系的设计基准，加工孔时如采用 *A* 面定位，而ϕ50H7 孔和两个ϕ30H7 孔取 *B* 面为设计基准，定位基准与设计基准不重合，欲保证 70±0.08 和 110±0.05 尺寸，则受到上道工序 240±0.1 尺寸误差的影响，为保证精度需要压缩 240 尺寸的公差，致使增加了加工难度和成本。如果改为如图 1-12 所示标注孔位置的设计尺寸，各孔位置的设计尺寸都以 *A* 面为基准，加工孔的定位基准取 *A* 面，使定位基准与设计基准重合，各孔的设计尺寸都直接由加工误差保证，避免基准不重合误差的影响。

b. 标注尺寸中值的换算。零件标注尺寸公差不对称时，需将标注尺寸换算成中值作为编程尺寸。因为由加工误差产生的尺寸分散一般按正态分布，为使加工误差分布在公差范围内，编程尺寸应该采用零件的尺寸中值。取尺寸中值编程，有利于保证加工精度。

例如图 1-13（a）所示，用镗刀加工$\phi 30^{+0.02}_{0}$ mm 孔，若按基本尺寸 30 mm 编程，因存在加工误差，且加工误差分布中心偏离公差带中心，加工后尺寸可能小于ϕ30 mm，产生废品的概率如图 1-13（b）所示。而取尺寸的中值编程，即对于尺寸$\phi 30^{+0.02}_{0}$ mm 取中值 30.01mm，由于加工后误差分布中心与公差带中心重合，误差相对于尺寸中值对称分布，如图 1-13（c）所示，加工后尺寸在公差范围的概率大，容易保证加工精度。

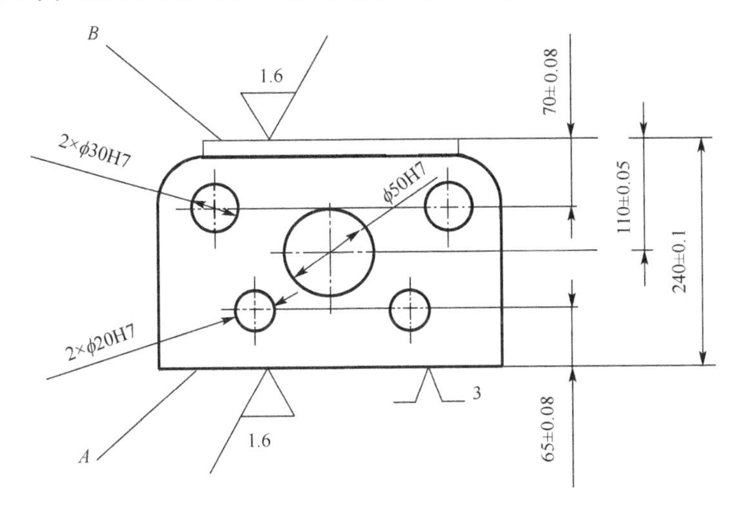

图 1-11　孔（ϕ50 与 2×ϕ30）的定位基准与设计基准不重合

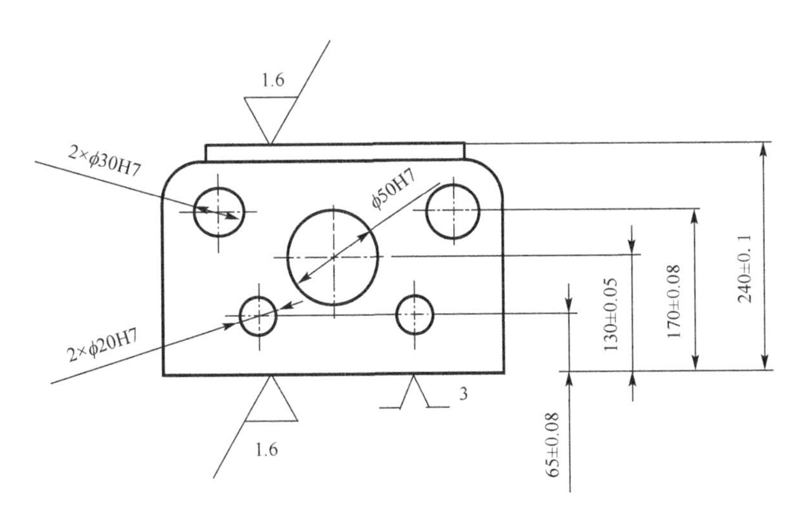

图 1-12　修改孔的定位尺寸使定位基准与设计基准重合

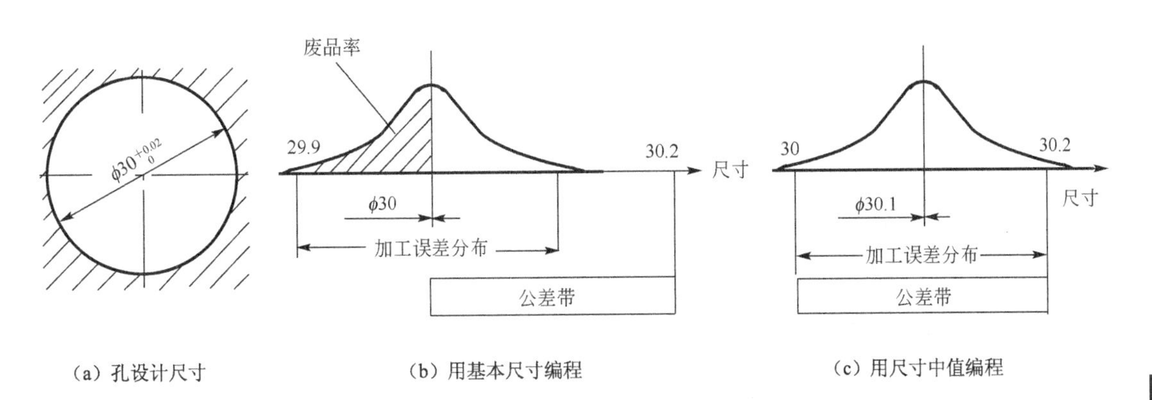

（a）孔设计尺寸　（b）用基本尺寸编程　（c）用尺寸中值编程

图 1-13　用尺寸中值编程

c. 基点计算。数控加工是按照零件的几何图形分段进行的，需要对零件的几何图形按几何元素分段，几何元素之间的基点（交点）、切点及圆心坐标等进行数值计算，以供编程时使用。

如图 1-14 所示的凸轮，图中 *A*、*B*、*C*、*D* 点是凸轮的基点。确定工件坐标系后，可用几何方法计算出基点坐标。也可以借助 CAD/CAM 软件，画出工件的几何图形，通过软件查询功能，查处所需的基点坐标，如图 1-14 所示凸轮，用 CAD 软件 1∶1 画出凸轮图形，在图上可查询基点坐标 *A*（*X*0，*Y*75），*B*（*X*0，*Y*–30），*C*（*X*–7.5，*Y*29.407），*D*（*X*0，*Y*38.73）。

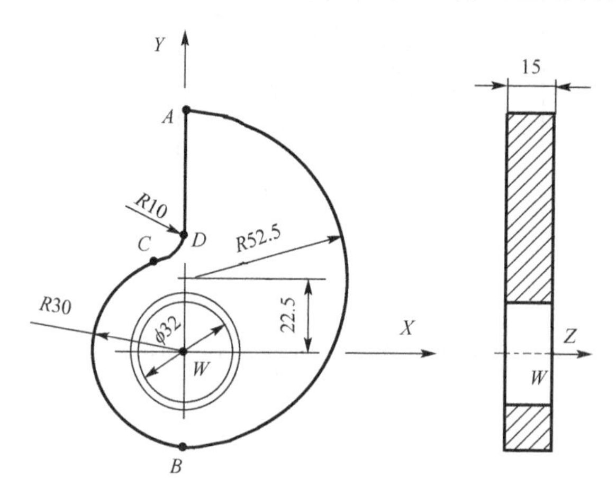

图 1-14　变速凸轮基点

（2）确定加工过程

① 确定工件的加工表面，各表面加工的顺序。

② 在机床上装夹工件的方法。

③ 根据工件加工表面，选择对应的切削刀具，确定切削参数。确定对刀点和换刀点。

④ 每一切削过程中的走刀路线，加工中是否需要零点偏移、旋转、镜像、比例尺（框架型式）。

⑤ 工件上需要重复加工的部位，是否需要存放到一个子程序中。在其他的零件程序或者子程序中是否有当前工件可以使用的部件轮廓。

⑥ 编制加工操作顺序。

（3）确定加工中机床的辅助动作

辅助动作指非切削时为辅助切削过程所需的动作，比如刀具定位时快速移动，换刀，确定工作平面，检测时空运行，开关主轴、冷却液，调用刀具数据，进刀，轨迹补偿，返回到轮廓，离开轮廓快速提刀，等等。

（4）编写加工程序

结合西门子数控系统规定编程语言，把加工中的每个步骤编为一个加工程序段(或多个程序段)，把所有单个的工作步骤汇成一个零件加工程序。

（5）在机床上创建加工程序

在机床上可以操作数控系统键盘输入加工程序，此外还可以采用纸带、软盘、通信等手段输入程序。西门子数控系统一般备有 V24 接口，单台数控机床通过 V24 接口与计算机连接，通过在计算机上的通信软件与数控机床进行数据传输，把计算机中的数控程序传输到数控系统。已实现联网的数控机床，采用网络通信传输程序。

（6）程序的校验和试切

通过程序的空运行和试切削，检验程序是否有误，加工精度是否符合要求。如果不能达到要求，找出原因，采取相应的措施进行更改。最后得到正确的数控程序。

1.2.2 数控程序组成

如图 1-15 所示为西门子系统的 ISO 语言加工程序单，程序组成说明如下。

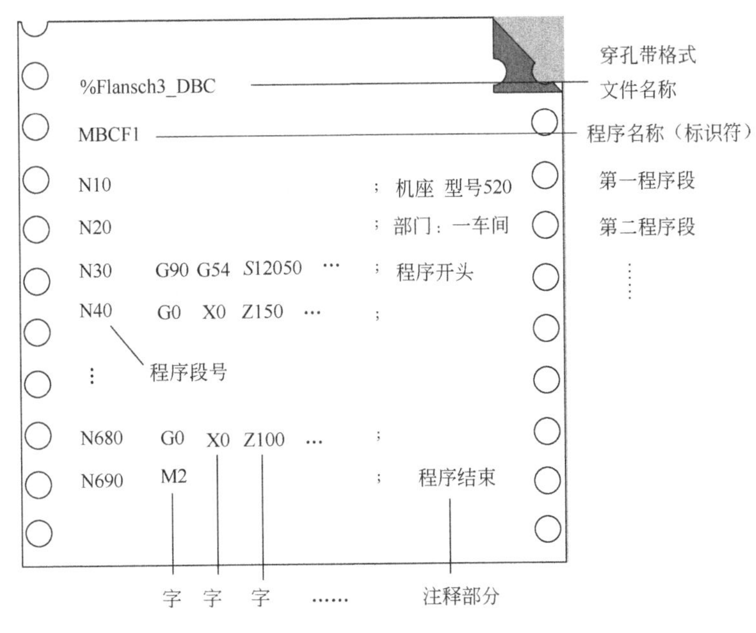

图 1-15 零件加工程序单

（1）程序名称

为了检索程序，每个程序给一个名称（标识符），如图 1-15 所示的字符 MBCF1。程序名称命名规定如下。

① 开始的两个字符必须是字母。

② 仅使用字母、数字或下划线。

③ 程序名最多有 25 个字符。

④ 字符间不允许使用分隔符。

例子：WELLE527。

通过程序名称可以把一个数控程序作为子程序从其他程序中调用。如果程序名称使用数字开头，那么子程序调用就只能通过 CALL 指令进行。

通过 V24 接口读入到机床数控系统中的外部程序文件，必须以穿孔带格式保存。对于穿孔带格式文件的名称，程序名称必须以字符“%”开始，例如%<名称>。外部文件的程序名称由三部分标识组成，例如%<名称>_xx，如图 1-15 所示的字符“%Flansch3_DBC”。

例子：%_N_轴 123_MPF。

（2）加工程序、程序段、字的组成

① 加工程序。图 1-15 为加工程序。程序是分行书写的，程序中每一行，称为一个程序段，程序由一系列程序段组成。程序中的最后一个程序段必含有程序结束字：M2。

② 程序段。每一程序段包含了执行一个加工工步的数据。程序段由若干个字组成，如图 1-16 所示。为了使加工程序的更容易理解，可以为程序段加上注释，注释放在程序段的程序部分结束处，并且用分号（“；”）将注释与程序段的程序部分隔开。

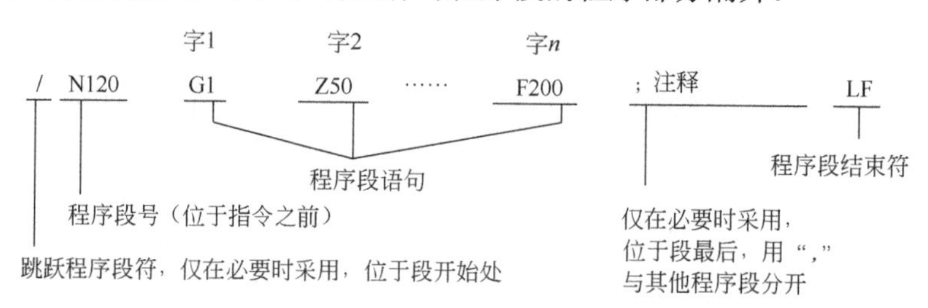

图 1-16　程序段组成

程序依据程序段排列顺序运行，并不是每次程序运行都需要执行的程序段（如测量所需停止程序）可以进行跳转。在程序段号码之前用符号“/”（斜线）标记要跳转的程序段。也可以几个程序段连续跳过，如图 1-17 所示，图中跳过的程序段有 N20，并连续跳过 N40、N50、N60 程序段。所跳过程序段中的指令不执行，程序从其后的程序段继续执行。

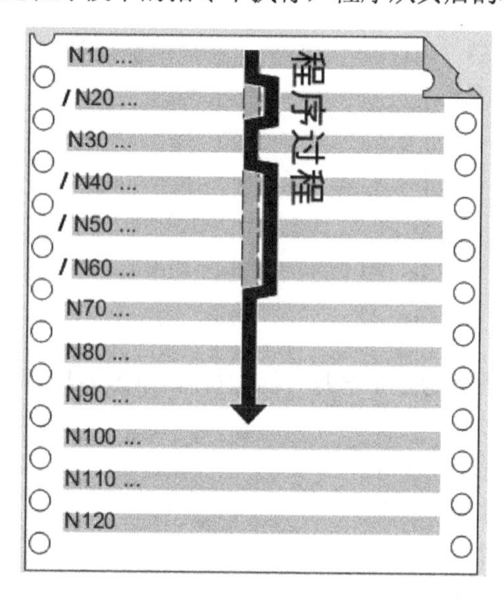

图 1-17　跳转程序段

③ 字。字是程序中的基本信息单元，也称指令，代表机床的一个位置或一个动作。每个字由地址符（英文字母）和数字（数字一个数字串，可以带正负号和小数点，正号可以省略不写）组成，例如字“*X*–20.1”的组成：地址 X 数值 –20.1。

④ 地址。地址代表不同的功能。地址由地址符（英文字母）标识，如表 1-1 所示。

地址也可以是多个地址符，即一个字包含多个字母。此时数值与字母之间用符号“= ”隔开，举例：CR=5.23。

表 1-1　数控程序部分地址符及其功能

功　能	地址（大写字母和小写字母没有区别）	含　义
程序段号	N	程序段标识符
准备功能	G	指定移动方式(直线、圆弧等)
坐标终点	X、Y、Z、U、V、W、A、B、C	坐标轴移动终点或行程
进给速度	F	指定每分钟进给速度或每转进给速度
主轴转速	S	指定主轴转速
刀沿号	D	刀具补偿地址
刀具号	T	指定刀具
辅助功能	M	控制机床上的开/关量
附加功能	H	

包含数字的地址称为扩展地址。对于地址 *R*（计算参数）、H（H 功能）、*I*, *J*, *K*（插补参数/ 中间点）、M（附加功能 M，仅针对主轴）、*S*[主轴转速（主轴 1 或 2）]而言，地址增加 1～4 位数，以获得更多数量的地址。扩展地址可通过“= ”对其地址赋值。

举例：R10=6.234

H5=12.1

I1=32.67

M2=5

S2=40

1.2.3　程序段格式

程序段格式是指一个程序段中各种字（指令）的排列顺序。西门子系统的程序段格式如图 1-18 所示。

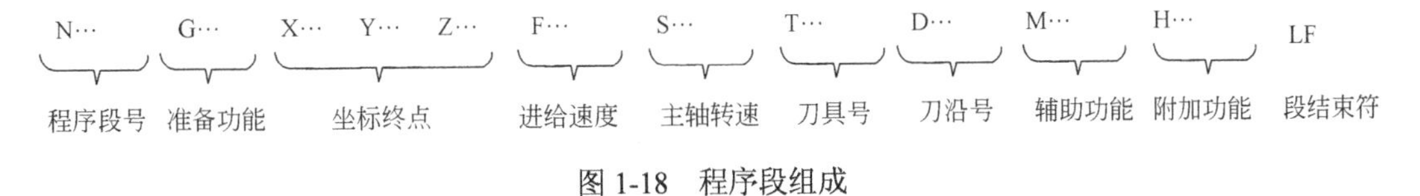

图 1-18　程序段组成

一个完整程序段的内容包括：程序段号、刀具移动方式与轨迹（准备功能 G）、移动目标（终点坐标值 *X*、*Y*、*Z*）、进给速度（F）、主轴转速（S）、刀沿号（刀具补偿地址 D）、使用刀具（刀具号 T）、机床辅助动作（辅助功能 M）等。程序段中的各中字（指令），说明如下。

① N…——程序段号。程序段号是一个程序段的标识符。程序段号由字符“N”和一个正整数构成，例如 N40。在一个程序中程序段号必须唯一，以供检索。程序段号的顺序可以任意，推荐使用升序的程序段号，一般程序中以 5 或 10 为间隔选择程序段号。以便在需要插入程序段时不会改变程序段号的顺序。

② G…——准备功能字。用 G 加整数字构成。G 功能字应注意两点。

a. G 功能划分为不同的功能组。一个程序段中同一个功能组中的 G 指令只能出现一个，不同功能组的 G 功能可同时指定在一个程序段中。

b. G 指令分为模态（模态指令在程序中给定后一直有效，直到被同组中其他 G 指令替代），和非模态（只在 G 指令在所处的程序段有效）两类。

③ X、Y、Z、A、B、C、I、J、K 等——终点坐标指令。由坐标地址符（英文字母）及数值组成，例如 *X*–25.102。其中字母表示坐标轴，字母后面的数值表示刀具在该坐标轴上移动（或转动）后的坐标值，可以是绝对坐标（用 G90 指定），也可以是增量坐标（用 G91 指定）。

④ F···——进给速度。用来给定刀具的进给速度。进给速度的单位由 G94/G95 指令确定：G94 确定进给速度的单位是 mm/min（毫米/分钟）；G95 确定进给速度的单位是 mm/r（毫米/转）。如果程序中没给出 G94/G95 指令，数控铣床开机后默认的进给速度单位（即缺省值）是“mm/min”，数控车床开机默认的进给速度单位是“mm/r”。

⑤ S···——主轴转速功能。用以指定主轴转速，其单位是“r/min”。例如 *S*900，表示主轴转速为 900r/min。

⑥ T···——刀具号。其中的数字“···”表示刀具号，例如 *T*3，表示选用 3 号刀。用以选择刀具。

⑦ D···——刀沿号。即刀具补偿地址，用字母 *D* 加数字组成 。用于存放刀具长度或半径补偿值。

⑧ M···——辅助功能字。简称 M 代码，用字母 M 加数字表示，它是控制机床开关类动作的指令。在一个程序段中最多指定三个 M 代码，代码对应的机床功能由机床制造厂决定。常用的 M 代码含义见表 1-2。

表 1-2　常用 M 字功能

M 代码	功 能 说 明	M 代码	功 能 说 明
M0	程序停止	M09	关闭切削液
M1	程序有条件停止	M10 / M11	卡盘卡紧 / 放松
M2	程序结束	M20 / M21	尾座卡紧 / 放松
M30	程序结束并返回到程序头	M17	结束子程序
M3 / M4 / M5	主轴顺转/逆转/停	M40	自动选择挡位
M7 / M8	切削液打开	M41～M45	主轴换挡

⑨ LF——程序段结束符号，位于一个程序段末尾表示一个程序段的结束。“LF”是 Line Feed 的缩写，即中文含义“新的一行”。编程时字符“LF”可以省略。操作中通过换行操作，LF 自动添加在段末尾，同时程序换行。

⑩ 其他指令等。

1.2.4　常用 M 代码说明

表 1-2 为常用的 M 代码，说明如下。

（1）指令 M0（程序暂停）

M0 指令使正在运行的程序在本段停止运行，同时现场的模态信息全部被保存下来。重新按动程序启动按钮后，可继续执行下一程序段。

应用如下。该指令用于加工中的停车，以进行某些固定的手动操作，如手动变速、换刀等。

（2）指令 M1（条件停止）

M1 执行过程和 M0 指令相同，不同的是只有按下机床控制面板上的 “选择停止”按钮时该指令才有效，否则机床继续执行后面的程序。

应用如下。该指令常用于加工中的关键尺寸的抽样检查或临时停车。

（3）指令 M2（程序结束）

该指令表示加工程序全部结束。它使主轴、进给、切削液都停止，机床复位。

应用如下。该指令必须编在最后一个程序段中。

（4）指令 M3（主轴正转）、M4（主轴正转）、M5（主轴停）

功能如下 M3、M4 指令可分别使主轴正、反转，它们与同段程序其他指令同时执行。M5 指令使主轴停转，在该程序段中其他指令执行完成后才执行主轴停止。

（5）指令 M8（切削液开指令）、M9（切削液关指令）

（6）指令M30（程序结束并返回）

功能如下该指令与 M02 功能相似，不同之处是该指令使程序段执行顺序指针返回到程序开头位置，以便继续执行同一程序，为加工下一个工件做好准备。该指令必须编在最后一个程序段中。

（7）M0、M1、M2 和 M30 的区别与联系

M0、M1、M2 和 M30 代码容易混淆，它们的区别与联系如下。

M0 为程序暂停指令。程序执行到此进给停止，主轴停转。重新按启动按钮后，可继续执行后面的程序段。主要用于编程者想在加工中使机床暂停（检验工件、调整、排屑等）。

M1 为程序选择性暂停指令。程序执行时控制面板上“选择停止”键处于 ON 状态时此功能才能有效，否则该指令无效。执行后的效果与 M0 相同，常用于关键尺寸的检验或临时暂停。

M2 为主程序结束指令。执行到此指令，进给停止，主轴停止，冷却液关闭。但程序执行光标停在程序末尾。

M30 为主程序结束指令。功能同 M2，不同之处是，程序执行指示光标返回程序头位置。

1.2.5 数字单位英制与公制的转换

程序中数值的单位可以用 G70/G71 指定，G71 指定采用公制（毫米输入）；G70 指定采用英制（英寸输入）。如果程序中不给出 G71/G70 指令，机床开机后默认的单位（即缺省值）是 G71（毫米输入）。G71/G70 代码必须编在程序的开头，在设定坐标系之前以单独程序段指定。

1.2.6 平面选择指令 G17、G18、G19

在涉及沿圆弧进给、刀具补偿等功能时需要选择平面，笛卡儿直角坐标系中 X、Y、Z 三个互相垂直的坐标轴，构成了三个平面，如图 1-19 所示。平面选择指令如表 1-3 所示。其中指令 G17 选择 XY 平面，G18 选择 XZ 平面，G19 选择 YZ 平面。这三个指令属同一组的模态码，开机后系统默认为 G17 状态，即 G17 为缺省指令，所以开机后如果选择 XY 平面，就可以省略 G17 指令。

1.2.7 DIN 标准代码与 ISO 标准代码

西门子数控系统编程语言遵循 DIN 66025 标准，是西门子系统的自有编程语言。此外，常用的数控加工代码还有 ISO 标准代码。SINUMERIK 808D 系统同时支持 DIN 编程语言和 ISO 数控编程语言，可以适应不同用户的编程习惯。本书介绍西门子语言编程，即 DIN 标准代码。ISO 标准代码与 DIN 标准简单比较如表 1-4 所示。

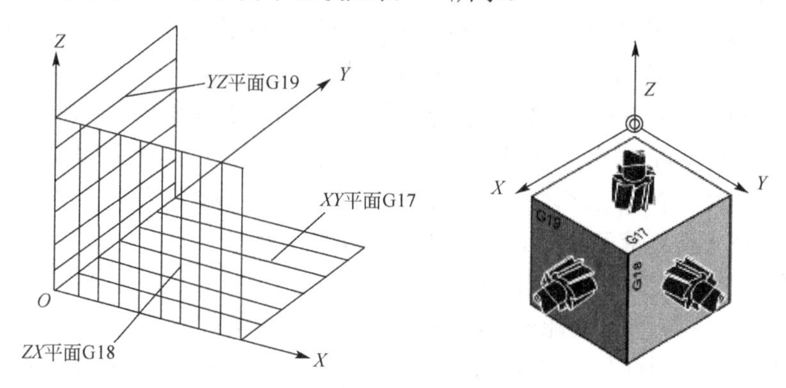

图 1-19　指令 G17、G18、G19 选择的平面

表 1-3　平面选择指令

平面选择指令	所选平面（横坐标/纵坐标）	垂直于平面的轴（钻/铣时长度补偿轴）
G17	*X*/*Y*	*Z*
G18	*Z*/*X*	*Y*
G19	*Y*/*Z*	*X*

表 1-4　常用 ISO 代码与 DIN 代码比较

ISO 代码	描　述	DIN 比较
G00	定位（快速移动）	同 DIN
G1	直线差补	同 DIN
G17/G18/G19	*XY* 平面/*ZX* 平面/*YZ* 平面	同 DIN
G20/G21	英寸/毫米输入	G70/G71
G32	等螺距螺纹切削	G33
G41/G42/G40	左侧刀尖半径补偿/右侧刀尖半径补偿/取消刀具半径补偿	同 DIN
G54～G59	工件坐标系选择	同 DIN
G80	取消固定循环	
G98/G99	进给率 F 单位为：毫米/分/毫米/转	G94/G95
S	主轴转速	同 DIN
R	倒圆	RND
C	倒斜角（注意格式，C 参数前必须要有符号“，”）	GHF/CHR
M3/M4/M5	主轴正转/主轴反转/主轴停转	同 DIN
M98 P_L_	子程序调用（P+子程序名/L+调用次数）	程序名+L_
M99	子程序结束	M17

SINUMERIK 808D 系统支持 DIN 标准代码，也提供使用 ISO 代码的功能。使用 ISO 代码需要激活 ISO 模式，SINUMERIK 808D 切换成 ISO 模式操作如下。

① 在确保口令设为“制造商（SUNRISE）”级的状态下。按 PPU 上的“上档”+“诊断”键，即 [上档] + [诊断]，打开机床配置窗口如图 1-20 所示。

② 按下图 1-20 窗口右侧 ISO 软键：[ISO模式]。屏幕中会出现提示框询问是否激活新配置，

选择右侧的“确认” 软键激活。

选择“确认”后系统会自动上电重启，重启完毕之后，重新使用 PPU 面板的 “上档”+“诊断”组合键，观察到如图 1-21 所示圆圈注的标志时，证明 ISO 模式已经激活。

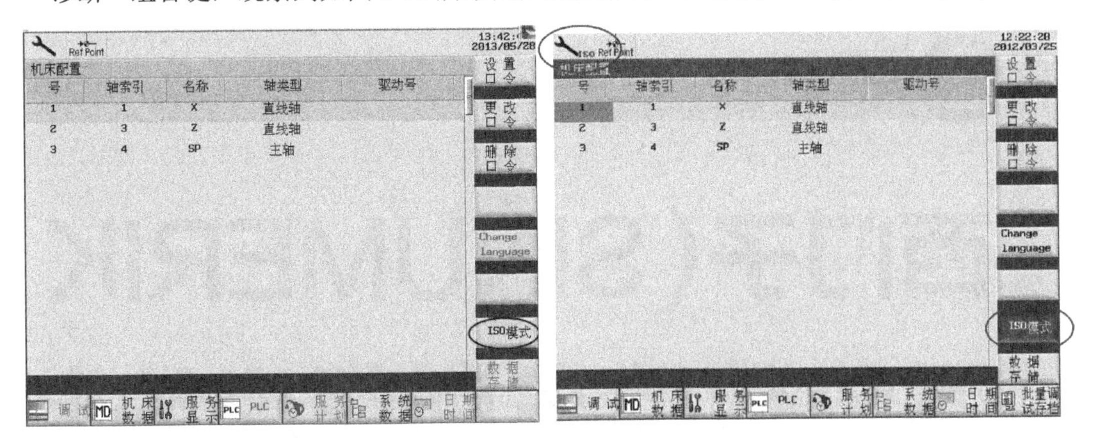

图 1-20　机床配置窗口　　　　图 1-21　ISO 模式已经激活

第2章

西门子（SINUMERIK）系统数控车削程序编制

2.1 数控车床编程基础

2.1.1 数控车床坐标系

（1）数控车床

数控车床用于加工轴、套类等回转体零件。数控车床导轨形式有两种：水平导轨(如图2-1所示)和斜导轨（如图2-2所示），水平导轨数控车床采用前置刀架，如图2-1（b）所示，

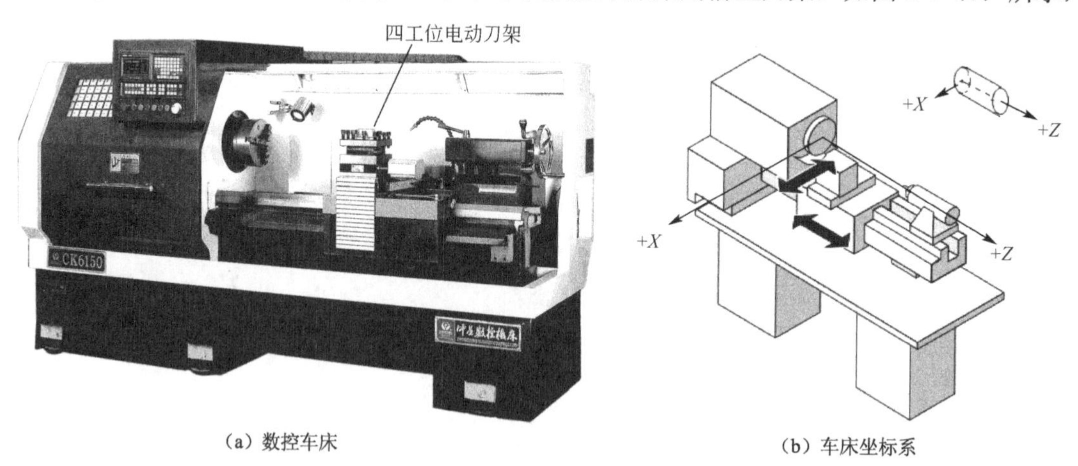

（a）数控车床　（b）车床坐标系

图2-1　水平导轨数控车床及机床坐标系（前置刀架）

刀架位于主轴前面，与传统卧式车床刀架的布置形式一样，装备四工位电动刀架。斜导轨车床采用后置刀架，如图 2-2（b）所示，刀架位于主轴的后面，刀架导轨位置与正平面倾斜，该结构形式便于观察刀具的切削过程，切屑容易排除，后置空间大，装备多工位回转刀架，全功能的数控车床刀架布局都采用后置刀架。

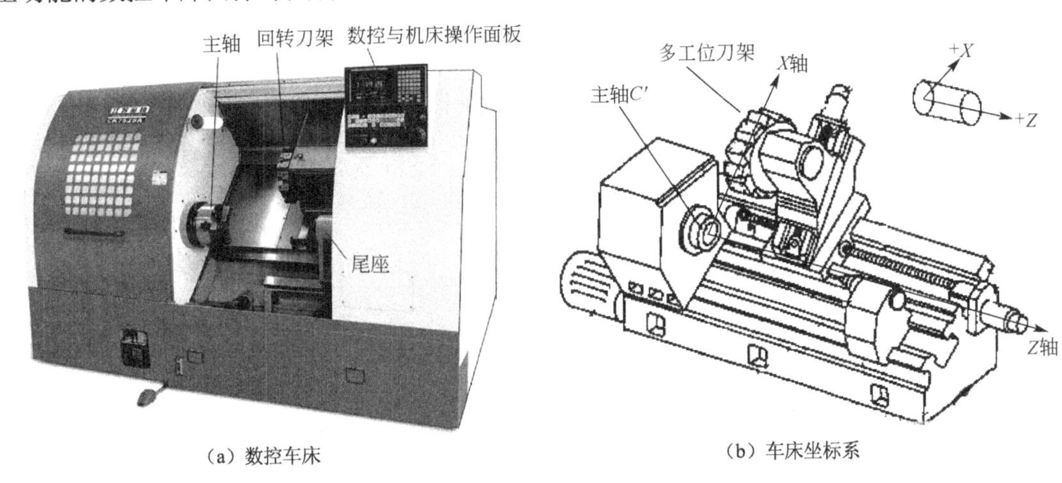

（a）数控车床　　（b）车床坐标系

图 2-2　斜导轨数控车床及机床坐标系（后置刀架）

（2）数控车床坐标系

数控车床通常控制两个直线运动轴：即刀具运动的 Z 轴和 X 轴，如图 2-1（b）和图 2-2（b）所示。数控车削中心机床具有对主轴旋转的控制，即 C 轴功能，如图 2-2（b）所示。由于 C 轴是工件回转运动，所以图 2-2（b）中的 C 轴标注符号为 C'。数控车削中心可控制 X、Z、C'三个坐标轴。车削中心采用回转刀刀架，刀具容量大。刀架上可配置铣削动力头，使车削中心的加工功能大大增强，除车削圆柱表面外，还可以进行径向和轴向铣削、曲面铣削，以及中心线不在零件回转中心的孔和径向孔的钻削等。

（3）机床零点

数控车床的机床坐标系原点也称做机床零点，零点是机床上一个固定的点，一般设在主轴前端面与其旋转中心线交点，如图 2-3 所示的 M 点位置。机床零点（M）由机床制造商设定，并且无法改变。

（4）机床参考点

数控系统在每次上电后，并不知道机床零点的位置，为了能够正确地建立机床的坐标系，操作人员通过手动或自动返回参考点，使各运动轴返回到机床的参考点，以此建立机床坐标系。机床参考点是一个固定点，可以同机床零点一致，也可以通过相应的参数将机床参考点偏移至需要的位置，通常设在 X、Z 轴的正向极限位置，如图 2-3 所示的 R 点位置。参考点用于使机床上的刀具运动与测量系统同步，机床开机后首先操作“回参考点”或“回零”，通过回参考点操作在数控系统中建立起机床坐标系。

装备绝对尺寸测量装置的机床能够记忆机床零点位置，开机后不需要回参考点操作。

在以下三种情况下，数控系统会失去对机床参考点的记忆，必须进行返回机床参考点的操作。

① 机床超程报警信号解除后；

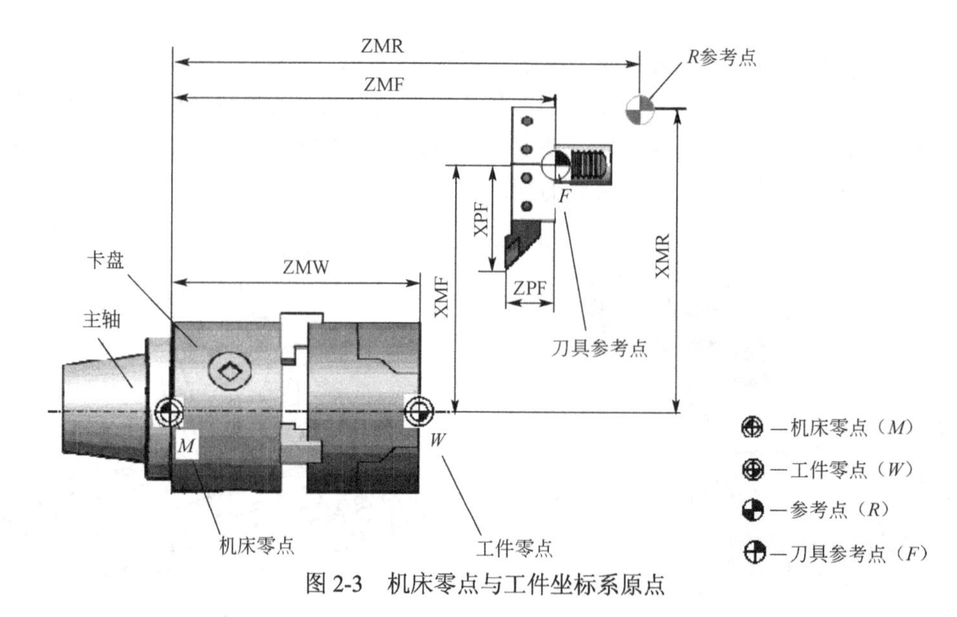

图 2-3　机床零点与工件坐标系原点

注：图 2-3 中刀具与工件的相互位置，与程序标准一致，对于前置刀架车床和后置刀架车床都适用。

② 机床关机以后重新接通电源开关时；

③ 机床解除急停状态后。

2.1.2　工件坐标系及工件零点

工件加工程序依据工件图样编制，编程中工件尺寸使用右旋直角坐标系描述，工件坐标系原点称为工件零点。工件 *X* 方向零点位于工件的回转中心上，*Z* 方向零点应根据零件图样的尺寸链选择。一般为编程方便，车削工件零点设在工件轴线与左端面的交点，如图 2-3 所示的 *W* 点位置。

图 2-3 中的 *F* 点是刀架参考点，即编程中的刀具位置。刀尖相对 *F* 点的偏移为 XPF 和 ZPF，程序运行时由刀具补偿使刀尖位于 *F* 点位置（参见本书 2.3 节）。

2.1.3　工件坐标系与机床坐标系的关系

（1）工件零点偏移

车削时工件装夹在机床上，须保证工件坐标系坐标轴平行于机床坐标系坐标轴。此时工件零点（工件坐标系原点）相对机床零点的距离（有正负符号）称为工件零点偏移。如图 2-4 所示，工件零点与机床零点在 *Z* 轴上的偏移（*X* 轴工件零点偏移为 0），该值存入到可设定的零点偏移地址中（例如 G54），在程序运行时可以用零点偏移指令（例如 G54）激活此偏移量。

（2）设定工件坐标系指令

数控系统上电后，通过回参考点操作自动运行机床坐标系，为使数控程序按照工件坐标系运行，需要在程序中设定工件坐标系。用零点偏移指令设定工件坐标系。

可设定的零点偏移指令如下。

G54～G59，设定第 1～第 6 个可设定的零点偏移 。

G507～G554，设定第 7～第 54 可设定的零点偏移。

G500，取消可设定的零点偏移，模态。当 G500 生效后，编程的基础零点（绝对值方式编程）就以机床参考点为基础，直到同一功能组中其他的功能有效，基础框架才会随之改变。

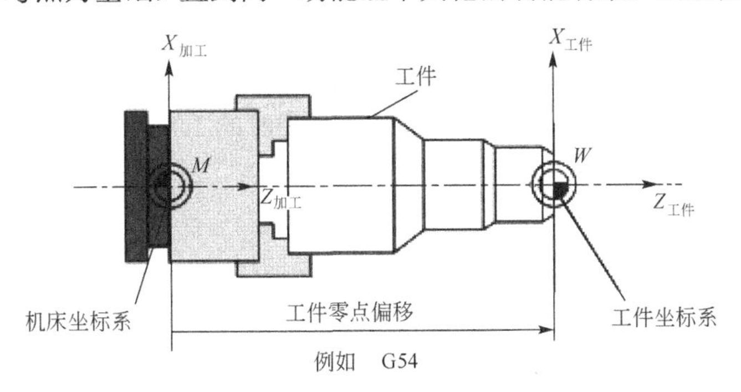

图 2-4　工件零点偏移

G53，取消可设定的零点偏移，非模态，并抑制可编程的偏移。

G153，和 G53 一样；另外抑制基本框架。

2.1.4　设定工件坐标系

（1）工件零点偏移列表（存储地址）G54～G59

工件零点偏移列表用于存储工件零点偏移数据，如图 2-5 屏显画面所示，表中 G54～G59 可存储 6 个工件零点，用于建立 6 个工件坐标系。表中偏移数据更改操作步骤如下。

① 按下操作面板的（偏置）键，按图 2-5 中的软键“零点偏移”。屏面上显示零点偏移列表（图 2-5）。该列表包含编程零点偏移的基本偏移值和当前生效的比例系数、镜像状态显示以及所有当前生效的零点偏移的和。

② 将光标条定位至需要更改的输入区上（如 G54），并输入数值。

③ 按下(输入)键，确认输入。对零点偏移所做的修改立即生效。

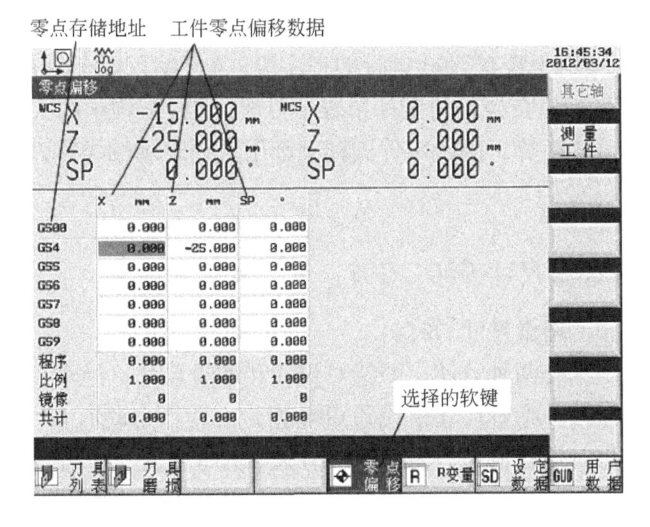

	X mm	Z mm	SP °
G500	0.000	0.000	0.000
G54	0.000	-25.000	0.000
G55	0.000	0.000	0.000
G56	0.000	0.000	0.000
G57	0.000	0.000	0.000
G58	0.000	0.000	0.000
G59	0.000	0.000	0.000
程序	0.000	0.000	0.000
比例	1.000	1.000	1.000
镜像	0	0	0
共计	0.000	0.000	0.000

图 2-5　工件零点偏移列表屏面（零点偏移存储地址）

（2）设定工件坐标系指令 G54～G59

G54～G59 是存储地址，也是零点偏移指令，在程序中用指令 G54～G59 激活地址中存储的偏移量，从而设定当前工作的工件坐标系，操作步骤如下。

① 装夹工件，保证工件坐标系坐标轴平行于机床导轨（即机床坐标系坐标轴）。

② 对刀、测量出工件零点偏移数据，并把偏移数据输入到地址 G54～G59。

③ 程序中给出零点偏移指令 G54～G59，则相应的工件坐标系生效 。操作细节参见本书 3.4.2 节。

2.1.5 直径编程与半径编程

车床 *X* 轴坐标值是工件回转圆的截面尺寸，*X* 指令值采用圆的直径值，称为直径编程，*X* 指令值；采用圆的半径值，称为半径编程，如图 2-6 所示。

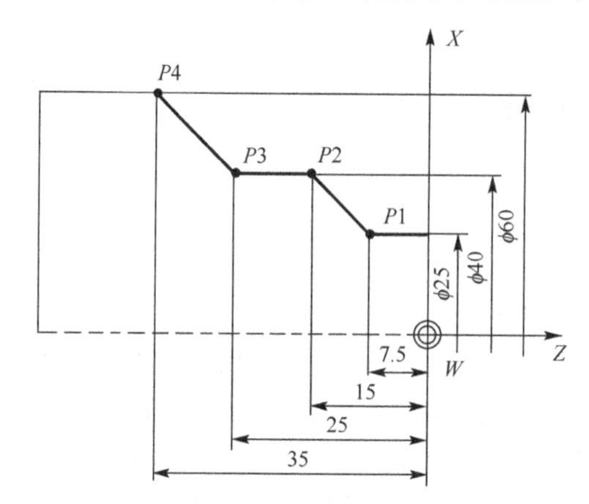

点	直径编程坐标	半径编程坐标
*P*1	*X*25, *Z*–7.5	*X*12.5, *Z*–7.5
*P*2	*X*40, *Z*–15	*X*20, *Z*–15
*P*3	*X*40, *Z*–25	*X*20, *Z*–25
*P*4	*X*60, *Z*–35	*X*30, *Z*–35

图 2-6　直径编程与半径编程的坐标值

有三种选择直径编程指令。

DIAMON，打开直径编程。

DIAMOF，关闭直径编程（执行半径编程）。

DIAM90，直径编程用于带有 G90 运行的程序段。半径编程用于带有 G91 运行的程序段。

半径编程中的 *X* 坐标值符合直角坐标系表示方法，直径编程中的 *X* 坐标值与回转工件直径尺寸一致，不需要尺寸换算。由于零件图样上都用直径表示轴类零件的径向尺寸，所以车削一般使用直径编程。

2.1.6 绝对尺寸与增量尺寸 G90、G91、AC、IC

（1）绝对尺寸 G90，增量尺寸 G91

表示刀具位置的坐标有两种方法，即绝对尺寸和增量尺寸。绝对尺寸值是指相对于当前有效坐标系零点的坐标值。绝对尺寸用代码 G90 指定。程序启动时 G90 对于所有轴有效。

增量尺寸值也称相对尺寸值，与刀具运动有关，尺寸值是一个程序段中刀具从前一点运动到下一个点的位移量，即刀具位移的增量，增量尺寸用 G91 指定。

例如：工件坐标系如图 2-7 所示，刀具从 *P* 点运动到 *A* 点。

A 点绝对尺寸：G90 X20 Z0。

A 点增量尺寸：G91 X–80 Z–150。

G90 和 G91 属于同一组的模态代码，即代码一经指定就对所有轴一直有效，G91 与 G91

可互相取代。

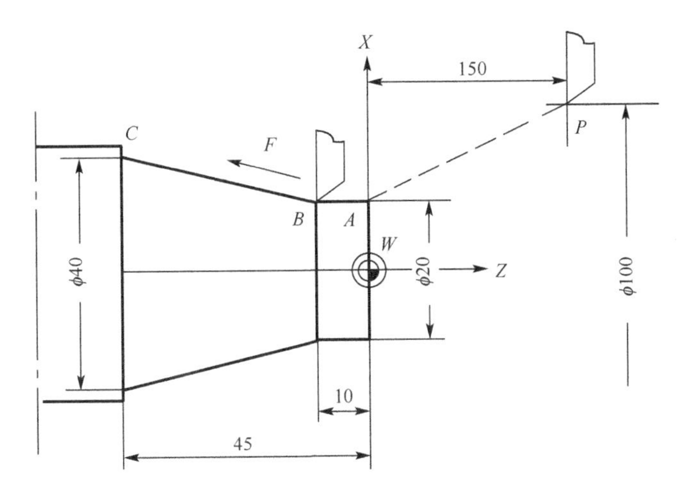

图 2-7　绝对尺寸和增量尺寸

（2）某些轴的绝对尺寸“=AC(...)”，某些轴的增量尺寸“=IC(...)”

指令格式如下。在运动坐标轴符号后写入等号。坐标值置于圆括号中。

某轴的绝对尺寸为（坐标轴）=AC（值）；非模态指令。

某轴的增量尺寸为（坐标轴）=IC（值）；非模态指令。

例如，X=AC(20)；*X* 轴的绝对尺寸 20。

Z=IC（35）；*Z* 轴的增量尺寸 35。

（3）例题

【例 2-1】 工件坐标系如图 2-7 所示，刀具从 *B* 点运动到 *C* 点，*C* 点的坐标尺寸如下。

① *C* 点的绝对尺寸为 G90 X40 Z－45；

② *C* 点的增量尺寸为 G91 X20 Z－35；

③ *C* 点 *X* 轴用绝对尺寸，*Z* 轴用增量尺寸，即 G90 X40 Z=IC(－35)；

三种表示方法效果等同。

【例 2-2】 程序中绝对尺寸、增量尺寸的应用：

```
N10 G90 X20 Z90              ; 绝对尺寸
N20 X75 Z=IC(-32)            ; X轴保持绝对尺寸、Z 轴为增量尺寸
N180 G91 X40 Z2              ; 切换到增量尺寸
N190 X-12 Z=AC(17)           ; X轴保持增量尺寸，Z 轴为绝对尺寸
```

【例 2-3】 工件坐标系如图 2-7 所示，编程，精车外圆一次（练习直径编程、半径编程）。

```
N10 G54 G90 G0 X100 Z150     ; 回起始点，绝对尺寸编程
N05 X0 Z0                    ; 定位到零点 W
N20 DIAMOF                   ; 直径编程关闭（即半径编程有效）
N30 G1 X10 S2000 M03 F0.8    ; 车端面，半径编程有效，运行至半径位置 X10
N40 DIAMON                   ; 直径编程生效
N50 G1 Z-10                  ; 车 AB
N60 X40 Z-45                 ; 车 BC
```

```
N70 DIAM90                      ；绝对尺寸的直径编程和增量尺寸的半径编程
N80 G91 X5                      ；切出（增量尺寸，X半径值）
N90 G0 G90 X100 Z150            ；快速回到P点（绝对尺寸，X直径值）
N100 M30                        ；程序结束
```

2.2 数控车床直线与圆弧运行编程

2.2.1 快速直线移动G0

程序格式：G0 X__Z __ ；其中X、Z是移动到的目标点坐标。

功能：G0用于刀具的快速定位，即刀具以机床给定的快速进给速度移动到目标点，编程的进给率*F*字与G0不相关。G0用于刀具的空行程。绝对坐标编程G0指令中的*X*、*Z*表示目标点在工件坐标系中的坐标；增量编程G0指令中的*X*、*Z*是刀具起始点到目标点的位移增量。

G0是模态码，模态码指该指令一旦给定，即在程序中一直生效，直到被同组的其他指令（G1、G2、G3、…）取代。

【例2-4】 如图2-7所示，工件零点设在轴线左端面处，刀具从*P*快进到*A*，分别用绝对尺寸和增量尺寸编程。

① 绝对尺寸编程：N10 G90 G0 X20 Z0。

② 增量尺寸编程：N10 G91G0 X－80 Z－150。

③ 绝对尺寸编程，*Z*轴使用增量尺寸为N10 G90 G0 X20 Z=IC（–150）。

2.2.2 进给率 F

（1）F字用途

进给率F用于指定机床进给运动速度。F是模态码，它在G1、G2、G3、CIP、CT运动方式中生效，并且一直有效，直到写入一个新的F码。F码在整数值方式下可以舍去小数点后的数据，例如F200。

（2）F字的计量单位（G94、G95）

进给率 F 字的计量单位由G94、 G95功能确定。

G94 F__；进给率单位为mm/min

G95 F__；进给率单位为mm/r（主轴旋转用S字指定时有效）

（3）程序示例

```
N10 G94 F310                ；进给率，单位为mm/min
N20 G1 X60 Z60
N30 M5
N40 S200 M3                 ；主轴旋转
N50 G95 F0.2                ；进给率，单位为mm/r
N60 G1 X100 Z100
```

```
N70 M30
```

备注：G94、G95 是同一组的模态码，数控车床上电后系统默认处于 G95 状态。编程中切换 G94、G95 时，须写入新的 *F* 字。

2.2.3 直线插补指令 G1

程序格式：G1　X__Z__F__

功能：G1 指令使刀具以给定的进给速度从所在点直线进给到目标点。绝对坐标编程中 *X*，*Z* 表示目标点在工件坐标系中的坐标。增量编程中 *X*、*Z* 表示刀具由起点到目标点的移动增量，代码 *F* 给定沿直线运动的进给速度。

G1 是模态码，指定后一直生效，直到被同组的其他指令（G0、G2、G3、 ...）取代。

【例 2-5】 图 2-8 元件各表面已完成粗加工，试分别用绝对坐标方式和增量坐标方式编写精车外圆的程序段，走刀路线为 *P*→*A*→*B*→*C*→*D*→*E*→*P*。

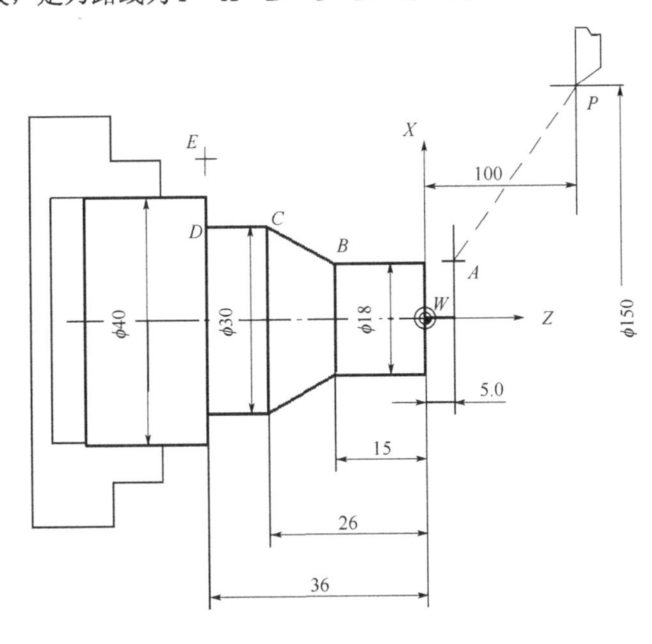

图 2-8　G0、G1 指令练习

【解】 切削直线轮廓编程练习。

（1）绝对尺寸编程　　　　　　　　　　解释

```
N10 G54 G95 G90 G0 X150 Z100        ; 设定坐标系，快速定位到 P
N20 G0 X18 Z5                       ; 快速定位 P→A
N30 G1 X18 Z-15 F0                  ; 切削 A→B，进给速度为 200mm/min
N40 X30 Z-26                        ; 切削 B→C（G1 模态，仍有效）
N50 Z-36                            ; 切削 C→D
N60 X42                             ; 切出退刀 D→E
N70 G0 X150 Z100                    ; 快速回到起点 E→P
```

（2）增量尺寸编程：（程序始点 *P*）　　　　解释

```
N10 G91 G95 G0 X-132 Z-95            ; 增量编程，快速定位 P→A
N20 G1 Z-20 F0.2                     ; 切削 A→B，进给速度为 0.2mm/r
N30 X12  Z-11                        ; 切削 B→C（G1 模态，仍有效）
N40 Z-10                             ; 切削 C→D
N50 X12                              ; 切削 D→E
N60 G0 X108 Z136                     ; 快速回到起点 E→P
```

（3）绝对尺寸编程，Z 轴为增量值　　　　　　解释

```
N10 G54 G95 G90 X150 Z100            ; 设定坐标系，绝对尺寸编程，快速定位到 P
N20 G0 X18 Z=IC(-95)                 ; 快速定位到 A(Z 轴增量值)
N30G1 Z=IC(-20) F0.2                 ; 切削 A→B，进给速度为 0.2mm/r（Z 增量编程）
N40 X30.0 Z=IC(-11)                  ; 切削 B→C
N50 Z=IC(-10)                        ; 切削 C→D
N60 X40                              ; 切削 D→E
N70G0 X150 Z100                      ; 快速回到起点 P（绝对尺寸）
```

上述三种编程方法，效果相同。

2.2.4 圆弧进给 G2、G3

（1）G2、G3 圆弧进给指令

G2、G3 指令刀具以进给速度 F 从圆弧起点向圆弧终点进行圆弧轨迹进给，G2 为顺时针圆弧插补；G3 为逆时针圆弧插补。顺、逆方向规定是：朝着与圆弧所在平面垂直的坐标轴的负方向看，刀具顺时针运动为 G2，逆时针运动为 G3。车床刀具圆弧运动的顺、逆方向，如图 2-9 所示。

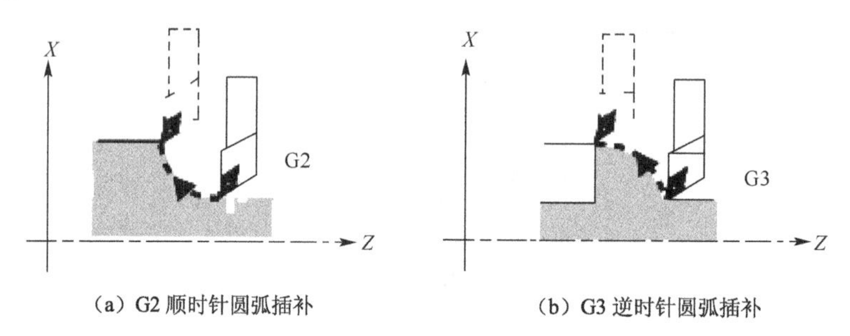

（a）G2 顺时针圆弧插补　　（b）G3 逆时针圆弧插补

图 2-9　刀具圆弧运动的顺、逆方向

（2）G2、G3 指令格式

圆弧可以用不同的方式进行描述。

① 用圆心和圆弧终点，格式：G2/G3 X__ Z__ I__ K__

式中 X、Z 为圆弧终点坐标，I、K 分别是 X 轴、Z 轴圆心相对圆弧起点的坐标值（带符号），如图 2-10（a）所示。

② 用圆弧半径和圆弧终点，格式：G2/G3 CR=__ X__ Z__

式中 X、Z 为圆弧终点坐标，CR=圆弧半径，如图 2-10（b）所示。圆弧所对圆心角为 0°～180°时，CR 取正值；当圆心角为 180°～360°时，CR 取负值。

③ 用圆心和张角，格式：G2/G3 AR=__ I__ K__

式中 AR 为圆弧的夹角（张角），I、K 分别是 *X* 轴、*Z* 轴圆心相对圆弧起点的坐标值（带符号），如图 2-10（c）所示。

④ 用终点和张角，格式：G2/G3 AR=__ X__ Z__

式中 AR 圆弧的夹角（张角），X、Z 是终点坐标，如图 2-10（d）所示。

⑤ 以极点为圆心的圆弧，用极坐标，格式：G2/G3 AP=__ RP=__

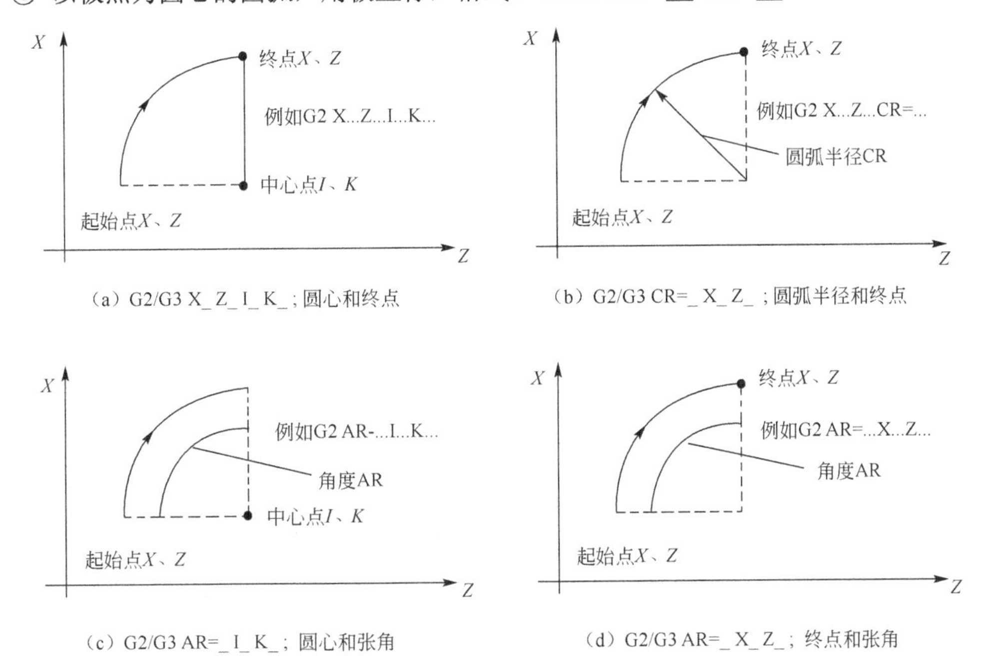

图 2-10 G2/ G3 圆弧编程的几种方法，以 G2 为例

上述①和③的指令中圆心坐标的参考点是圆弧起点，即 *I*、*K* 后面的数值分别是在 *X*、*Z* 轴方向上，圆弧起点到圆心的距离（总用半径值表示，与绝对编程和增量编程无关），圆心在起点的正向是正值（+），圆心在起点的负向为负值（–），即 *I*、*K* 为圆弧起点到圆心的矢量分量，如图 2-11 所示（图中 *I*、*K* 都是负值）。*I*、*K* 为零时可以省略。

也可以用绝对尺寸定义圆心坐标，即用 =AC(__) 定义。

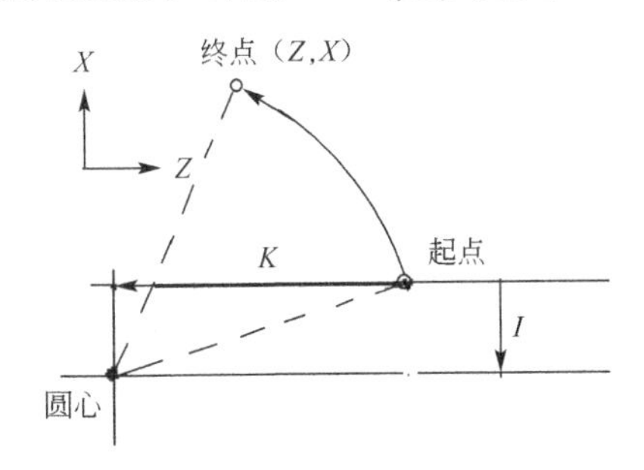

图 2-11 圆弧指令中 *I*，*K* 的含义

【例 2-6】 如图 2-12 所示，走刀路线为 *P*→*A*→*B*→*C*→*D*，试分别用圆半径和圆心数据 *I*、*K* 编写圆弧程序。

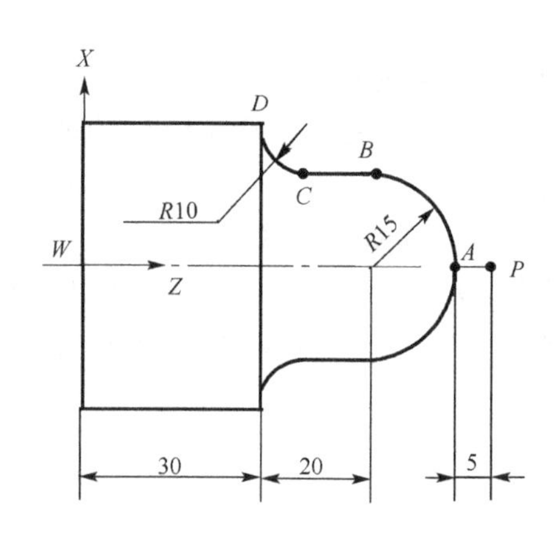

图 2-12　圆弧指令练习

【解】 切削圆弧程序练习。

① 用数据 CR 编写圆弧程序。

```
N10 G54 G0 G90 G95 X150 Z100 S500 M3    ；设定左端面中心点为程序原点，定位
N20 G0 X0 Z70                           ；快速定位到切入点 P
N30 G1 Z65 F0.1                         ；切入到 A，进给率为 0.1mm/r
N40 G3 X30 Z50 CR=15 F0.1               ；切削逆圆弧 AB
N50 G1 Z40                              ；切削直线 BC
N60 G2 X50 Z30 CR=10                    ；切削顺圆弧 CD
N70 M2                                  ；程序结束
```

② 用数据 I、K 编写圆弧程序。

```
N10 G54 G0 G90 G95 X150 Z100 S500 M3    ；设定左端面中心点为程序原点
N20 G0 X0 Z70                           ；快速定位到切入点 P
N30 G1 Z65 F0.1                         ；切入到 A
N40 G3 X30 Z50 I-15 F0.1                ；切削逆圆弧 AB（程序中 K=0 可不写）
N50 G1 Z40                              ；切削直线 BC
N60 G2 X50 Z30 K10                      ；切削顺圆弧 CD（程序中 I=0 可不写）
N70 M2                                  ；程序结束
```

【例 2-7】 如图 2-13 所示，精车外圆，走刀路线为 *P*→*A*→*B*→*C*→*D*→*E*→*F*，试编程。

【解】 精车外圆（走刀一次）编程。

```
N10 G54 G0 G90 G95 X150 Z100 S500 M3    ；设定右端面中心点为程序原点
N20 G0 X12 Z5                           ；快速定位到切入点 P
N30 G1 Z0 F0.1                          ；切入到 A
N40 G3 X34  Z-5  K-5（或 CR=5）F0.1     ；切削弧 AB
N50 G1 Z-20                             ；切削 BC
N60 G2 Z-40 CR=20.0                     ；切削弧 CD
N70 G1 Z-58                             ；切削 DE
N80 G2 X50  Z-66  I 8（或 CR=8）        ；切削弧 EF
N90 M2                                  ；程序结束
```

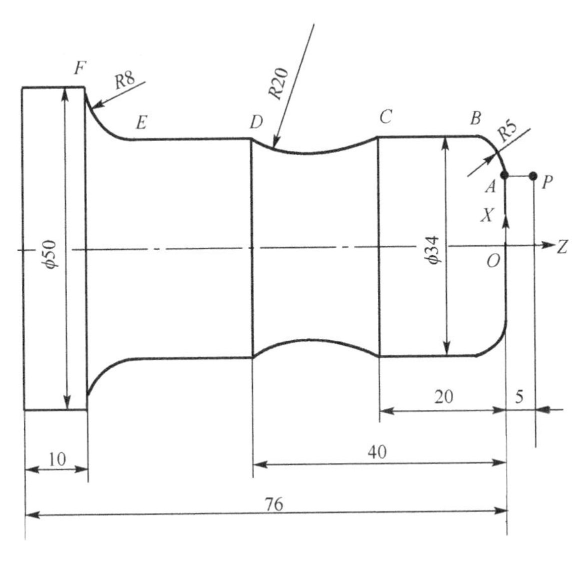

图 2-13 精车外圆工件图

2.2.5 通过中间点进行圆弧插补 CIP

圆弧方向由圆弧起始点和终点之间的中间点确定。格式：CIP Z__ X__ I1=__ K1=__

中间点坐标数据：I1=__表示 *X* 轴，K1=__表示 *Z* 轴。CIP 模态码一直有效，直到被同一功能组中其他指令(G0, G1, G2，…)取代。

【例 2-8】 图 2-14 中，已知圆弧的终点和中间点，编程圆弧。

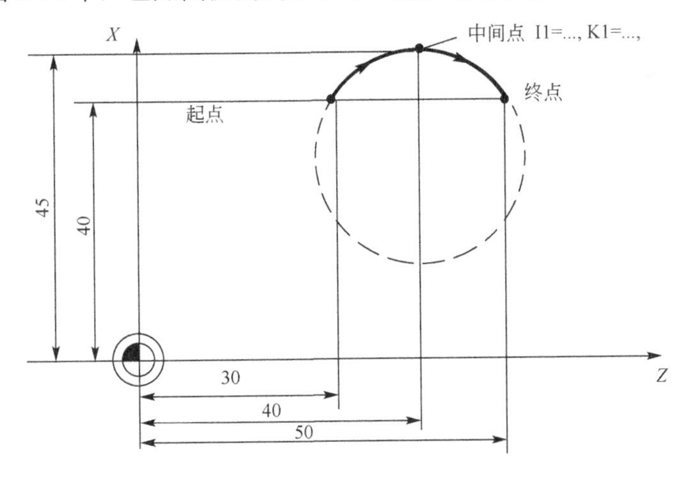

图 2-14 通过中间点进行圆弧插补

【解】 程序如下：

```
N5 G90 G0 X40 Z30                    ; 定位到N10 的圆弧起点
N10 CIP Z50 X40 I1=45 K1=40 F0.2     ; 圆弧进给，终点和中间点
```

2.2.6 切线过渡圆弧 CT

格式：CT X__Z__；X、Z 为圆弧终点。

利用 CT 和当前平面（G18 表示 Z/X 平面）中编程圆弧的终点，产生相切连接到前一轨迹（圆弧或直线）的圆弧。如图 2-15 所示，由已知前轨迹（直线）和圆弧终点，产生与前段轨迹相切的圆弧连接程序。

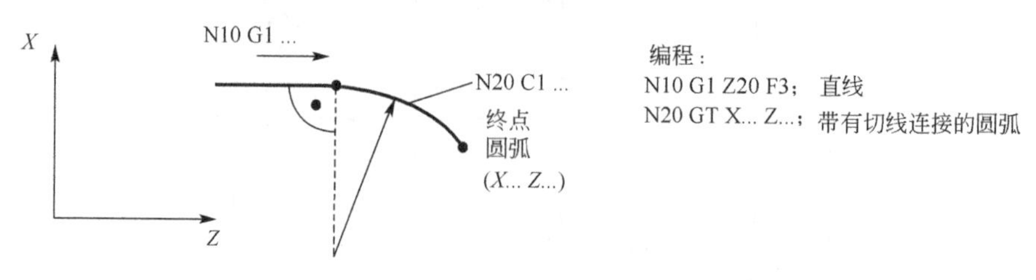

图 2-15　与前一段轮廓相切的圆弧过渡程序

2.2.7　倒圆、倒角

在工件轮廓角中加入倒角（CHF 或 CHR）或倒圆（RND）。如果希望用同样的方法对若干轮廓拐角连续进行倒圆，使用“模态倒圆”（RNDM）命令。

用 FRC（非模态）或 FRCM（模态）命令给倒角/ 倒圆编程进给率。如果没有编程 FRC/FRCM，那么一般进给率 F 生效。

（1）倒角 CHF 或 CHR

倒角用于在任意组合的直线和圆弧轮廓间插入一直线轮廓段，此直线倒去棱角。倒角指令如下。

CHF=__　；插入倒角，式中值为倒角底长,如图 2-16（a）所示

CHR=__　；插入倒角，式中值为倒角腰长 如图 2-16（b）所示

倒角中进给率设定如下。

FRC=__　；用于倒角、倒圆运动中的非模态进给率。式中值>0，在 G94 时进给率以 mm/min 为单位，在 G95 时以 mm/r 为单位

FRCM=__　；用于倒角/ 倒圆的模态进给率

式中值> 0:开启倒角、倒圆的模态进给率进给率，以 mm/min（G94）或者 mm/r（G95）为单位。

值 =0 表示取消倒角、倒圆的模态进给率。此时在倒角、倒圆时程序中模态进给率 F 起作用。

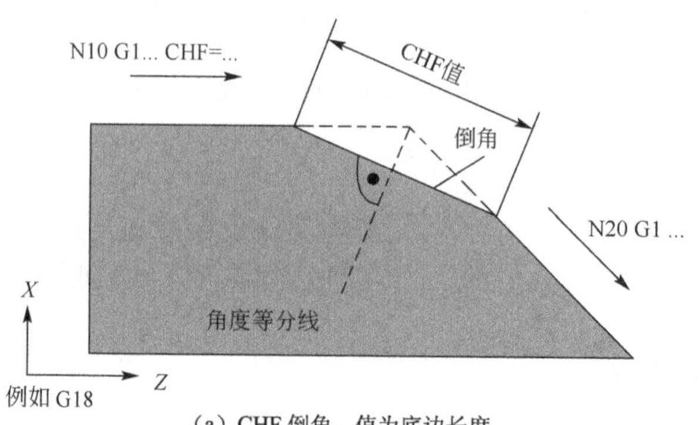

（a）CHF 倒角，值为底边长度

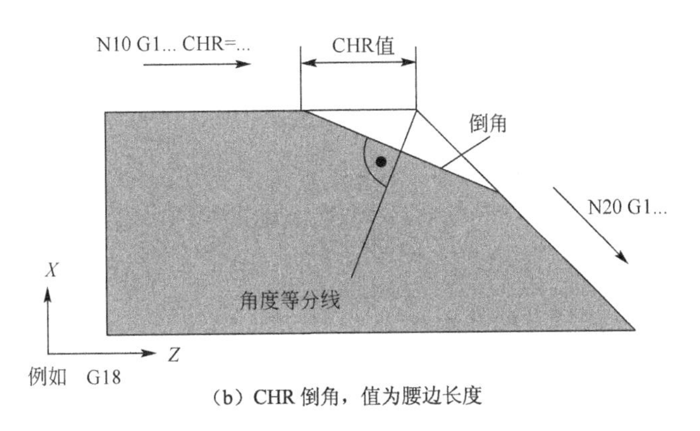

（b）CHR 倒角，值为腰边长度

图 2-16 倒角应用

倒角编程举例如下。

```
N10 G0 X100 Z100 G94 F100
N20 G1 X80 CHF=5                 ；插入倒角，倒角底长 5mm
N30 X50 Z60
N40 X40 Z50
N50 G1 X30 CHR=7                 ；插入倒角，倒角腰长 7 mm
N60 X10 Z20
N70 X0 Z0
N80 G1 FRC=200 X100 CHR=4        ；插入倒角，进给率为 FRC
N90 X120 Z20
N100 M30
```

（2）倒圆 RND 或 RNDM

倒圆用于在任意组合的直线和圆弧轮廓间插入一圆弧，圆弧和轮廓相切。倒圆指令如下。

RND=__ ；插入倒圆，式中值为倒圆半径，如图 2-17 所示

RNDM=__ ；模态倒圆

式中值> 0，值为倒圆半径，自给定 RNDM 指令，其后出现的轮廓角均插入倒圆。

式中值 =0：取消模态倒圆 。

在倒圆程序进给率设定（FRC、FRCM 应用）与倒角相同。

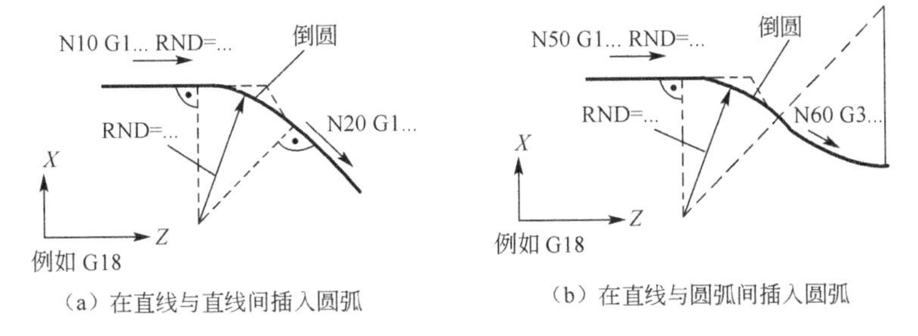

（a）在直线与直线间插入圆弧　　（b）在直线与圆弧间插入圆弧

图 2-17 倒圆应用

倒圆编程举例如下。

```
N10 G0 X100 Z100 G94 F100
```

```
N20 G1 X80 RND=8                ；插入一个倒圆，半径为 8mm，进给率为 F
N30 X60 Z70
N40 X50 Z50
N50 G1 X40 FRCM= 200 RNDM=7.3
                                ；模态倒圆，半径为 7.3mm，专用进给率为 FRCM（模态）
N60 G1 X20 Z10                  ；继续插入倒圆，直至 N70
N70 G1 X0 Z-45 RNDM=0           ；取消模态倒圆
N80 M30
```

（3）编程指令使用说明

① 在当前平面 G17、G18、G19 中执行倒角、倒圆功能。

② 在轴运行到轮廓角的程序段中写入指令 CHF=__，或 CHR=__，或 RND=__，或 RNDM=__。

③ 如果其中一个程序段的轮廓长度不够，则在倒角或者倒圆时自动削减编程值。

④ 在下述情况下不插入倒角、倒圆，即 a. 三个以上的连续程序段不包含平面移动的指令，b. 转换平面。

2.2.8 返回固定点 G75

用 G75 可以返回到某个固定点位置，比如换刀点。固定点位置存储在机床数据中，它不会产生偏移。返回速度就是快速移动速度。

G75 需要一独立程序段，并按程序段方式有效。机床坐标轴的名称必须要编程。在 G75 之后的程序段中原先“插补方式”组中的 G 指令（G0，G1，G2，…）将再次生效。

格式：G75 FP=<n> X1=0 Z1=0

式中 FP=<*n*>, *n* 为返回的固定点编号，*n* 的取值范围为 1, 2, 3, 4 。最多可以定义 4 个固定点，不给定固定点编号，则默认返回固定点 1 。

*X*1=0，*Z*1=0 表示需要运行到固定点的机床轴。将该轴设定为值“0”。每根轴以最大轴速度运行。

编程 G75 需要一独立程序段，该指令按程序段方式有效。机床坐标轴的名称必须编程。

返回固定点编程举例如下。

```
N05 G75 FP=1 X1=0        ；在 X 轴上返回固定点 1
N10 G75 FP=2 Z1=0        ；在 Z 轴上返回固定点 2，例如用于换刀
N20 G75 X1=0 Z1=0        ；在 X、Z 轴上返回固定点 1
```

注：程序段中 X1 和 Z1 下编程的数值（这里为 0）不识别。

2.2.9 回参考点运行 G74

回参考点指令 G74。指令各轴回参考点，各轴运动方向和速度存储在机床数据中。

编程 G74 需要一独立程序段，该指令按程序段方式有效（非模态）。指令中必须编程机床轴名称。返回参考点编程举例如下。

```
N10 G74 X1=0 Z1=0          ; X、Z 轴返回参考点
```

注：程序段中 X1 和 Z1 下编程的数值不识别。

2.2.10 暂停指令 G04

通过插入一个 G4 单独程序段，在两个程序段之间使加工在给定时间内中断。

指令格式：G4 F__ ；以 s 为单位的暂停时间，单位为 s

G4 S__ ；以主轴转数为单位的暂停时间，单位为 r 只在主轴转速通过 S 字；指定时 G4 S 指令才有效

G4 指令中的 F 字、S 字是非模态码，用于给定暂停时间。不影响进给率 F 和主轴转速 S。

程序中暂停指令用法示例如下。

```
N5 G1 F3.8 Z-50 S300 M3  ；进给率 F，主轴转速 S
N10 G4 F2.5              ；暂停时间为 2.5s
N20 Z70
N30 G4 S30     ；进给暂停时间为主轴 30r（因为主轴 S = 300r/min，所以暂停 0.1min）
N40 X20        ；进给率 F 和主轴转速 S 继续生效
N50 M30
```

2.3 刀具补偿

2.3.1 刀具补偿和刀具补偿号 D

零件加工程序中刀具轨迹直接根据零件图样编制，程序中通过刀具补偿功能使得刀具几何尺寸满足程序加工要求。编程中的刀具位置是刀架参考点，而刀具上切削作用点是刀尖，如图 2-18（a）所示。严格说是刀尖边沿起切削作用，所以称为刀沿，如图 2-18（b）所示。图 2-18（b）中的 *X* 轴偏移量“长度 1”和 *Z* 轴偏移量“长度 2”称为刀沿偏移。储存刀沿偏移的地址是刀具补偿号 D，也称刀沿号 D。

在编程时不考虑刀具几何尺寸，只需根据零件图样编程刀具轨迹。在启动程序加工前刀具的几何尺寸作为补偿值输入到刀沿号“D__”中。程序中使用 T__指令调用刀具时，该刀具的刀沿号（D 字）随之生效，控制器利用 *D* 字中存储的刀具补偿值执行轨迹补偿，从而加工出按图样编程的工件。

图 2-19 中的外圆车刀有一个刀沿，特殊刀具可以有多个刀沿，如图 2-19（a）所示切槽刀有两个刀沿位置。刀沿号存储窗口如图 2-19（b）所示，为适应具有多个刀沿的刀具需要，代码 D 有 9 个数组：D1～D9。特殊刀沿的刀具，可用多个 D 字数组。一旦刀具（T 字）指令有效，刀具号（D 字）随之生效。

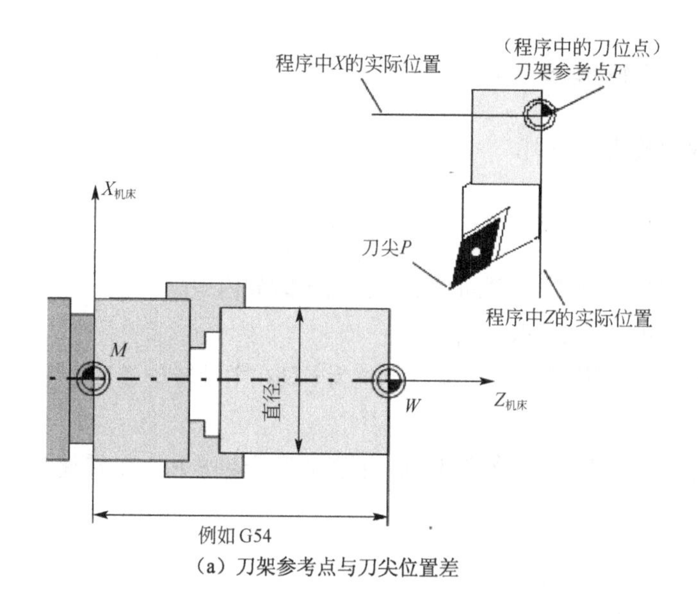

（a）刀架参考点与刀尖位置差

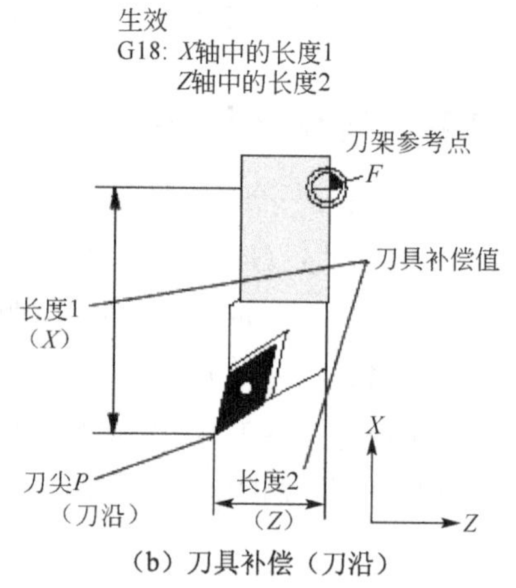

（b）刀具补偿（刀沿）

图 2-18　刀具补偿（刀沿）

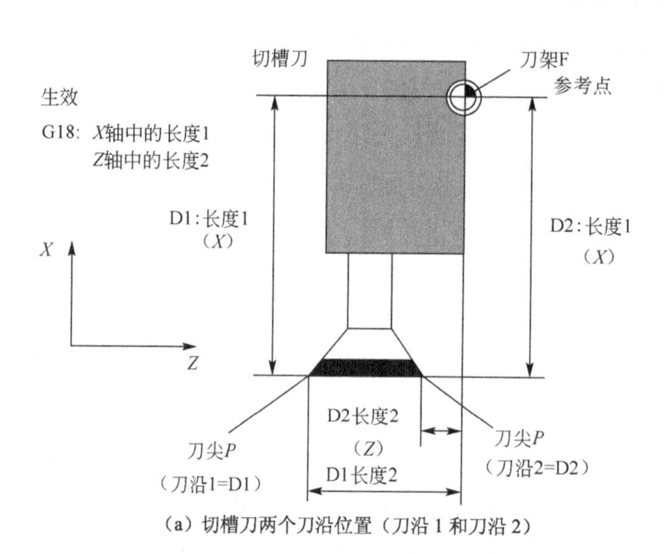

（a）切槽刀两个刀沿位置（刀沿 1 和刀沿 2）

T1	D1	D2	D3	…	D9
T2	D1				
T3	D1				
T6	D1	D2	D3		
T8	D1	D2			

（b）刀具及其刀沿号存储窗口

图 2-19　刀具号和刀沿号

2.3.2　调用刀具补偿指令

（1）普通车刀刀沿号指定

在调用刀具号之前，必须由指令 G17～G19 选定工作平面（如果没指定平面，车床默认是 G18 平面），以确保了刀具长度补偿正确地分配给各轴。

在 G18 平面（XZ 平面）调用刀具及其补偿号的指令格式：T__ D__

① 如果含有 T 字的程序段中没写入 D 字，系统默认 D1 生效。

② 如果编程 D0，则刀具补偿无效（认为补偿值为零）。

③ 刀具有多个刀沿，程序中分别指定刀沿号，如图 2-18 所示的切槽刀有两个刀沿。

使用刀沿 1 的程序段，指定 D1。

使用刀沿 2 的程序段，指定 D2。

④ 使用刀具半径补偿，除给出 D 之外，还须通过指令 G41/G42 激活半径补偿。

换刀程序示例（默认选择 G18 平面）如下。

```
N10 T1            ；激活刀具 T1 和相应的 D1
N20 G0 X100       ；覆盖长度补偿差值
N30 Z100
N40 T4 D2         ；换入刀具 T4，T4 的 D2 生效
N50 X50 Z50
N60 G0 Z62
N70 D1            ；刀具 T4 的 D1 生效，只更换刀沿
N80 M30
```

采用刀具补偿使得在换刀后用不同尺寸刀具加工时，不用改变程序，只需输入所用刀具的刀沿数据即可，如图 2-20 所示，图中 T1 和 T2 刀具的尺寸不同，不管使用哪把刀具，采用刀具补偿后，用同一个程序均可以加工出同样的工件。

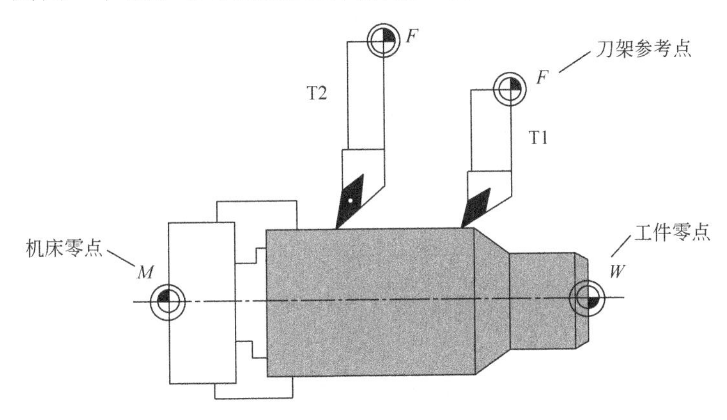

图 2-20　使用不同尺寸刀具加工同一个工件

（2）在工件轴心钻孔所用钻头的刀沿号设定

使用钻头在工件轴心钻孔，应先切换到 G17 平面（*XY* 平面），然后调用钻头刀沿号补偿，才能使 *Z* 轴上钻头的长度补偿有效。钻孔后用 G18 切换到 *XZ* 面，使车刀的补偿生效，如图 2-21 所示。

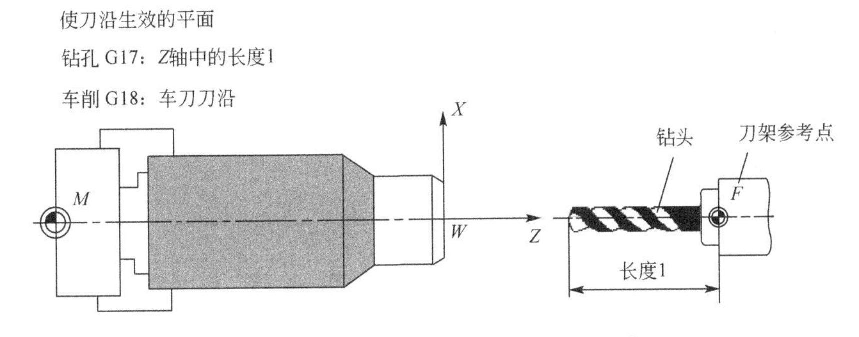

图 2-21　在工件轴心钻孔时钻头刀沿设定

如图 2-21 所示，钻头钻工件轴心孔编程如下。

```
N10 T3 D1                        ; 钻头
N20 G17 G1 F1 Z0 M3 S100         ; 选择 G17 平面，Z 轴上生效长度补偿
N30 Z-15                         ; 钻深 15mm
N35 Z5                           ; 钻头退出
N40 G18 M30                      ; 钻削结束，选择 G18 平面，使车刀的普通补偿有效
```

2.3.3 刀具补偿存储内容

刀具补偿数据存储显示屏面，即刀具列表窗口，如图 2-22 所示，图中显示的存储地址说明如表 2-1 所示。

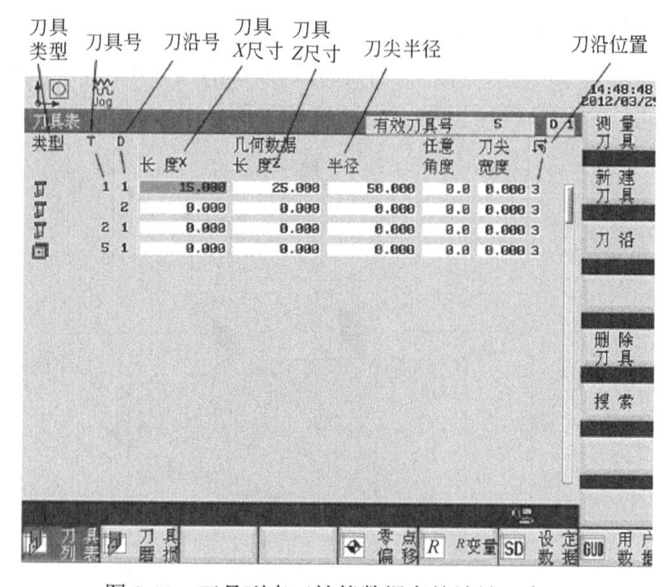

图 2-22　刀具列表（补偿数据存储地址）窗口

表 2-1　刀具列表屏面地址项目解释

地　址　项	解　　释
刀具类型	刀具类型即钻削或车削刀具，用简图表示
刀具号	存储 T 字，例如画面中的 2，即 T2
刀沿号	存储 D 字，例如画面中的 1，即 D1
几何数据	包括刀具长度（*X*、*Z*）尺寸和刀沿半径值。几何尺寸包含多个分量（几何量，磨损量）。控制系统会对分量进行计算，再得出总尺寸。各个总尺寸在激活补偿存储器时生效
刀尖宽度	刀沿的刀尖宽度，仅对车刀有效
刀沿位置	显示屏面上图符表示的列。刀沿位置即刀尖方位，分别用数字 1～8 代表刀沿的 8 个方位，如图 2-23 所示。需要参考刀沿位置，设定图 2-23 中的补偿数据“长度 1”、“长度 2”

2.3.4 刀具半径补偿

（1）刀具半径补偿

车刀的刀尖不是一个点，而是由刀尖圆弧构成的，如图 2-24 所示的刀尖圆弧半径 *r*，实

际上车刀的刀尖点并不存在，所以称为假想刀尖。刀具经过刀沿号补偿，程序中的刀具轨迹就是假想刀尖的轨迹。如图 2-24 所示，假想刀尖的编程轨迹在加工工件的圆锥面和圆弧面时，由于刀尖圆弧的影响，造成了切削深度不够（图 2-24 中画斜线部分）。此时在程序中采用刀具半径补偿，可以改变刀尖圆弧中心的轨迹（图 2-24 中虚线部分），补偿由刀尖圆弧产生的加工误差。

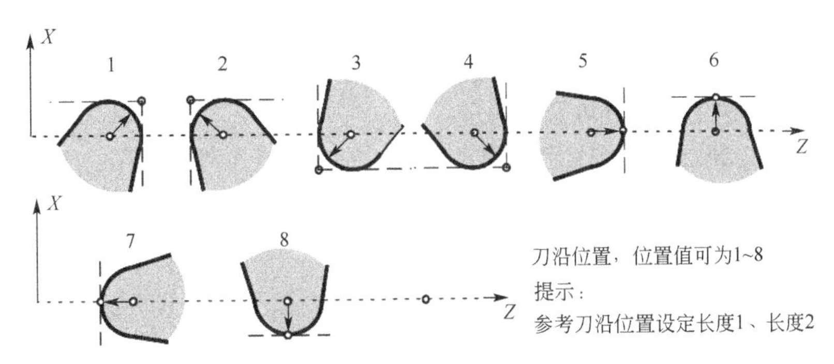

图 2-23　G18 有效，数字 1～8 分别代表的刀沿位置

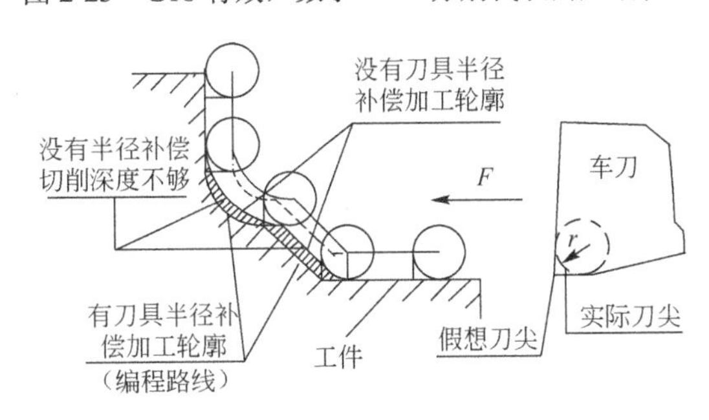

图 2-24　刀尖半径补偿的刀具轨迹

（2）刀具半径补偿指令

G18 有效，刀具半径补偿程序段：$\begin{Bmatrix} G41 \\ G42 \\ G40 \end{Bmatrix} \begin{Bmatrix} G00 \\ G01 \end{Bmatrix} X\_Z\_$；

刀具半径补偿程序说明如下。

① 程序段中。

G41——刀具半径左补偿，圆心沿进给方向偏在轮廓左侧，如图 2-25 所示。

G42——刀具半径右补偿，圆心沿进给方向偏在轮廓右侧，如图 2-25 所示。

G40——取消刀具半径补偿。

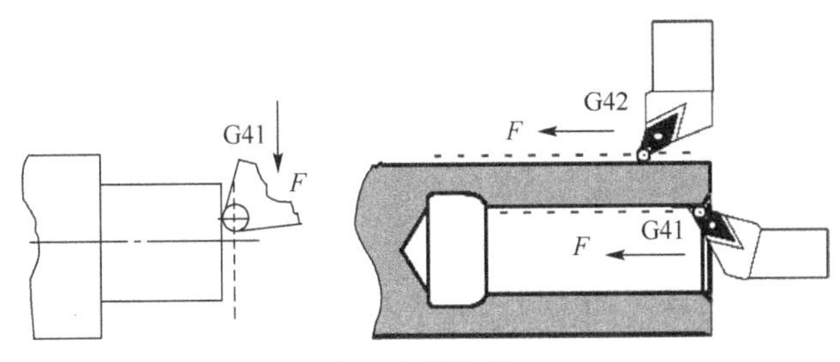

图 2-25　车刀半径补偿 G41、G42

② 刀具半径补偿值。G41、G42 程序段中不带补偿号，其补偿号随 T 代码给定，如图 2-22 所示屏面上，与 T 地址同一行的 D 地址，用于存储该刀具的半径补偿值。

③ 刀沿位置。用数字 1~8 代表车刀刀沿的 8 个位置（参见图 2-23），建立刀具半径补偿需要给定车刀的刀沿位置，图 2-22 画面上图符所示的地址用于存储刀沿位置。

④ 建立刀具半径补偿程序段要求。建立刀具半径补偿程序段必须是直线运动段，即 G41、G42 指令必须与 G00 或 G01 直线运动指令组合，不允许在圆弧程序段建立半径补偿。

⑤ 在程序中应用了 G41、G42 补偿后，必须用 G40 取消补偿。避免重复半径补偿产生错误，程序中 G41(G42)应与 G40 成对出现。

【例 2-9】 图 2-26 轴件，已经粗车外圆完毕，试编写精车外圆程序。

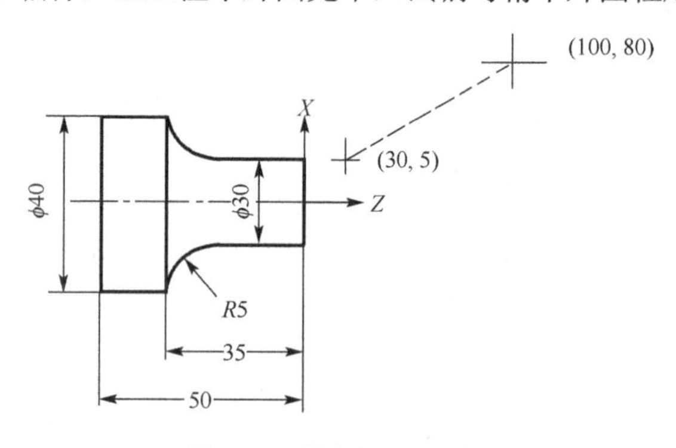

图 2-26　精车外圆零件图

【解】 使用刀具补偿，精车外圆程序。

程序　　　　　　　　　　　　　　　　解释

```
N10 G54X100 Z80              ；设定工件原点在右端面，定位到程序始点
N20 T1 D1 S500 M03           ；换刀，确立刀具补偿
N30 G0 G42 X30 Z5            ；定位到切入点，同时建立刀具半径右补偿
N40 G1 Z-30 F0.15            ；车ϕ20 外圆
N50 G2 X40 Z-35 CR=5         ；车 R5 圆弧面
N60 G1 Z-55                  ；车ϕ40 外圆
N70 X45                      ；退刀
N80 G0 G40 X100 Z80          ；取消刀尖半径补偿，回到程序始点
N90 M02                      ；程序结束
```

（3）拐角特性：G450、G451

在 G41/G42 有效的情况下，一段轮廓到另一段轮廓以不连续的拐角过渡时可以通过 G450 和 G451 功能调节拐角特性。相交轮廓分为内角和外角，如图 2-27 所示。数控系统自动识别轮廓内角和外角。如为内角，则必须要回到等距轨迹的交点。

指令格式：G450　；圆弧过渡

G451　；交点过渡

① 过渡圆弧 G450。刀具中心点以圆弧形状绕行工件外拐角，刀具半径为离开距离，如图 2-27（a）所示。数据计算中，圆弧过渡属于下一个带有运行指令的程序段。

② 交点 G451。在刀具中心轨迹（圆弧或直线）形成等距交点 G451 时返回该点（交点），

如图 2-27（b）所示。

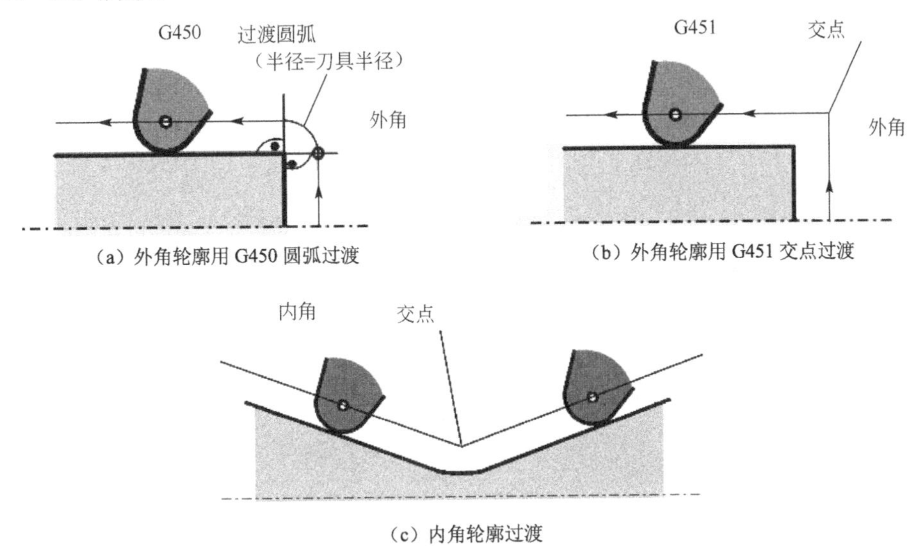

（a）外角轮廓用 G450 圆弧过渡

（b）外角轮廓用 G451 交点过渡

（c）内角轮廓过渡

图 2-27　指令 G450 和 G451

（4）刀具半径补偿的特殊情况

① 偿方向的转换。补偿方向 G41 与 G42 可以互相转换，不需要在其中写入 G40 指令。原补偿方向的最后程序段在其轨迹终点处按补偿矢量的正常状态结束。然后按新的补偿方向开始进行补偿（在起点处以正常状态）。

② 补偿号 D 的更换。补偿号 D 可以在补偿运行时更换。刀具半径改变后，从新 D 号所在的程序段开始处生效。但整个变化需等到程序段结束才能完成。这些修改值由整个程序段连续执行，在圆弧插补时也一样。

③ 临界加工情况。在编程时特别要注意下列情况。内角过渡时轮廓位移小于刀具半径；在两个相连内角处轮廓位移小于刀具直径。避免出现这种情况，检查多个程序段，使轮廓中不要含有“瓶颈”。如果进行测试/试运行，请选用可供选择的最大刀具半径。

④ 轮廓尖角。如果在 G451 交点有效时出现尖角，则会自动转换到过渡圆弧。这可以避免较长的空行程。

【例 2-10】 图 2-28 轴件，已经粗车外圆完毕，试编写精车外圆程序。

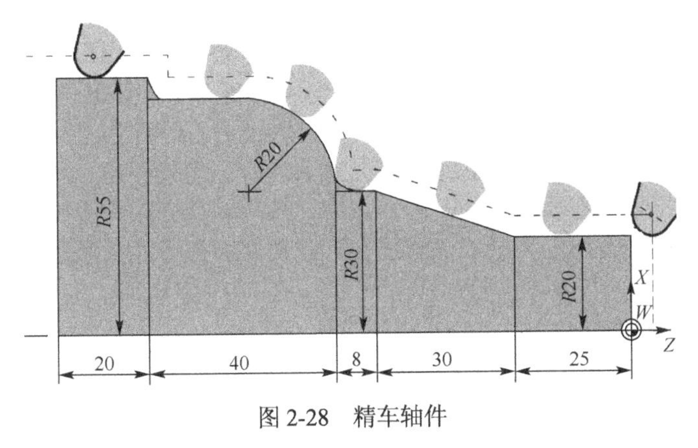

图 2-28　精车轴件

【解】 精车轮廓程序：

```
N1                                  ；轮廓切削
N2 T1                               ；换刀 T1，确立刀具补偿刀，补偿号 D1
N10 DIAMOF F0.15 S1000              ；半径尺寸编程，给定工艺值
M3      ；
N15 G54 G0 G90 X100 Z15
N20 X0 Z6                           ；建立刀具半径补偿模式，轮廓以交点形式过渡
N30 G1 G42 G451 X0 Z0               ；增量编程
N40 G91 X20
N50 Z-25
N60 X10 Z-30
N70 Z-8                             ；车 R20 面
N80 G3 X20 Z-20 CR=20               ；车外圆
N90 G1 Z-20
N95 X5
N100 Z-25
N110 G40 G0 G90 X110                ；结束刀尖半径补偿模式，绝对尺寸编程，退刀
N120 M2                             ；程序结束
```

2.4 程序跳转

2.4.1 程序跳转

数控程序是顺序运行的程序，按程序段写入的顺序逐步执行程序段。为增加编程的灵活性，可以通过程序跳转指令改变程序运行顺序，实现程序运行分支。程序跳转指令分为绝对程序跳转和有条件程序跳转。

2.4.2 绝对程序跳转

绝对程序跳转指令：GOTOF LABEL；向前跳转（向程序结束的方向）

GOTOB LABEL；向后跳转（向程序开始的方向）

指令中的 LABEL 是跳转目标标记符，跳转目标也可以是程序段号。标记符或程序段号用于标记程序中所跳转的目标程序段。标记符可以自由选取，但必须由 2～8 个字母或数字组成，其中开始两个符号必须是字母或下划线。所跳转的目标程序段必须在本程序之内。

跳转目标程序段中标记符后面必须以冒号结束，标记符始终位于程序段段首。如果程序段有段号，则标记符紧跟着段号。在一个程序中，各标记符必须具有唯一的含义。

绝对跳转指令必须占用一个独立的程序段。绝对跳转指令运行顺序如图 2-29 所示。

2.4.3 有条件程序跳转

有条件程序跳转指令：IF 条件 GOTOF 标记符 ；向前跳转

IF 条件 GOTOB 标记符 ；向后跳转

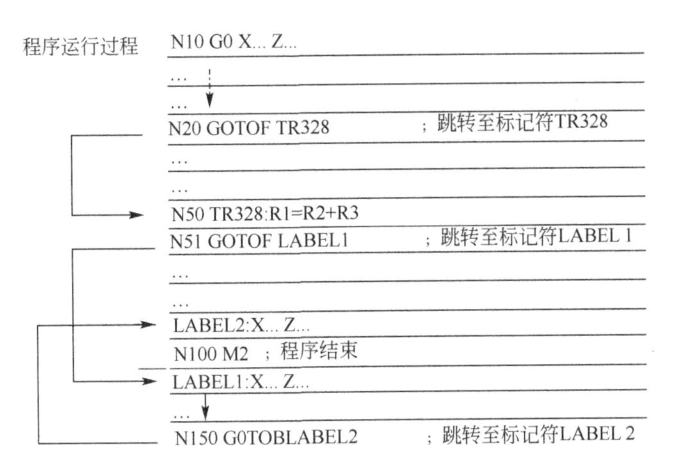

图 2-29　绝对跳转指令运行图解

IF 后面是跳转“条件”，如果满足跳转条件（值不为零），则程序执行跳转，跳转目标只能是有标记符或有程序段号的一个程序段，该程序段必须在本程序之内。

条件跳转指令必须占用一个独立的程序段。多个条件跳转指令可位于同一程序段。由比较运算生成跳转条件，比较运算符如表 2-2 所示。计算表达式同样可以比较。比较运算结果为“满足”或“不满足”。“不满足”的值为零。有条件跳转程序运行如图 2-30 所示。

表 2-2　比较运算符

运算符	==	<>	>	<	>=	<=
含义	等于	不等	大于	小于	大于等于	小于等于

图 2-30　有条件跳转指令运行图解

程序段中的数个条件跳转示例如下。

```
N10 MA1:  G0 X20 Z20
N20 G0 X0 Z0
N30 IF R1==1 GOTOB MA1 IF R1==2 GOTOF MA2
N40 G0 X10 Z10
N50 MA2:  G0 X50 Z50
N60 M30
```

2.4.4 程序跳转例题

【例 2-11】 如图 2-31 所示，编程实现刀具移动，依次到达圆弧上点的位置，已知条件如表 2-3 所示。

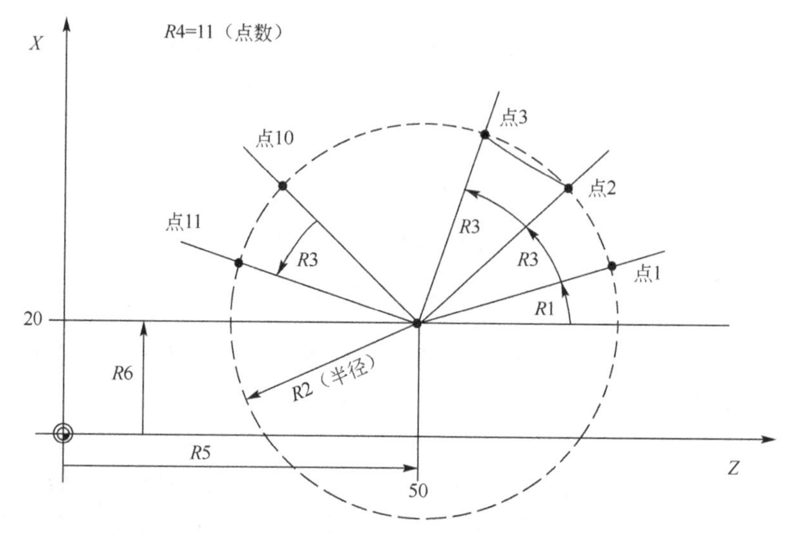

图 2-31 圆弧上点的位置

表 2-3 图 2-31 中的参数

已知条件	起始角 *R*1	半径 *R*2	位置间距 *R*3	点数 *R*4	圆心位置 *Z* 值 *R*5	圆心位置 *X* 值 *R*6
数值	30°	32mm	10°	11	50mm	20mm

【解】 本程序中使用变量：*R*1 变量的初值为起始角，设为存储下一个点与 *Z* 轴夹角的变量，*R*4 变量初值为 11，设为减 1 计数器，程序如下。

```
N10 R1=30 R2=32 R3=10 R4=11 R5=50 R6=20       ；初始值赋值
N20 MA1：G0 Z=R2×COS(R1)+R5 ；计算某点 Z 值并赋值，移动 Z 轴到点，MA1 为标记符
X=R2×SIN(R1)+R6             ；计算某点 X 值并赋值，移动 X 轴到点
N30 R1=R1+R3 R4=R4-1        ；计算，得到下一个点与 Z 轴夹角值，R4 减 1 用于计数
N40 IF R4>0 GOTOB MA1       ；满足条件（点数没到 11），跳转到 MA1 段（N20），否则
                            ；顺序执行下一程序段
N50 M2                      ；程序结束
```

2.5 子程序

2.5.1 什么是子程序

在一个加工程序中，若有几个完全相同的部分程序（即一个零件中有几处形状相同，或

刀具运动轨迹相同），为了缩短程序，可以把这个部分程序单独抽出，编成子程序在存储器中储存，以简化编程。

从原则上讲，主程序和子程序之间并没有区别。子程序的结构与主程序的结构一样，也是在最后一个程序段中使用 M2 （程序结束）结束运行，并返回到所调用的程序界面。

2.5.2 子程序名称

为了检索子程序，子程序必须要有名称。子程序名称规定与主程序命名的规则相同，例如 BUCHSE7。在子程序中还可以使用地址字 L…。其中“…”是 7 位内的整数值。在地址 L…字中数字前的零有意义，例如 L128 不是 L0128 或 L00128。它们表示三个不同的子程序。此外子程序名称 LL6 预留给刀具更换。

2.5.3 调用子程序

（1）子程序调用

在一个程序中（主程序或子程序）直接用程序名调用子程序。需要用一个独立的程序段。示例如下。

```
N10 L785            ; 调用子程序 L785
N20 WELLE7          ; 调用子程序 WELLE7
```

如果多次连续地执行某一子程序，须在调用的子程序程序名后用地址 P 写入调用次数。最多可以运行 9999 次，即 P1～P9999，示例如下。

```
N10 L785 P3         ; 调用子程序 L785，运行 3 次
```

（2）从子程序返回

M2 是子程序结束指令，并使执行顺序从子程序返回到主程序中调用子程序段之后的程序段。除了用 M2 指令外，还可以用 RET 指令结束子程序。RET 要求一个自身的程序段。

如果一个 G64 轨迹控制运行不要由于返回而中断，则需要使用 RET 指令。用 M2 指令会中断 G64 运行方式并造成准停

2.5.4 子程序嵌套

子程序可以由主程序调用，被调用的子程序也可以调用另一个子程序，称为子程序嵌套。被主程序调用的子程序被称为一级子程序，被一级子程序调用的子程序称为二级子程序，以此类推，包括主程序可以嵌套 8 层，如图 2-32 所示。

在子程序中可以改变模态的 G 功能，比如把 G90 改为 G91。返回调用程序时注意检查所有模态有效的功能指令，并按照要求进行调整。对于 *R* 参数也同样需要注意，防止用上级程序界面中所使用的计算参数来修改下级程序界面的计算参数。

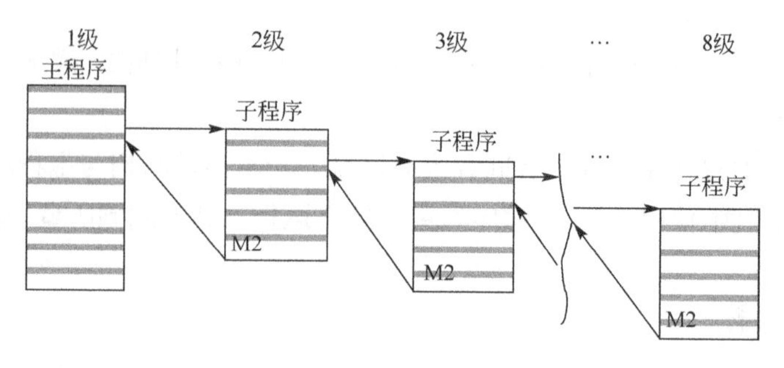

图 2-32　子程序嵌套

2.6 循环指令

2.6.1 循环概述

本章介绍的循环和 SINUMERIK 840D/810D/802D 中的相同。

（1）标准循环

循环是一种工艺子程序，把某个常用的加工流程编成有名称的子程序，加工中涉及的尺寸定义为参数表，存入数控系统，在遇到相同的加工流程时，用循环名称和参数表可以调用循环程序，实现所需的加工流程。循环的应用简化了编程工作。与调用子程序一样，调用循环要求一个独立的程序段。

西门子系统自带的循环（子程序）称为标准循环，标准循环是带有名称和参数表的子程序。SINUMERIK 808D 系统的标准循环分为车削循环，钻削循环和铣削循环。钻削循环调用参见本书 5.5 节，铣削循环参见 5.7 节。

（2）车削循环

打开定义车削循环窗口，如图 2-33 所示，车削循环指令有 CYCLE92（切割），CYCLE93（切槽），CYCLE94[退刀槽（E 型和 F 型，符合 DIN）]，CYCLE95（毛坯切削，带底切），CYCLE96（螺纹退刀槽），CYCLE99（螺纹切削）。在调用车削循环之前须定义加工平面 G18。本节介绍车削循环调用。

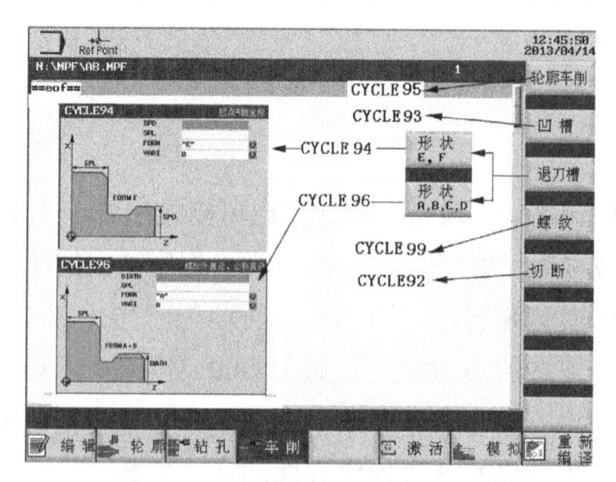

图 2-33　定义车削循环窗口

在循环调用之前需要定义加工平面，钻削循环用 G17，定义在 *XY* 平面，车削循环用 G18。定义在 *ZX* 平面。

2.6.2　切割循环 CYCLE92

切割循环用于切割、切断工件（例如圆钢、管材等）。

（1）调用 CYCLE92

调用循环用循环名称和参数表。调用切割循环格式：

CYCLE92(SPD, SPL, DIAG1, DIAG2, RC, SDIS, SV1, SV2, SDAC, FF1, FF2, SS2, 0, VARI, 1, 0, AMODE)

式中参数含义及说明如图 2-34 和表 2-4 所示。在调用循环之前有效的 G 功能和可编程偏移在循环之后仍生效。

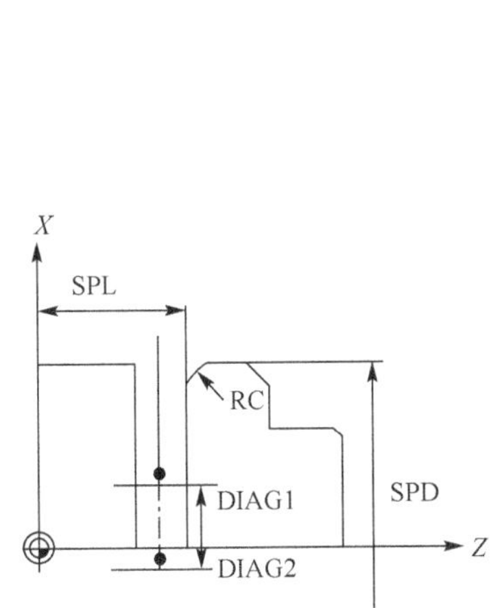

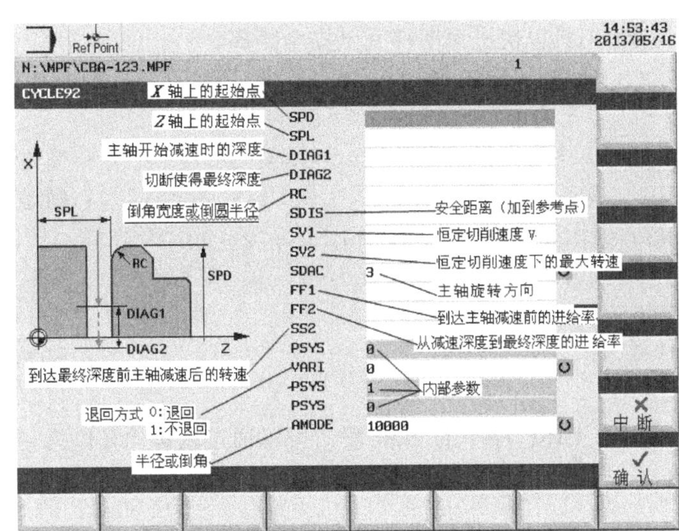

图 2-34　切割 CYCLE92 编程窗口

表 2-4　切割 CYCLE92 参数

参数	数据类型	说　　明	参数	数据类型	说　　明
SPD	实数	*X* 轴上的起始点（绝对，始终为直径）	FF1	实数	到达主轴减速前的进给率
SPL	实数	*Z* 轴上的起始点（绝对）	FF2	实数	从减速深度到最终深度的进给率，单位：mm/r
DIAG1	实数	主轴开始减速时的深度 ϕ（绝对）	SS2	实数	到达最终深度前主轴减速后的转速
DIAG2	实数	切断时的最终深度度 ϕ（绝对）	PSYS	整数	内部参数；只允许默认值 0
RC	实数	倒角宽度或倒圆半径	VARI	整数	加工方式 0:退回到基准面，距离为 SPD+SDIS 的基准面；1:不退回到基准面
SDIS	实数	安全距离（加到参考点，不输入符号）			
SV1	实数	恒定切削速度 *V*	PSYS	整数	内部参数；只允许默认值 1
SV2	实数	恒定切削速度下的最大转速	PSYS	整数	内部参数；只允许默认值 0
SDAC	整数	主轴旋转方向 3：M3；4：M4	AMODE	整数	交替模式：半径或倒角 10000:半径；11000:倒角

CYCLE92 循环可在切割边沿处编写倒角（RC）。该循环以固定恒线速度 V 或主轴速度 S 加工到工件的 DIAG1 深度。也可以在深度 DIAG1 和 DIAG2 间编写较低的进给率 FF2 或较低的主轴转速 SS2，以便使切削速度适应切削较小的工件直径。

参数 DIAG2 是切割的最后深度，可根据工件给定，如切割管材时不需要切割管材中心处，切割时仅需略超过管材的壁厚。

（2）CYCLE92 切削过程

切割过程参见图 2-34，即：

① 刀具首先快速移动到循环中内部计算的起始点。

② 以加工进给率加工倒角或直径。

③ 以加工进给率切割到深度 DIAG1 。

④ 以降低的进给率 FF2 和降低的速度 SS2，继续切割到深度 DIAG2 。

⑤ 刀具以快进速率移回到安全距离。

（3）切割编程示例

```
N10 G0 G90 Z30 X100 T5 D1 S1000 M3                 ；循环开始前的起始点
N20 G95 F0.2                                       ；确定工艺数值
N30 CYCLE92(60, -30, 40, -2, 2, 1,
800,200,3,1,1,300, 0, 0, 1, 0, 10000)              ；调用切割循环 CYCLE92
N40 G0 G90 X100 Z30                                ；下一位置
N50 M2                                             ；程序结束
```

对于上述程序中的 N30 段，可以通过软键“车削”，找到该循环并设置参数，步骤如表 2-5 所示。

表 2-5　循环 CYCLE92 输入步骤

步骤	操作说明	屏幕显示窗口
①	在程序编辑器窗口中，按下“车削”，如右图所示	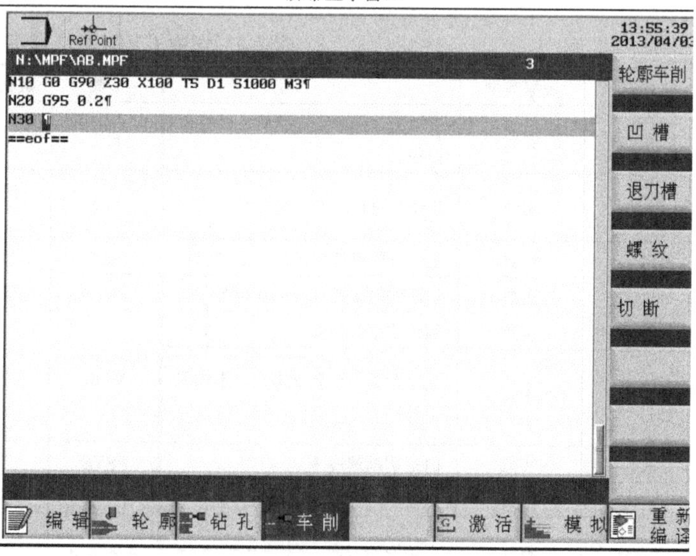 Ref Point　13:55:39 2013/04/03 N:\MPF\AB.MPF　3 N10 G0 G90 Z30 X100 T5 D1 S1000 M3¶ N20 G95 0.2¶ N30 ==eof== 轮廓车削　凹槽　退刀槽　螺纹　切断 编辑　轮廓　钻孔　车削　激活　模拟　重新编译
②	输入到 N30 段时，在右图窗口的垂直软键中选择“切断”	

续表

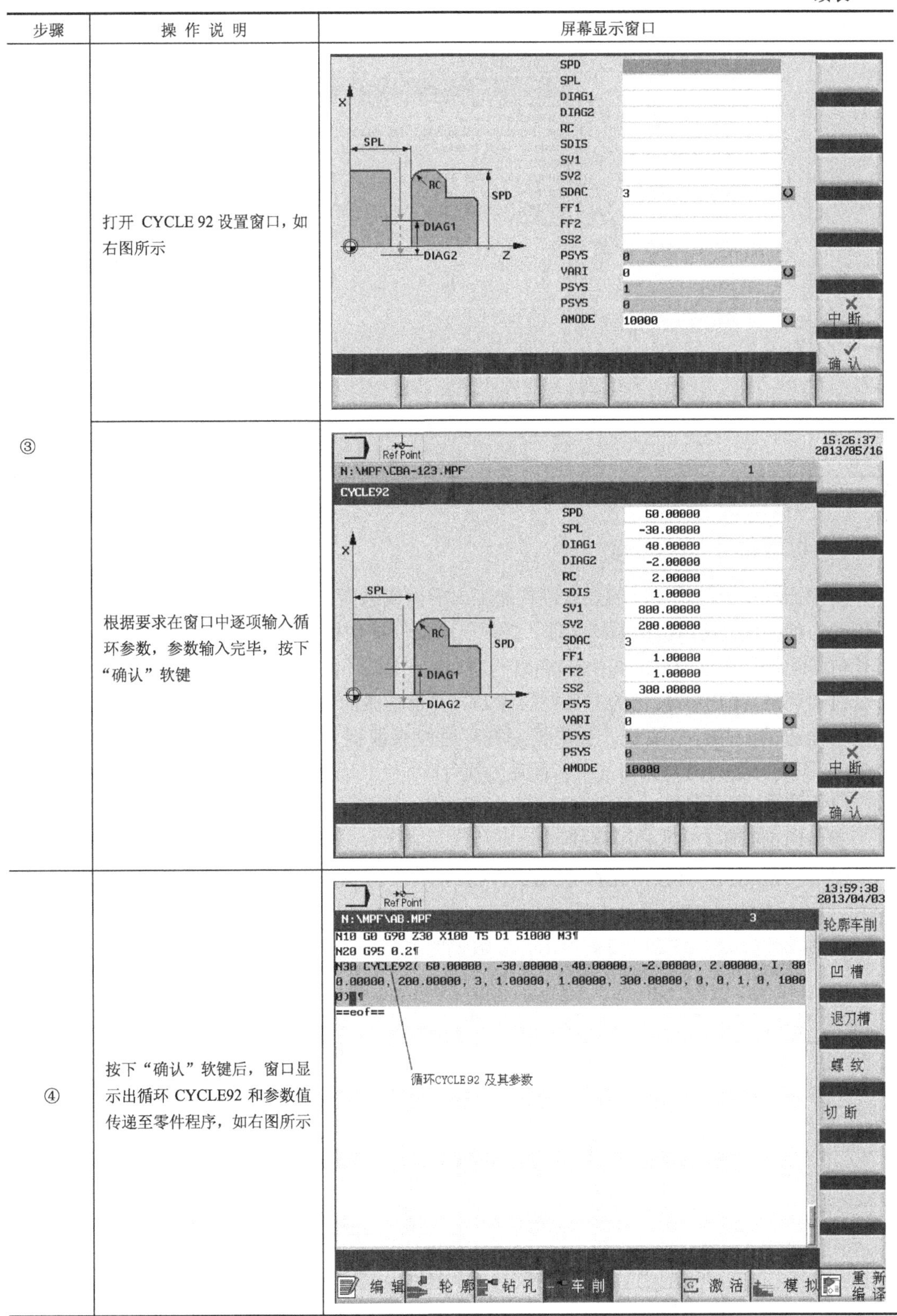

步骤	操 作 说 明	屏幕显示窗口
③	打开 CYCLE 92 设置窗口，如右图所示	
	根据要求在窗口中逐项输入循环参数，参数输入完毕，按下“确认”软键	
④	按下“确认”软键后，窗口显示出循环 CYCLE92 和参数值传递至零件程序，如右图所示	循环CYCLE 92 及其参数

续表

步骤	操 作 说 明	屏幕显示窗口
⑤	继续输入程序，输完程序，窗口如右图所示	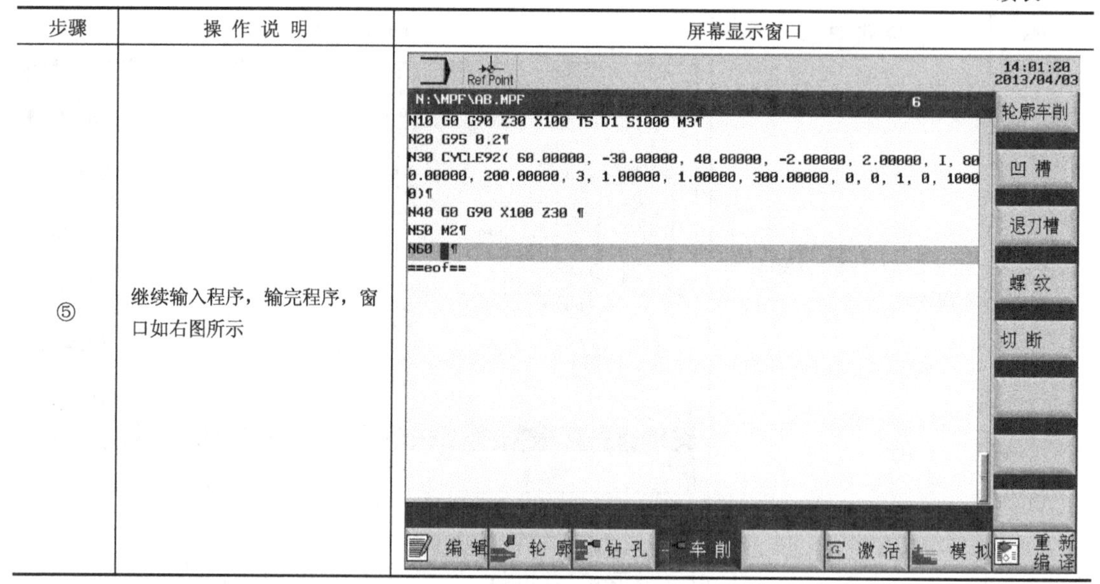

2.6.3 切槽循环 CYCLE93

切槽循环用于在轴类件的任意位置加工出横向或纵向、对称或不对称的凹槽。可以加工外部和内部凹槽。调用切槽循环之前，必须已激活一把切槽刀（双刀沿刀具），这两个刀沿的补偿值必须保存在该刀具的两个连续 D 号中，在调用循环前必须将其中第一个 D 号激活。循环会自动确定切削中应使用的刀具补偿号 D，并自动激活该补偿。循环完成后重新激活循环调用前编程的刀具补偿编号。如果调用循环时没有编程刀具补偿的 D 编号，则系统报警 61000，即没有激活刀具补偿，中断循环的执行。

（1）调用 CYCLE93

调用切槽循环 CYCLE93 格式：

CYCLE93(SPD, SPL, WIDG, DIAG, STA1, ANG1, ANG2, RCO1, RCO2, RCI1, RCI2, FAL1, FAL2, IDEP, DTB, VARI, _VRT)

式中参数如图 2-35 和表 2-6 所示，参数说明如下。

表 2-6 切槽 CYCLE93 参数

参数	数据类型	说　明
SPD	实数	横向轴上的起始点
SPL	实数	纵向轴上的起始点
WIDG	实数	槽宽度（不输入符号）
DIAG	实数	槽深度（不输入符号）
STA1	实数	轮廓和纵向轴之间的角度，值范围：0° <=STA1<=180°
ANG1	实数	啮合角 1 在通过起始点确定的槽一侧（不输入符号） 值范围：0° <=ANG1<89.999°
ANG2	实数	啮合角 2 在槽另一侧（不输入符号） 值范围：0° <=ANG2<89.999°
RCO1	实数	半径/倒角 1，外部在起始点侧
RCO2	实数	半径/ 倒角 2 ，外部
RCI1	实数	半径/ 倒角 1，内部：在起始点侧
RCI2	实数	半径/ 倒角 2 ，内部
FAL1	实数	切槽底部的精加工余量
FAL2	实数	齿面处的精加工余量
IDEP	实数	进刀深度（不输入符号）
DTB	实数	切槽基础处的停留时间
VARI	整数	加工方式，值范围：1～8 和 11～18
_VRT	实数	轮廓的可变退回距离，增量（不输入符号）

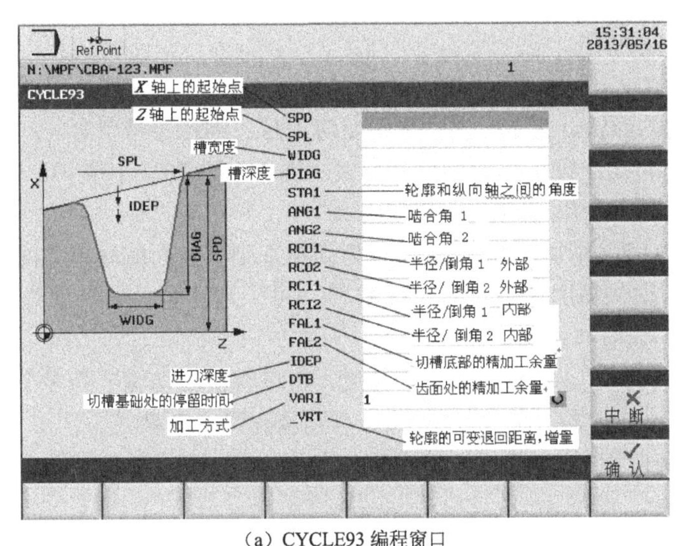

（a）CYCLE93 编程窗口

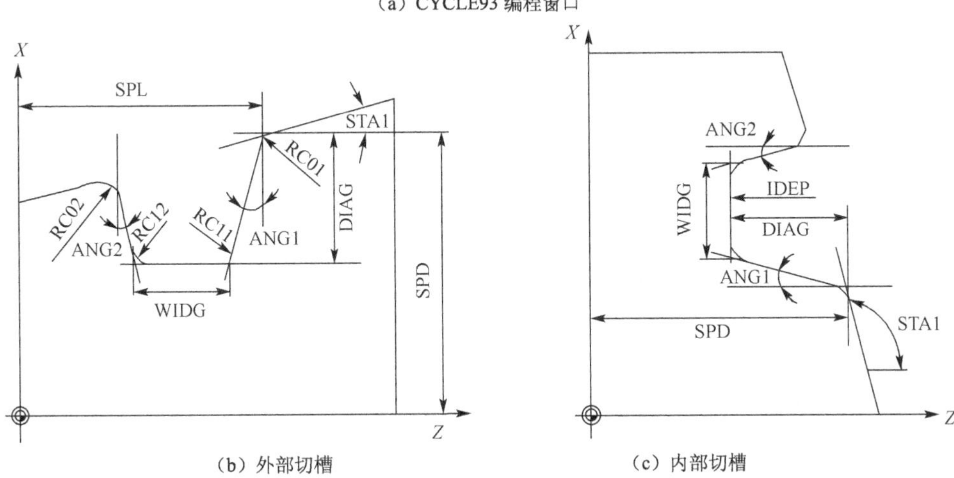

（b）外部切槽　　（c）内部切槽

图 2-35　切槽 CYCLE93 参数含义

① SPD 和 SPL（起始点）。这两个坐标用于定义切槽起点，循环从该起点计算切槽的形状和刀具需要逼近的起点位置。对于外部切槽，运动在纵向轴方向上开始，对于内部切槽，运动在端面轴方向上开始。

弯曲轮廓上的切槽可以采用不同加工方式，这取决于该弯曲轮廓的形状和弯曲半径，可以在最高点上方设置一条平行于轴的直线，或者在切槽边缘点上设置一条相切的斜线。只有当边缘点位于循环中指定的直线上时，才需要在弯曲轮廓的槽边缘上设计倒角和倒圆。

② WIDG 和 DIAG（槽宽和槽深）。槽宽（WIDG）和槽深（DIAG）用于定义槽形。如果槽宽大于有效刀具宽度，则分几次进刀，并按槽宽均等分配每次切除的宽度。减去刀沿半径后，最大进刀为刀具宽度的 95%。以此得到切削重叠量。如果编程的槽宽小于真实的刀具宽度，将输出报警 61602，即刀具宽度定义错误并中断加工。如果在循环中检测到刀沿宽度等于零，也将出现报警。

③ STA1（角度）。STA1 参数为编程的斜线的角度，在该斜线上将加工切槽。角度的取值范围可以为 0°～180°，并且始终指的是纵向轴。

④ ANG1 和 ANG2（侧面角）。单独指定侧面角可以加工出不对称的切槽。角度的取值

范围可以为 0° ～89.999° 。

⑤ RCO1、RCO2 和 RCI1 、RCI2（半径/ 倒角）。指定切槽边缘或底部上的倒角或倒圆，可以修改切槽的形状。指定时注意倒圆要带正号、倒角要带负号。

⑥ VARI 的十位用于确定指定倒角的方式。当 VARI<10（十位=0）时，使用 CHF=_指定倒角；VARI>10 时，使用 CHR 编程倒角。

⑦ FAL1 和 FAL2（精加工余量）。可以为切槽基础和齿面编程单独的精加工余量。在粗加工过程中，到达这些精加工余量后执行精车。同一刀具用于沿着最终轮廓加工轮廓平行切削。

⑧ IDEP（进刀深度）。通过编程进刀深度，可以将傍轴切槽分为多个深度进刀。每次进刀后，具退回 1 mm 以断屑。在所有情况下，必须编程 IDEP 参数。

⑨ DTB（停留时间），应选择切槽底处的停留时间，至少执行一个主轴转数，以 s 为单位编程。

⑩ VARI（加工方式）。参数 VARI 的个位数用于定义切槽的加工方式，采用图 2-36 中指示的值。

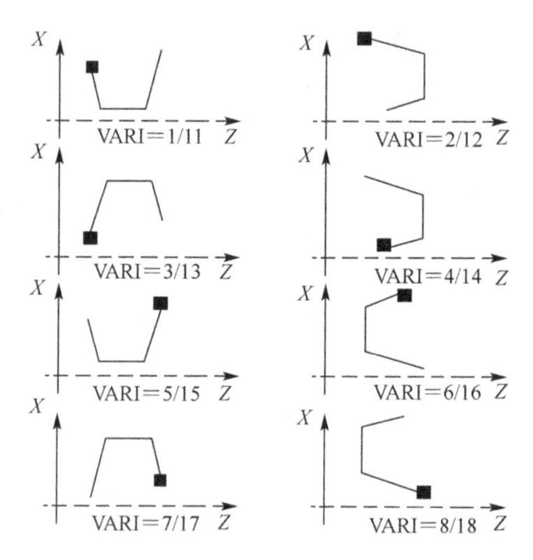

图 2-36 VARI 的个位数所定义的加工方式

参数 VARI 的十位数字用于确定倒角。VARI 1～8 表示将倒角作为 CHF 计算；VARI 11～18 表示将倒角作为 CHR 计算。如果该参数具有不同的值，则该循环中断，并报警 61002，即加工方式定义错误。

⑪ _VRT （可变的退回位移）。可以基于切槽的外径和内径在 _VRT 参数中编程退回位移。

在 VRT=0（参数未编程）时，退刀 1 mm。相同的退回位移也用于切槽每次深度进刀后的断屑。

（2）CYCLE93 切削过程

循环程序自动计算刀具在深度（到切槽底部）和宽度（从切槽一侧到另一侧）方向的总进刀量，然后按最大允许值计算出每次进刀量。在锥面上切槽时，刀具会以最短行程从一个槽逼近下一个槽，即平行于切槽加工所在的锥面，同时自动计算轮廓的安全距离，详述如下。

① 刀具在深度方向分为几步平行于轴进行粗加工，一直达到槽底。每次进刀后退回，

以断屑，如图 2-37 所示。

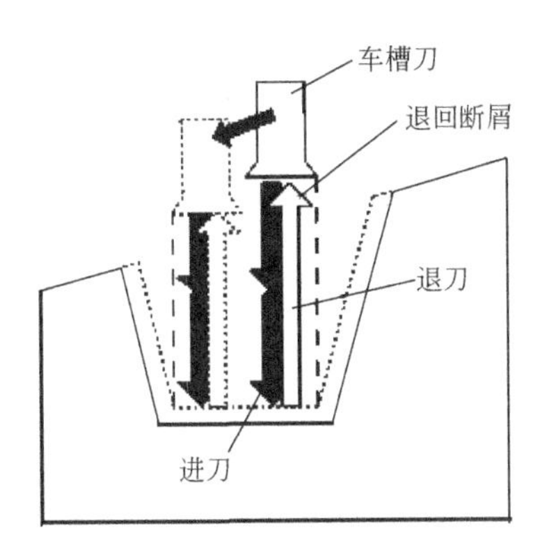

图 2-37　深度切削

② 在槽宽度方向上一次进刀（刀宽等于槽宽）或多次进刀（槽宽大于刀宽），从沿着槽宽向前的二次切割，刀具将在每次退回前退回 1mm。

③ 如果在 ANG1 或 ANG2 下编程角度，则在次进刀中加工侧面。如果齿面宽度较大，则在多次进刀中执行沿着槽宽的进刀，如图 2-38 所示。

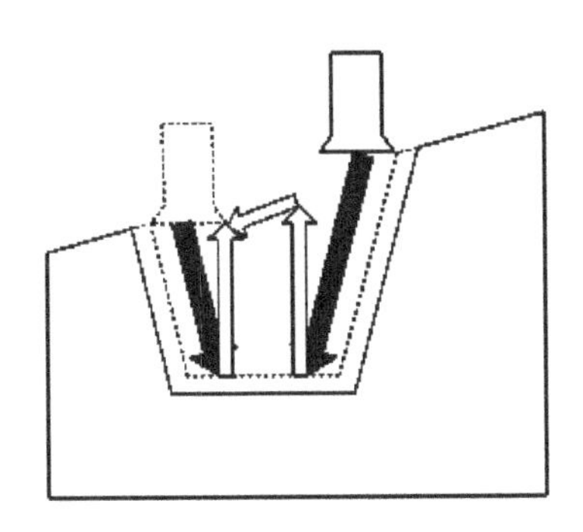

图 2-38　深度切削

④ 精加工余量的横向轴切削与从边缘到槽心的轮廓平行。操作中刀具半径补偿由循环自动选择和取消，如图 2-39 所示。

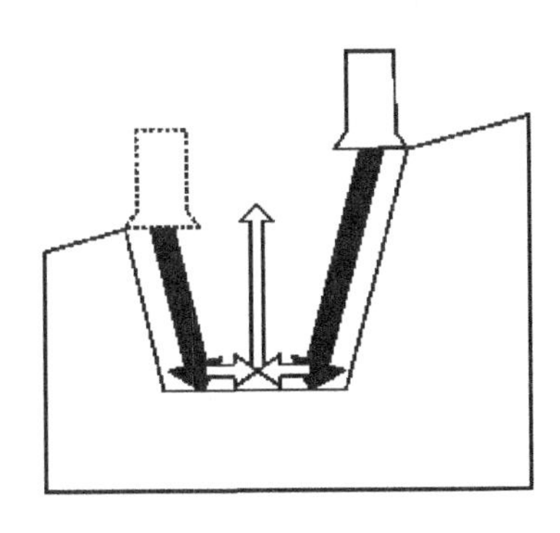

图 2-39　深度切削

（3）切槽编程示例

【例 2-12】 在一个锥面上加工出一个纵向外部切槽，如图 2-40 所示。半径编程，起始点位置为 *X*35，*Z*65。选切槽刀 T5（双刀沿），T5 的刀具补偿 D1 和 D2 。

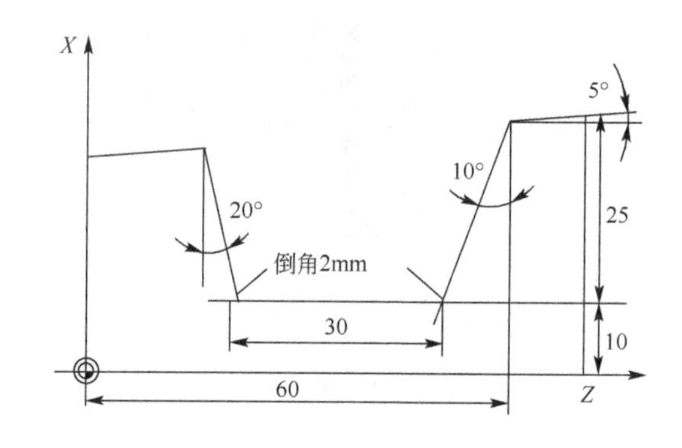

图 2-40 在工件上切削刀槽

程序如下。

```
N10 G0 G90 Z65 X50 T5 D1 S400 M3          ；循环开始前的起始点
N20 G95 F0.2                               ；确定工艺数值
N30 CYCLE93(35, 60, 30, 25, 5, 10, 20, 0, 0, -2,
-2, 1, 1, 10, 1, 5,0.2)                    ；循环调用，退回距离为 0.2mm
N40 G0 G90 X50 Z65                         ；下一个位置
N50 M2                                     ；程序结束
```

对于上述（例 2-12）程序中的 N30 段，可以通过软键“车削”，找到该循环并设置参数，步骤如表 2-7 所示。

表 2-7 循环 CYCLE93 输入步骤

步骤	操 作 说 明	屏幕显示窗口
①	在程序编辑器窗口中，按下“车削”，如右图所示	Auto 15:46:15 2013/04/02 N:\MPF\ABC.MPF 4 N10 G0 G90 Z65 X50 T5 D1 S400 M3¶ N20 G95 F0.2¶ N30 ¶ ==eof== 轮廓车削 凹槽 退刀槽 螺纹 切断 编辑 轮廓 钻孔 车削 激活 模拟 重新编译
②	输入到 N30 段时，在右图窗口的垂直软键中选择“凹槽”	

续表

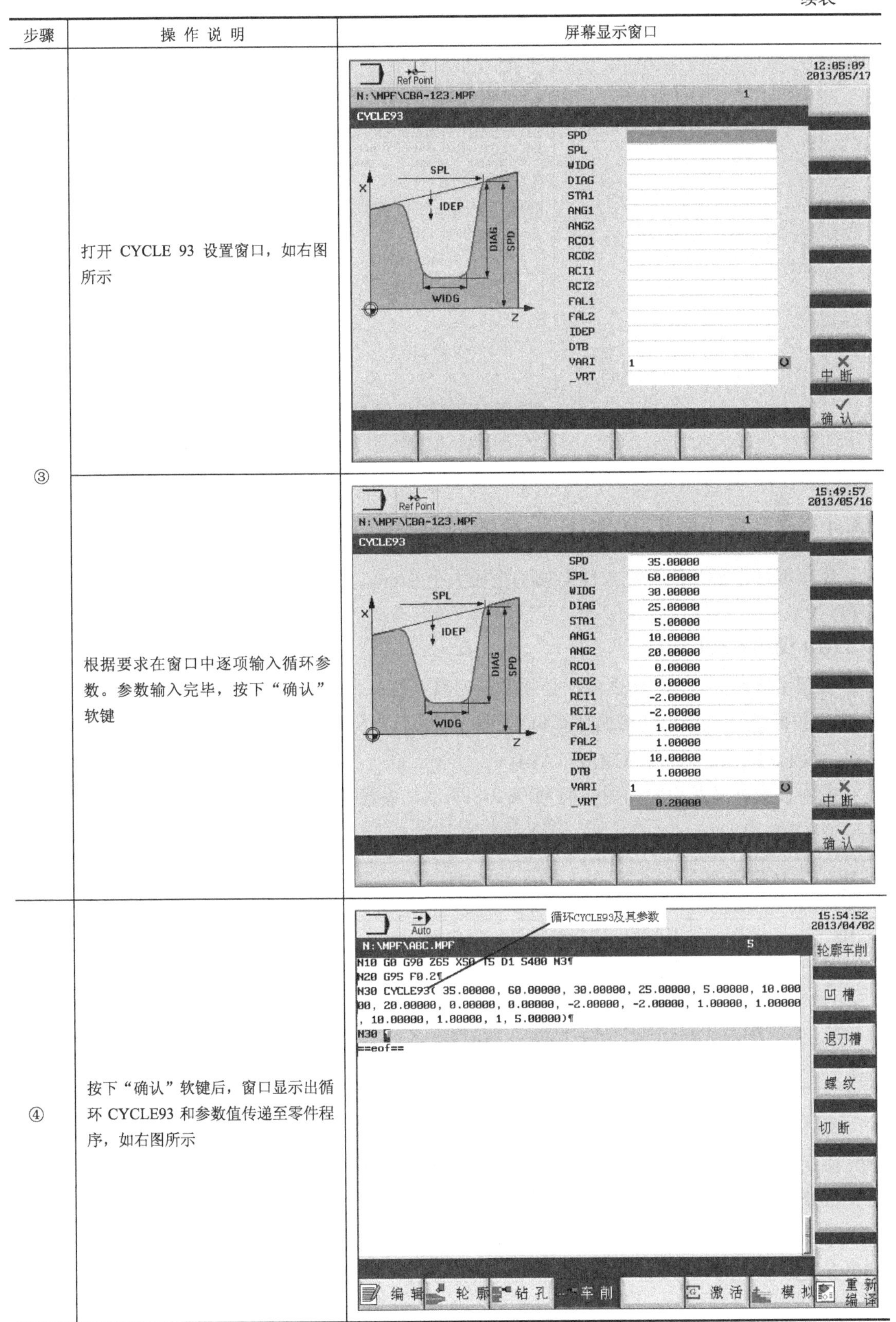

步骤	操作说明	屏幕显示窗口
③	打开 CYCLE 93 设置窗口，如右图所示	
	根据要求在窗口中逐项输入循环参数。参数输入完毕，按下“确认”软键	
④	按下“确认”软键后，窗口显示出循环 CYCLE93 和参数值传递至零件程序，如右图所示	

续表

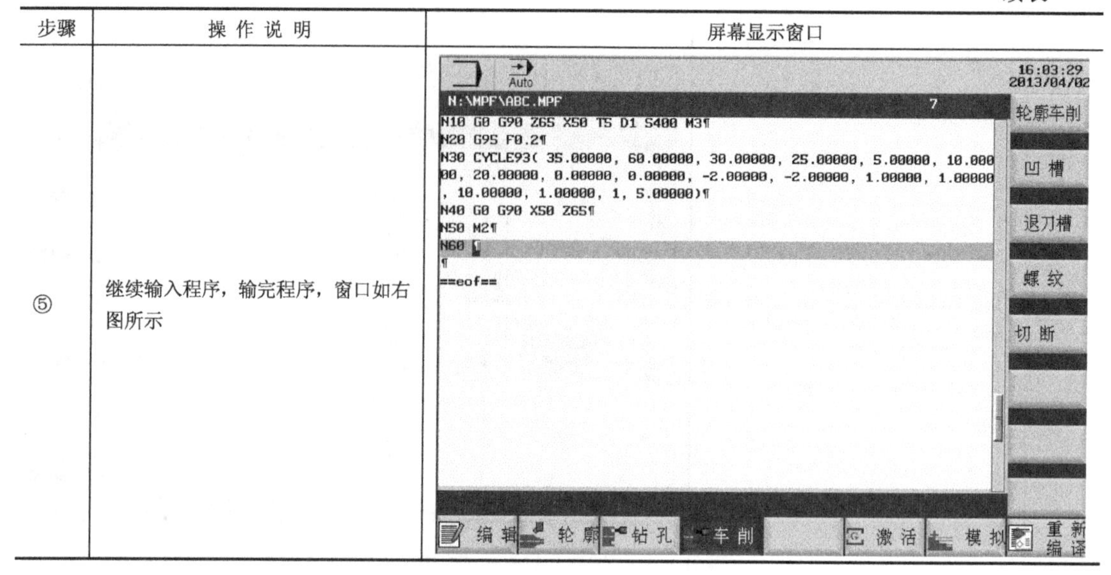

步骤	操作说明	屏幕显示窗口
⑤	继续输入程序，输完程序，窗口如右图所示	（见上图）

2.6.4 退刀槽（形状 E 和 F ）循环 CYCLE94

使用循环 CYCLE94 在工件上加工直径大于 3mm，符合 DIN509 标准的 E 型和 F 型退刀槽。

（1）调用 CYCLE94

在调用循环 CYCLE94 之前，必须激活刀具补偿；否则，输出报警 61000(没有激活刀具补偿)后中断循环。调用切槽循环 CYCLE93 格式为

CYCLE94(SPD, SPL, FORM, VARI)

式中参数含义及说明如图 2-41 和表 2-8 所示，参数说明如下。

表 2-8 循环 CYCLE94 参数

参数	数据类型	说明	F 型和 E 型退刀槽
SPD	实数	横向轴上的起始点（不输入符号）	F型 E型
SPL	实数	纵向轴上刀具补偿的起始点（不输入符号）	
FORM	CHAR	形状定义，值：E （E 型），F（F 型）	
VARI	整数	确定退刀槽位置，值：0 表示根据刀具的刀沿位置 1～4 表示位置定义	

① SPD 和 SPL（起始点）。如图 2-42 所示，在参数 SPD 下确定退刀槽直径。通过参数 SPL 确定退刀槽纵向的尺寸。如果根据 SPD 值产生的槽直径小于 3mm，则该循环中断并报警，报警号为 61601，即“槽直径过小”。

② FORM 用于定义 E 型和 F 型退刀槽，如图 2-43 所示，此参数确定加工哪一种退刀槽。如果参数赋值不为 E 或者 F ，则循环中断并报警，报警号为 61609（形状定义错误）。

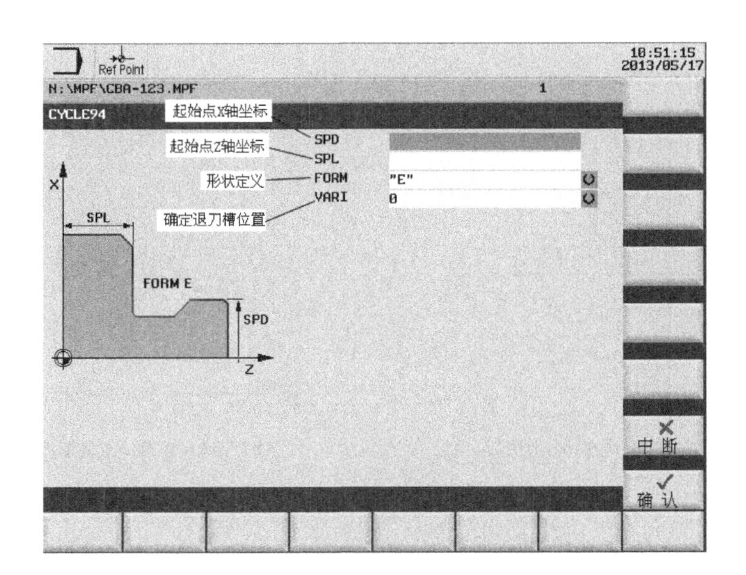

图 2-41　CYCLE94 循环编程窗口

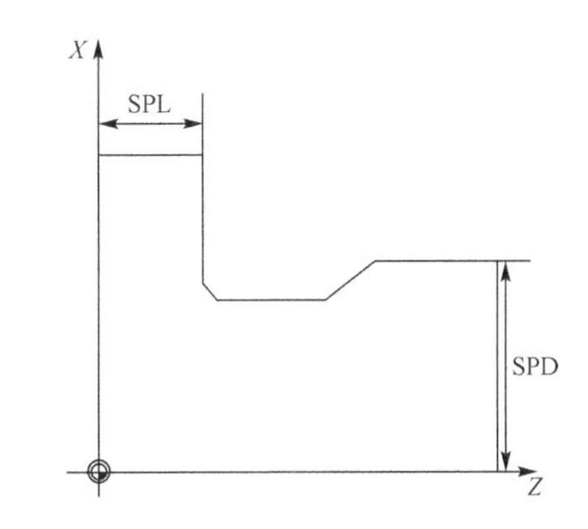

图 2-42　CYCLE94 的 SPD 和 SPL（起始点）参数

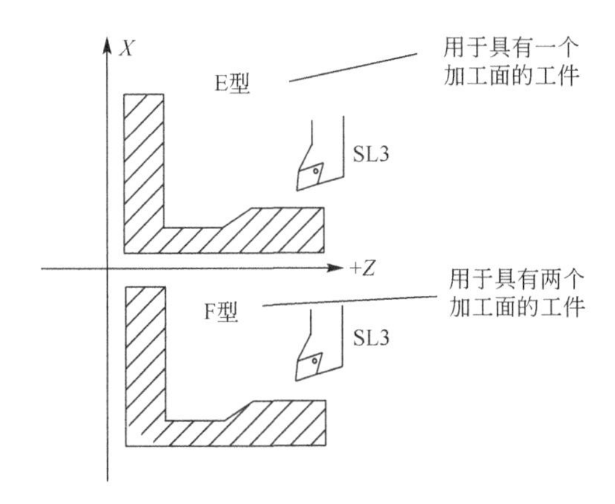

图 2-43　CYCLE94 的 E 型和 F 型参数

③ VARI（确定退刀槽位置）。参数 _VARI 用于确定退刀槽位置。如果 VARI=0，则根据刀具的刀沿位置确定退刀槽位置，可用刀沿位置 1～4，如图 2-44（a）所示。如果 VARI=1～4 ，则直接定义退刀槽位置，如图 2-44（b）所示。

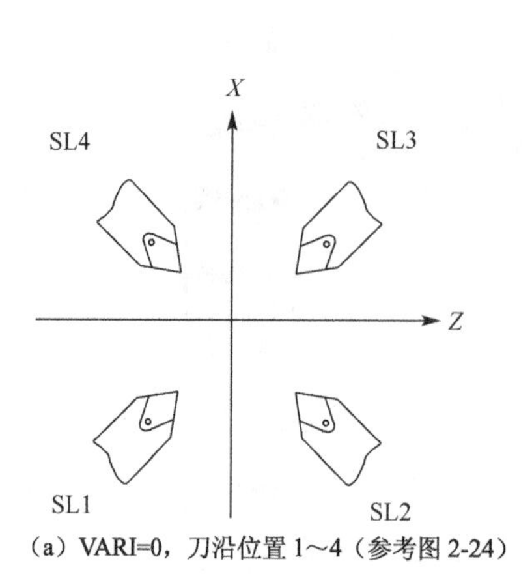

（a）VARI=0，刀沿位置 1～4（参考图 2-24）

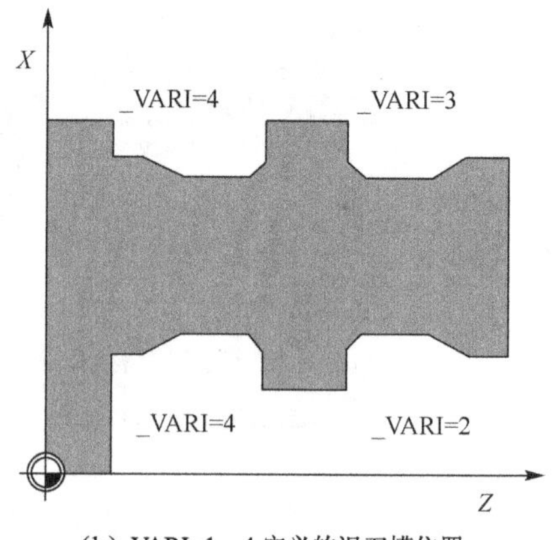

（b）VARI=1～4 定义的退刀槽位置

图 2-44　VARI 定义退刀槽位置

（2）CYCLE94 循环切削过程

CYCLE94 循环开始之前刀具到达起始位置，即无碰撞逼近退刀槽。循环运动过程如下。

① 使用 G0 逼近循环参数确定的起始点。

② 根据当前的刀沿位置选择刀沿半径补偿，并且以循环调用之前编程的进给率 *F* 逼近退刀槽轮廓。

③ 以进给率 *F* 切削退刀槽。

④ 使用 G0 退回到起始点，并使用 G40 取消刀沿半径补偿。

（3）切退刀槽编程示例

【例 2-13】 车削 E 型退刀槽，如图 2-45 所示。

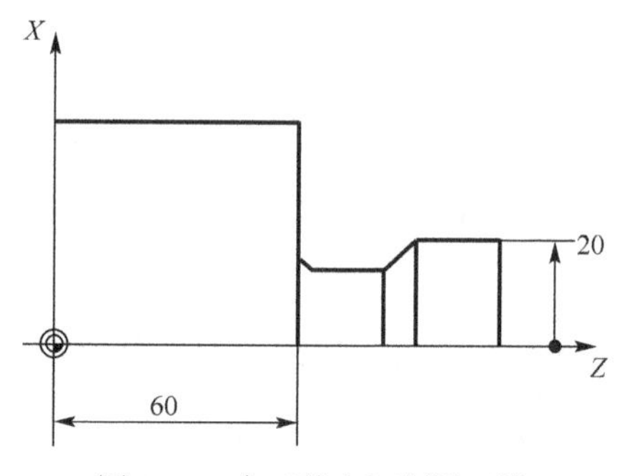

图 2-45　在工件上切削退刀槽

加工图 2-45 工件的 E 型退刀槽程序如下。

```
N10 T1 D1 S300 M3 G95 F0.3        ；确定工艺数值
N20 G0 G90 Z100 X50               ；选择起始位置
N30 CYCLE94 (20, 60, "E")         ；循环调用
N40 G90 G0 Z100 X50               ；逼近下一个位置
N50 M02                           ；程序结束
```

2.6.5　轮廓切削循环，带底切 CYCLE95

轮廓切削循环 CYCLE95 可纵向和横向加工工件的内外轮廓，将工件加工成为由子程序

编程的轮廓。工件轮廓由子程序编程，在该轮廓中可以包含底切单元，底切单元如图 2-46 所示，底切单元可以连续排列。

循环 CYCLE95 具有选择工艺（粗加工、精加工、完全加工）的功能。粗加工轮廓时，首先由编程的最大切削深度沿轴向走刀切削，在达到接近轮廓时，沿着轮廓走刀切削，直至粗加工到编程设定的精加工余量。精加工走刀方式与粗加工相同。刀具半径补偿由循环自动选择和取消。工件轮廓粗加工和精加工的最简单方法是使用轮廓车削循环。

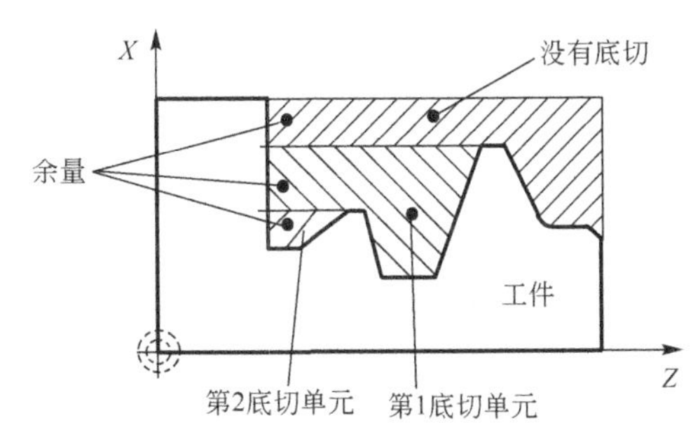

图 2-46　带底切单元的工件

（1）**调用** CYCLE95

调用轮廓切削循环 CYCLE95 格式：

CYCLE95(NPP, MID, FALZ, FALX, FAL, FF1, FF2, FF3, VARI, DT, DAM , _VRT)

式中参数及其含义如图 2-47 和表 2-9 所示，参数说明如下。

表 2-9　循环 CYCLE95 参数

参数	数据类型	说　明
NPP	STRING	工件轮廓子程序名
MID	实数	进刀深度（不输入符号）
FALZ	实数	纵向 Z 轴上精加工余量（不输入符号）
FALX	实数	横向 X 轴上精加工余量（不输入符号）
FAL	实数	轮廓精加工余量（不输入符号）
FF1	实数	粗加工进给速度，无底切
FF2	实数	在底切时插入的进给速度
FF3	实数	精加工进给速度
VARI	实数	加工方式，值范围：1～12
DT	实数	粗加工时用于断屑的暂停时间
DAM	实数	粗加工时断屑长度
_VRT	实数	粗加工时从轮廓返回的退刀距离，相对坐标（不输入符号）

① NPP（名称）。该参数用于输入工件轮廓子程序名，有以下两种格式。

a. 采用子程序名：NPP＝ 子程序的名称。

b. 采用待调用程序的一部分：NPP＝ 起始标签的名称：结束标签的名称。

例如：

```
NPP=KONTUR_1        ；切削工件的轮廓是完整的程序（子程序名 KONTUR_1）
NPP=START:END       ；切削工件轮廓为所调用程序的一部分，其开始程序段为标签
                      START；结束程序段为标签 END
```

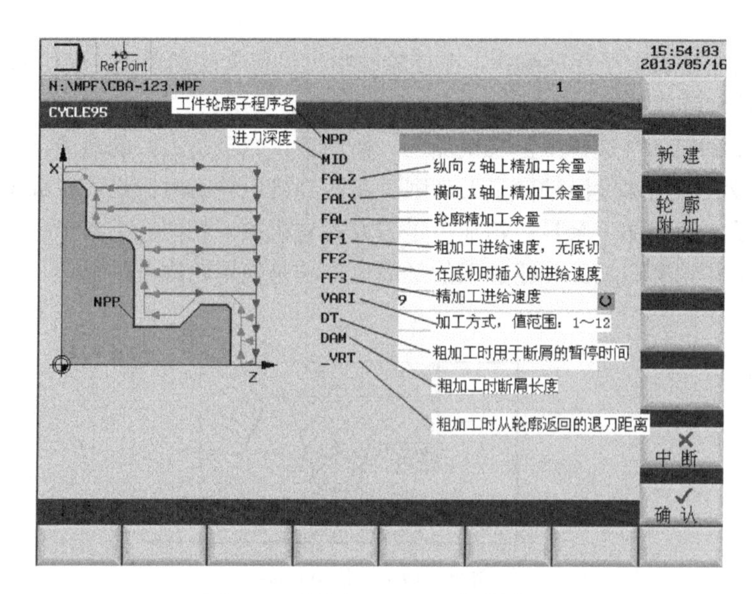

图 2-47　循环 CYCLE95 编程窗口

② MID（进刀深度）。参数 MID 用于定义粗加工最大进刀深度。循环自行计算粗加工实际进刀深度。对于带有底切单元的轮廓（图 2-46），循环把底切单元分割成单独的粗加工部分。对于每个粗加工部分，循环计算最佳进刀深度，并分步切削。如图 2-48 所示，粗加工分 3 步完成，第 1 步总深度 39mm，如果最大进刀深度为 5mm，则需要 8 次粗加工切削，每次进刀为 4.875mm。第 2 步骤也需要 8 次粗加工切削，每次进刀为 4.5mm（总距离 36mm）。第 3 步执行两次粗加工切削，每次进刀 3.5mm（总距离 7mm）。

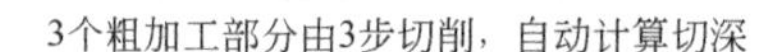

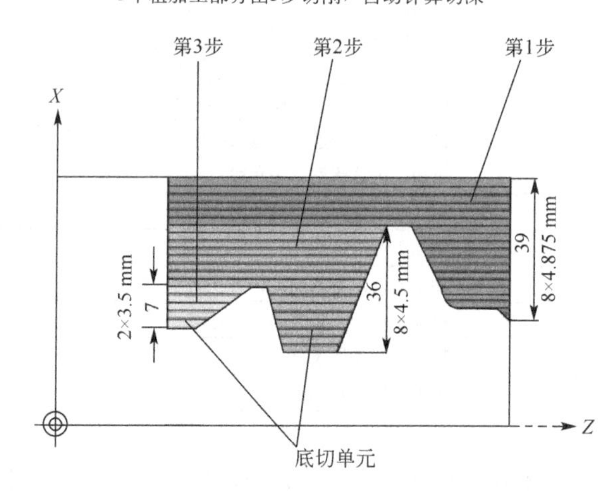

图 2-48　循环 CYCLE95 用最佳切深分步加工底切单元

③ FAL、FALZ 和 FALX（精加工余量）。通过参数 FAL 设定工件轮廓精加工余量，两个轴精加工余量相同，如需为不同的轴设定不同的精加工余量，需通过参数 FALZ 和 FALX 分别设定。在到达该精加工余量后，停止粗加工切削。如果没编程精加工余量，则粗加工一直切削到最终的编程轮廓。

④ FF1, FF2 和 FF3（进给率）。对于不同的加工步骤，可以设定不同的进给率，如图 2-49 所示。

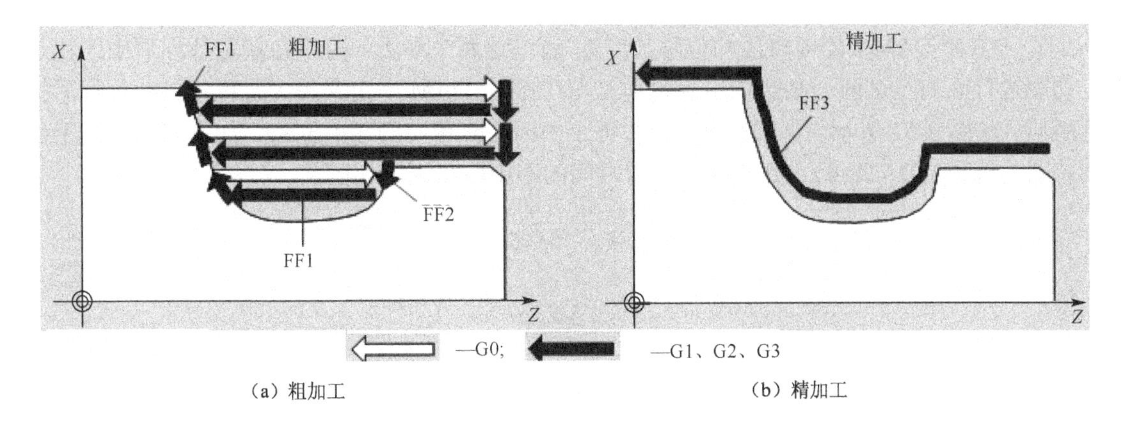

（a）粗加工　　（b）精加工

图 2-49　CYCLE95 进给率 FF1、FF2、FF3

⑤ VARI（加工方式）。取值 1～12，每个值所表示的加工方式如表 2-10 所示。

表 2-10　加工方式值及其含义

值	纵向 L/ 横向 P	外部 O/内部 I	粗、精、完整加工	值	纵向 L/ 横向 P	外部 O/ 内部 I	粗、精、完整加工
1	L	O	粗加工	7	L	I	精加工
2	P	O	粗加工	8	P	I	精加工
3	L	I	粗加工	9	L	O	完整加工
4	P	I	粗加工	10	P	O	完整加工
5	L	O	精加工	11	L	I	完整加工
6	P	O	精加工	12	P	I	完整加工

表 2-10 中名词解释如下。

纵向。刀具沿平行纵（*Z*）轴方向切削，如图 2-50（a）、图 2-50（b）所示。

横向。刀具沿平行横（*X*）轴方向切削，如图 2-50（c）、图 2-50（d）所示。

外部。向轴的负方向进刀（切深），如图 2-50（a）、图 2-50（c）所示。

内部。向轴的正方向进刀（切深），如图 2-50（b）、图 2-50（d）所示。

VARI(加工方式)值的图解如图 2-50 所示。

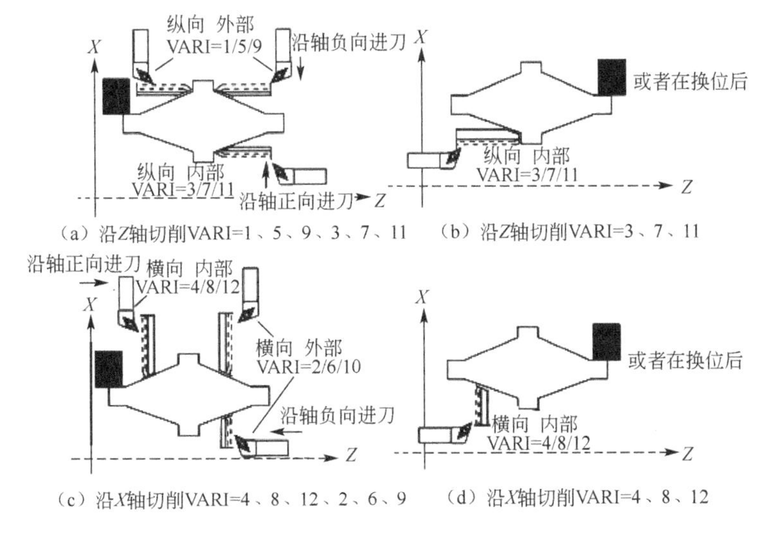

图 2-50　参数 VARI 应用图示

⑥ DT 和 DAM（停留时间和位移长度）。通过这两个参数，可以在特定行程后中断粗加工切削进行断屑。这两个参数仅用于粗加工。在参数 DAM 中定义最大行程，在此行程后执行断屑，如图 2-51 所示。在 DT 中编程在每个中断点停留时间（单位 s）。如果未设定用于切削中断的行程（DAM=0），则执行无停留时间的不中断粗加工切削。

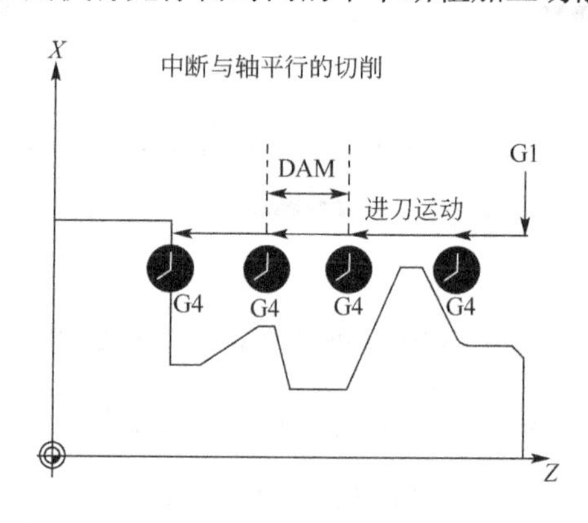

图 2-51　CYCLE95 参数 DAM

⑦_VRT（退刀距离）。参数 _VRT 用于设定粗加工一次走刀完成后返回时的退刀量。_VRT=0（参数未编程）时，退刀 1 mm。

（2）相关名词解释

① 轮廓定义　轮廓必须至少包含 3 个程序段，使得在加工平面上的两个轴运动。如果轮廓太短，则输出报警 10933（轮廓子程序包含太少的轮廓程序段）和报警 61606（轮廓预处理时出错），且循环中断。

作为轮廓中的几何尺寸，允许通过 G0、G1、G2 和 G3 进行直线编程和圆弧编程，也可以用于倒圆和倒角的指令。如果在轮廓中编程了其他的运动指令，则循环中断，并输出报警 10930（切削轮廓中有不允许的插补方式）。

在实际加工平面中运行的第一个程序段内必须包含运行指令 G0、G1、G2 或者 G3，否则该循环中断，并输出报警 15800（错误的 CONTPRON 输出条件）。如果 G41/42 有效，也会发出该报警。加工平面中第一个编程位置是轮廓的起始点。

如果最大的直径不在编程的轮廓终点或者起始点范围内，则循环在加工结束处自动补充一条轴向平行的直线至轮廓最大值，如图 2-52 所示，这部分作为轮廓的底切切削。

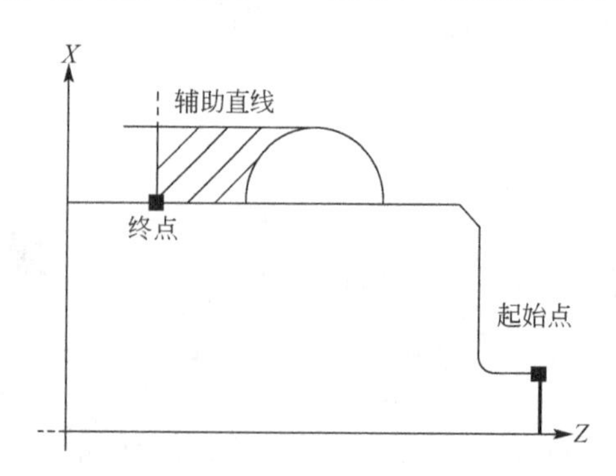

图 2-52　补充一条轴向平行的直线（辅助直线）

在轮廓子程序中不允许使用 G41/G42 编程刀具半径补偿，否则循环中断，并输出报警10931（错误的切削轮廓）

② 轮廓方向　程序中的加工方向由系统自动选定。在完整加工时，轮廓的精加工方向与粗加工相同。

③ 循环起始点

a．循环指令自动计算并确定循环起始点，如图 2-53 所示。

b．沿深度进刀方向起始点与轮廓的距离=精加工余量+退刀位移（参数 _VRT ）。

c．在其他坐标轴方向上起始点与轮廓距离=精加工余量+_VRT 。

d．刀具逼近起始点时，循环内部选择刀沿半径补偿。注意循环之前刀具的位置必须有足够的空间用于刀具补偿运动，确保刀具不发生碰撞。

（3）循环切削过程

① 循环开始之前到达的位置。循环开始刀具在两个轴上按照 G0 运动，定位于循环起始点，循环起始点位置由循环内部自行确定。

② 粗加工不带底切单元切削过程，如图 2-54 所示。

a．按 G0 逼近工件，到切入位置。

b．按 G1 和进给率 FF1，与轴向平行切削，逼近轮廓的精加工余量。

c．按 G1/G2/G3 和 FF1，沿着轮廓＋精加工余量并与轮廓平行进刀切削。

d．在每个轴上退刀，退刀量= _VRT ，并以 G0 返回。

e．重复该过程，直至到达加工截面的总深度。

f．在粗加工不带底切单元时，按轴方式退回到循环起始点。

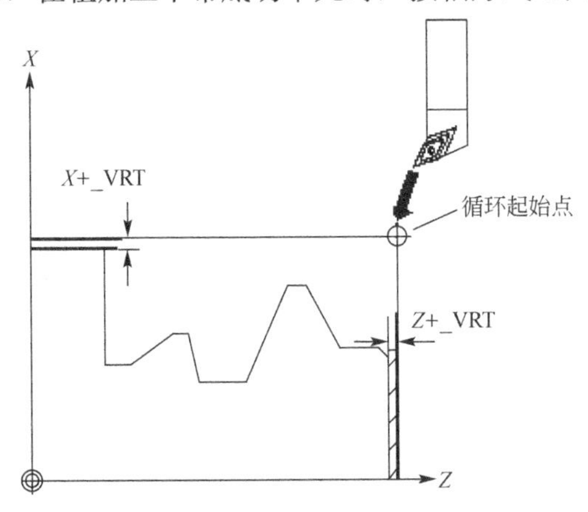

图 2-53　循环起始点

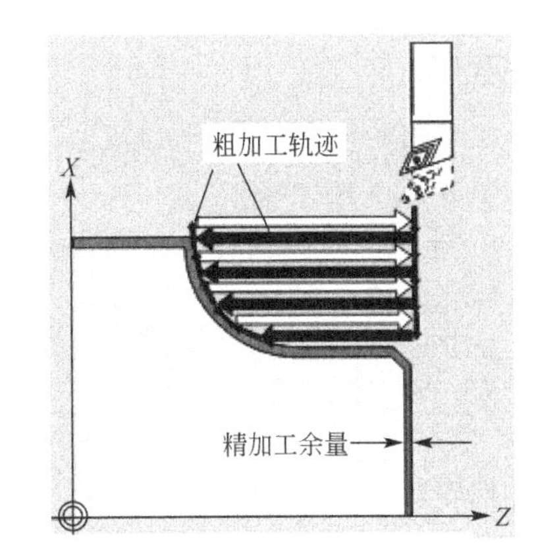

图 2-54　粗加工不带底切单元的切削过程

③ 粗加工带底切单元的切削过程，如图 2-55 所示。

a．按 G0 在两个轴分别先后接近下一个底切单元的起始点。执行该操作时，遵守附加循环内部安全间距。

b．按 G1/G2/G3 和 FF2，沿着轮廓＋精加工余量并与轮廓平行进刀。

c．按 G1 和进给率 FF1，轴向平行逼近粗加工切削点。

d．沿轮廓进行切削，然后执行退刀和返回。

e．如果有其他的底切单元，则对每个底切重复执行此过程。

④ 精加工。

a．按 G0 逼近循环起始点。

b．两个轴同时按 G0 逼近轮廓起始点。

c．沿着轮廓使用 G1/G2/G3 和 FF3 精加工。

d．两个轴以 G0 退回到起始点。

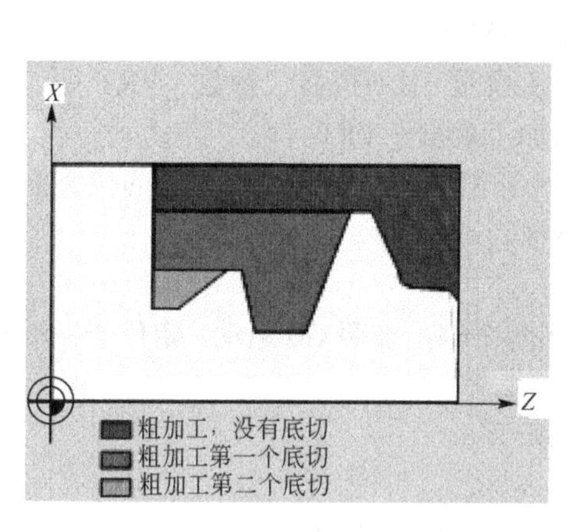

图 2-55　粗加工带底切单元的切削过程

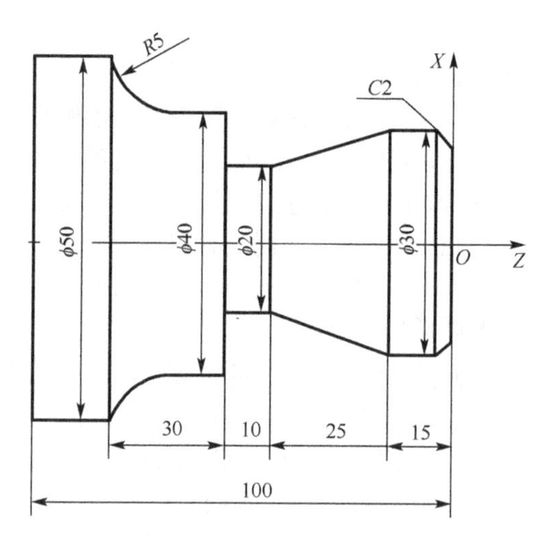

图 2-56　零件 1（从圆棒坯料加工）

（4）**编程示例**

【例 2-14】 零件 1 如图 2-56 所示，工件轮廓要求进行完全、纵向、外部加工，设定精加工余量。在粗加工时不中断切削，最大进刀为 5mm，轮廓保存在单独的程序（子程序）中。

【解】 调用循环 CYCLE95，采用子程序名 NPP＝ 子程序的名称。

主程序：

```
N10 G90 G54 G95 G18 G0 DIAMON S500 M3 T1 D1 Z150 X100  ；程序头，直径编程
N20 Z10 X60                                            ；接近工件坯料
N30CYCLE95(“CONTUR”5,1.2,0.6, ,0.2,0.1,0.2,9, , , 0.5)  ；循环调用
N40 G0 X100                                            ；回到起始位置
N50 Z150
N60 M30                                                ；程序结束
```

子程序：

```
CONTUR                    ；子程序名
N110 Z0 X26               ；工件起始位置
N120 Z-2 X30              ；倒角
N130 Z-15                 ；ϕ30 外圆
N140 Z-40 X20             ；倒锥面
N150 Z-50                 ；20 外圆
N160 X40                  ；台阶
N170 Z-75                 ；40 外援
N175 Z-80 X50 CR=5        ；圆弧
N180 Z-105                ；50 外圆
N190 X55                  ；退刀
```

```
N200 M2                    ；子程序结束
```

程序输入操作如表 2-11 所示。

表 2-11　循环 CYCLE95 参数和子程序输入步骤

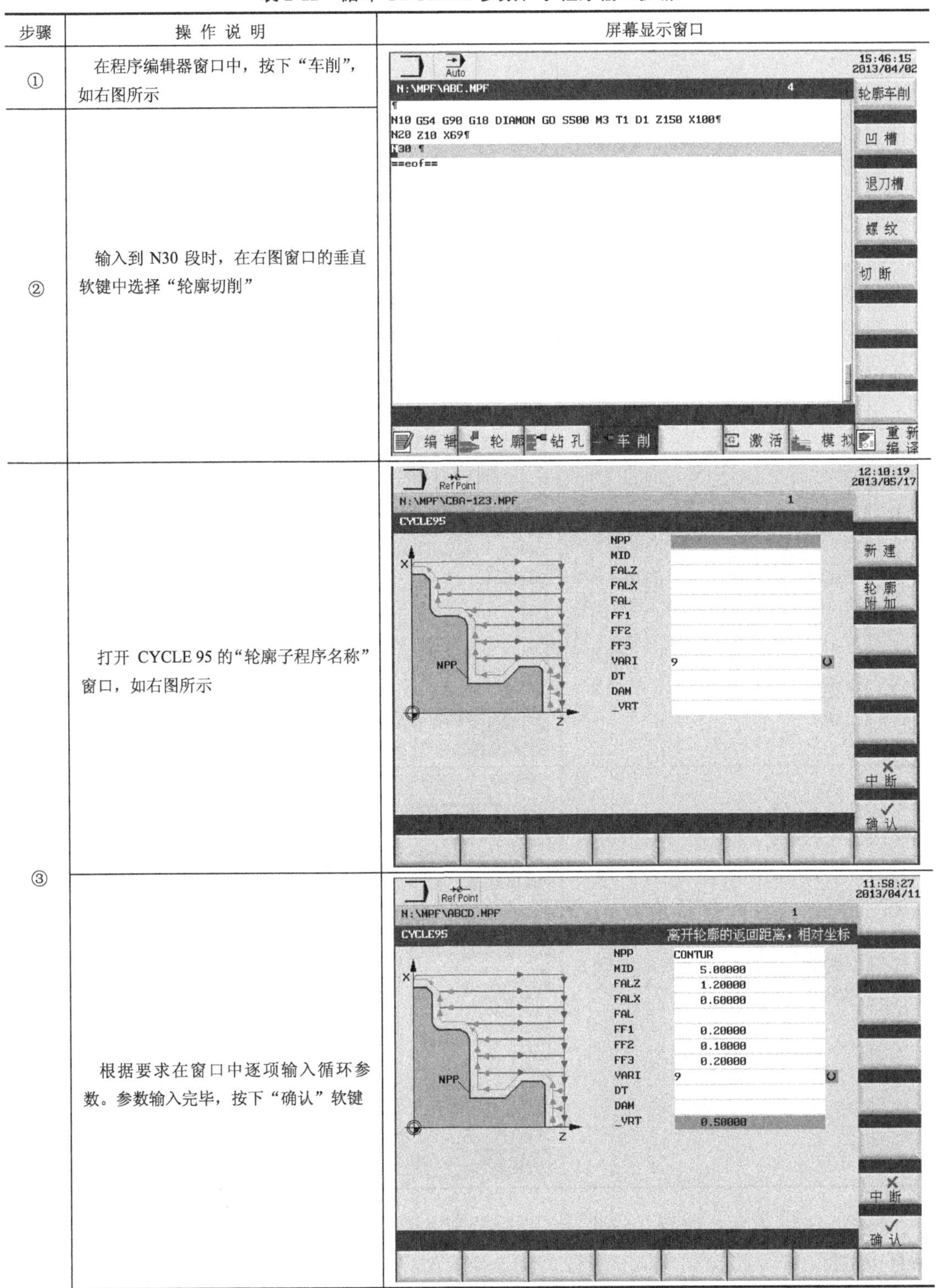

步骤	操作说明	屏幕显示窗口
①	在程序编辑器窗口中，按下“车削”，如右图所示	
②	输入到 N30 段时，在右图窗口的垂直软键中选择“轮廓切削”	
③	打开 CYCLE 95 的“轮廓子程序名称”窗口，如右图所示	
	根据要求在窗口中逐项输入循环参数。参数输入完毕，按下“确认”软键	

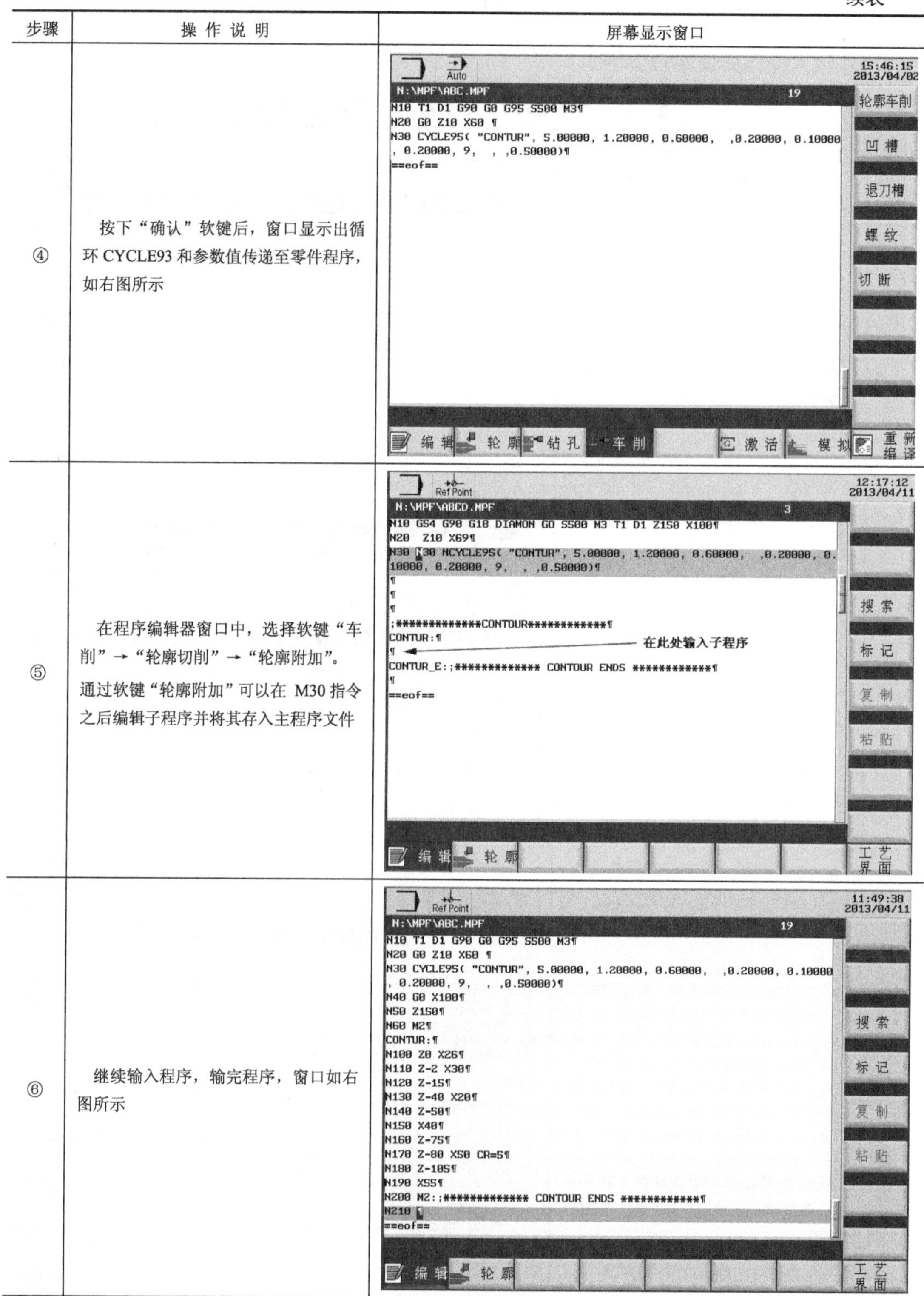

步骤	操作说明	屏幕显示窗口
④	按下“确认”软键后，窗口显示出循环 CYCLE93 和参数值传递至零件程序，如右图所示	
⑤	在程序编辑器窗口中，选择软键“车削”→“轮廓切削”→“轮廓附加”。 通过软键“轮廓附加”可以在 M30 指令之后编辑子程序并将其存入主程序文件	
⑥	继续输入程序，输完程序，窗口如右图所示	

【例 2-15】 零件 2 如图 2-57 所示，切削轮廓在调用的程序中定义，并在精加工循环调用后直接运行。

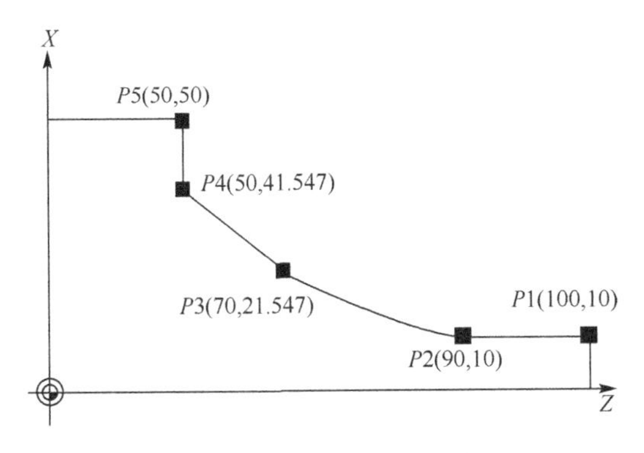

图 2-57　零件 2（从圆棒坯料加工）

【解】 调用循环 CYCLE95，采用程序的一部分作为待调用程序，即 CYCLE95 指令中的 NPP =“起始标签的名称:结束标签的名称”，本程序所用起始标签名称为 START，结束标签名称为 END。所以 NPP=“START:END”。

```
N110 G18 DIAMOF G90 G95                                    ；执行半径编程
N120 S500 M3
N130 T1 D1
N140 G0 X70
N150 Z160
N160 CYCLE95(“START:END”,2.5,0.8,0.8,0,0.8,0.75,0.6,1, , , ) ；循环调用
N170 G0 X70 Z160
N175 M02
START:
N180 G1 X10 Z100 F0.6
N190 Z90
N200 Z70 ANG=150
N210 Z50 ANG=135
N220 Z50 X50
END:
N230 M02
```

2.7　轴类件的螺纹车削

螺纹切削要求数控机床主轴具有位置测量系统。

2.7.1　等螺距螺纹切削指令 G33

G33 用于切削等螺距直螺纹、外锥形螺纹、单头和多头螺纹。G33 是模态码，程序中一经指定一直生效，直到被同组 G 代码（G0, G1, G2, G3, ...）取代。

（1）G33 指令格式

G33 指令格式如图 2-58 所示，代码 *K*（或 *I*）表示工件在长轴 *Z*（或 *X*）方向的螺距。

① 圆柱螺纹指令格式：G33 Z__K__

② 圆锥螺纹，当圆锥处斜角在 45° 以下时，*Z* 轴方向为长轴，指令为 G33 Z__X__K__ 当圆锥处斜角在在 45° ～ 90° ，*X* 轴方向为长轴。指令： G33 Z__X__I__

③ 端面螺纹切削加工时，代码 *Z* 可以省略，程序格式：G33 X__I__

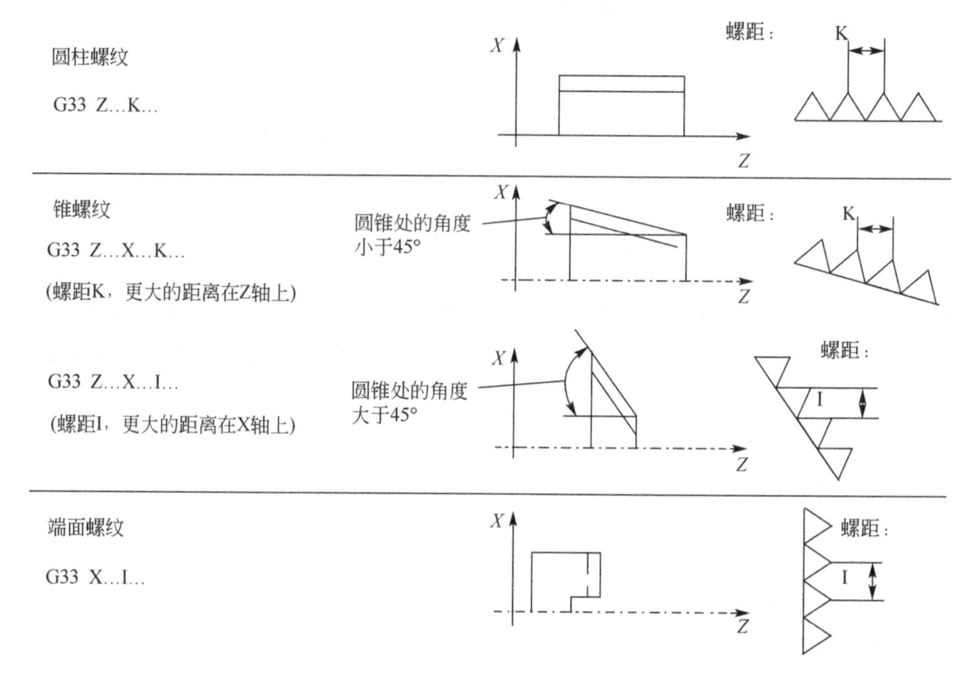

图 2-58 G33 切削圆柱螺纹、锥螺纹和端面螺纹的格式

（2）起始点角度偏移 SF=

在偏移部分中加工多头螺纹或单头螺纹，主轴需要起始点角度偏移。在 G33 螺纹程序段中编程起始点角度偏移使用地址 SF（绝对位置）。SF 的编程值必须在设置数据中输入。

（3）进给轴速度

使用 G33 车削螺纹，切削螺纹中进给速度由主轴转速 *S* 和螺距确定。开始车螺纹的时刻位置编码器实时地读取主轴转速，根据螺纹螺距自动换算出刀具的每分钟进给量。螺纹切削是在位置编码器输出主轴一转信号时开始的，所以螺纹切削的始点是固定点，且刀具在工件上的轨迹不变，可重复多次相同走刀轨迹完成螺纹车削，注意在车削螺纹过程中主轴速度必须保持恒定，否则螺纹螺距不正确。在加工螺纹时主轴速度修调开关应保持位置不变，进给倍率开关在该程序段中不起作用。

（4）编程示例

【例 2-16】 车削圆柱双头螺纹，如图 2-59 所示，第 2 条螺纹线起始点偏移 180°，螺纹长度（包括导入和导出）为 96mm，螺距为 4 mm / r。

【解】 程序如下。

```
N10 G54 G0 G90 X50 Z10 S500 M3    ; 定位到车螺纹始点，主轴顺时针旋转
N20 G33 Z-100  K4  SF=0           ; 车螺纹，螺距为 4 mm/r，起始点角度偏移为 0°
N30 G0 X54                        ; 退刀
N40 Z10                           ; 回始点
```

```
N50 X50                           ; 进刀
N60 G33 Z-100 K4 SF=180           ; 车第 2 条螺纹，起始点角度偏移 180°
N70 G0 X54                        ; 退刀
N80 Z10                           ; 回始点
N90 G0 X50 Z50                    ; 回程序始点
N100 M30                          ; 程序结束
```

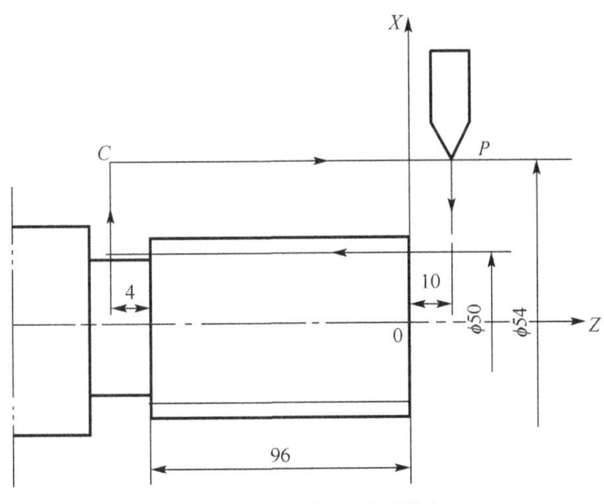

图 2-59　G33 车削双线圆柱螺纹

2.7.2　G33 的可编程导入和导出行程 DITS、DITE

G33 车削螺纹可以加入导入与导出行程，导入行程是螺纹起始前刀具运行的引入距离，导出行程是指螺纹结束处刀具运行的超出距离，如图 2-60 所示。在导入行程中内进行刀具的加速，在导出行程中进行刀具的制动，该行程长短取决于螺距、主轴转速以及轴的动力。如果图样中可供使用的行程长度受到限制，则应降低主轴转速，直到该行程够用。解决这个问题，并能达到较好的切削效率的方法是，在程序中给定导入和导出行程，如果导入行程不足以使轴达到设计的运行加速度，则该轴的加速度超载。对于螺纹导入量会发出报警 22280（编程的导入行程过短），该报警仅用于提供信息，对零件程序执行没有影响。

G33 的螺纹的导入导出行程指令如下。

DITS=__　　　; G33 的螺纹的导入行程

DITE=__　　　; G33 的螺纹的导出行程

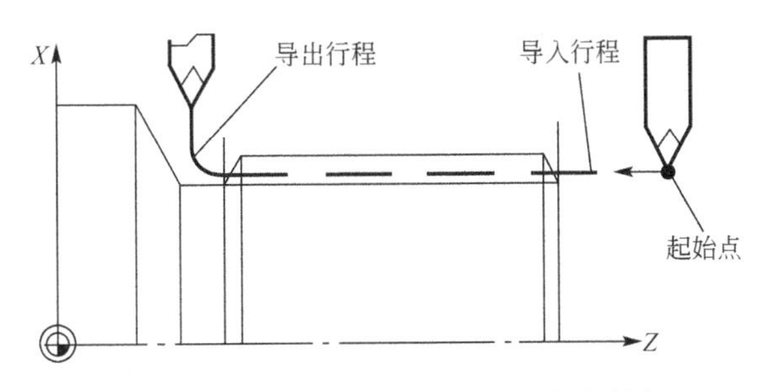

图 2-60　螺纹 G33 的倒圆导入、导出行程

编程示例如下。

```
N10 G54
N20 G90 G0 Z100 X10 M3 S500
N30 G33 Z50 K5 SF=180 DITS=4 DITE=2     ；起始点角度偏移 180°，导入 4 mm、导出 2 mm
N40 G0 X30
N50 G0 X100 Z100
N60 M5
N70 M30
```

2.7.3 变螺距的螺纹切削 G34、G35

（1）编程指令

用 G34 或者 G35 在程序段中加工变螺距螺纹，G34 用于车削线性增加螺距的变螺纹，G35 用于车削线性递减螺距的螺纹。G34、G35 属模态码，指令给定后一直有效，直到被同组 G 指令(G0, G1, G2, G3, G33…) 取代。指令格式如下。

G34 Z__ K__ F__　　　　；带有递增螺距的圆柱螺纹

G35 X__ I__ F__　　　　；带有递减螺距的平面螺纹

G35 Z__ X__ K__ F__　　；带有递减螺距的圆锥螺纹

式中，地址 I 和地址 K 分别为 X 轴和 Z 轴上的起始螺纹螺距，单位为 mm/r。

地址 F 是螺距变化率，即螺纹每转螺距的改变值，单位为 mm/r^2。

（2）计算螺距变化率 F

已知变螺距螺纹的起始螺距和最终螺距，计算编程的螺距变化率的公式为

$$F=\frac{\left|K_e^2-K_a^2\right|}{2\times L_G} \tag{2-1}$$

式中　F——螺距变化率，mm/r^2；

K_e——轴目标点坐标的螺距，mm/r；

K_a——螺纹起始螺距（在 I、K 下编程的螺距），mm/r；

L_G——螺纹长度，mm。

（3）程序举例

车削具有恒螺距和递减螺距的变螺距圆柱螺纹，程序如下。

```
N10 M3 S40                   ；主轴正转
N20 G0 G54 G90 G64 Z10 X60   ；到车螺纹起始点
N30 G33 Z-100 K5  SF=15      ；车螺纹，恒定螺距为 5mm/r，起始角度偏移 15°
N40 G35 Z-150 K5 F0.16       ；车变螺距螺纹，起始螺距为 5mm/r，螺距递减 0.16mm/r²
                             ；螺纹长度 50 mm，程序段结束时螺距 3mm/r
N50 G0 X80                   ；在 X 方向退刀
N60 Z120
N100 M2                      ；程序结束
```

2.7.4 螺纹退刀槽循环 CYCLE96

使用循环 CYCLE96 在工件上加工公制 ISO 螺纹零件的退刀槽。

（1）**调用** CYCLE96

在调用循环之前，必须激活刀具补偿；否则，中断循环并输出错误消息 61000（没有激活刀具补偿），指令格式如下。

CYCLE96（DIATH，SPL，FORM，VARI）

式中参数含义及说明如图 2-61 和表 2-12 所示,参数说明如下。

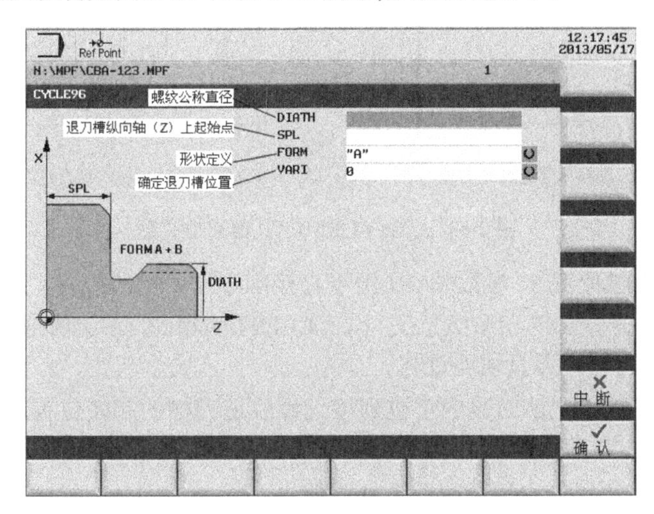

图 2-61 螺纹退刀槽循环 CYCLE96 编程窗口

表 2-12 循环 CYCLE96 参数

参数	数据类型	说　明
DIATH	实数	螺纹公称直径
SPL	实数	退刀槽纵向轴（Z）上起始点
FORM	CHAR	形状定义，值有 A（A 型），B（B 型），C（C 型），D（D 型）
VARI	整数	确定退刀槽位置，值有 0 表示根据刀具的刀沿位置 1～4 表示位置定义

① DIATH 是退刀槽额定直径，如图 2-62 所示。CYCLE96 循环加工螺纹退刀槽，限于公制 ISO 螺纹 M3 到 M68。

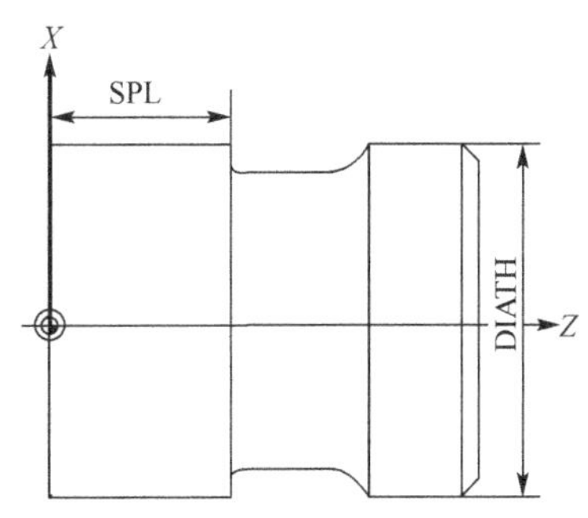

图 2-62 参数 SPL、DAITH 所确定的尺寸

② SPL（纵向起始点）。参数 SPL 是退刀槽沿纵向轴的定位尺寸，如图 2-63 所示。

③ FORM（类型定义）A 型和 B 型螺纹退刀槽用于外螺纹，A 型为正常螺纹收尾，B 型为较短的螺纹收尾，如图 2-63(a)所示。C 型和 D 型螺纹退刀槽用于内螺纹，C 型为正常螺纹收尾，D 型为较短的螺纹收尾，如图 2-63(b)所示。

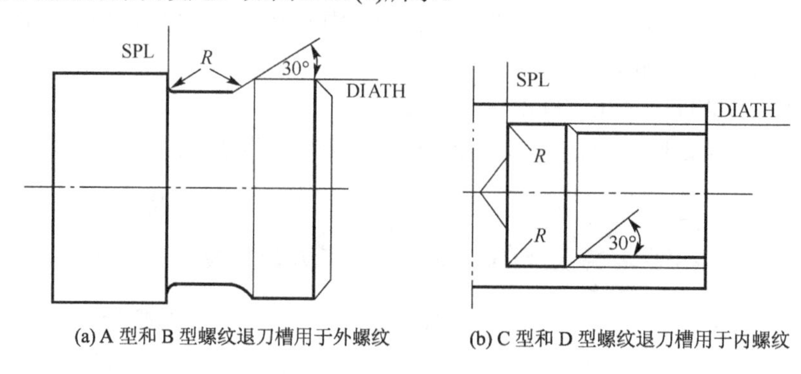

(a) A 型和 B 型螺纹退刀槽用于外螺纹　　(b) C 型和 D 型螺纹退刀槽用于内螺纹

图 2-63　参数 FORM 定义退刀槽类型

④ VARI（退刀槽位置）。参数 VARI 用于直接确定退刀槽的位置，或者由刀具的刀沿位置产生退刀槽位置。E 型和 F 型参数意义与 CYCLE94 的相同，参见本书 2.6.4 节和图 2-43 。

（2）CYCLE96 循环中刀具运动过程

CYCLE96 循环开始之前刀具应定位到接近螺纹退刀槽的起始位置。循环使刀具运动过程如下。

① G0 逼近由循环指令内部确定的循环起始点。

② 根据有效刀沿选择刀具半径补偿。刀具根据循环参数确定的退刀槽轮廓运行车削加工。

③ G0 退回到循环起始点，并用 G40 取消刀具半径补偿。

该循环自动确定起始点，起始点由有效刀具的刀沿位置和螺纹直径确定。对于 A 型和 B 型，在循环中对激活刀具的自由切削角进行监控。如果确定不能用所选的刀具加工退刀槽形状，控制系统上显示信息“更改的退刀槽形状”，但是加工继续。

（3）编程示例

【例 2-17】 A 型螺纹退刀槽如图 2-64 所示，试编程车削螺纹退刀槽。

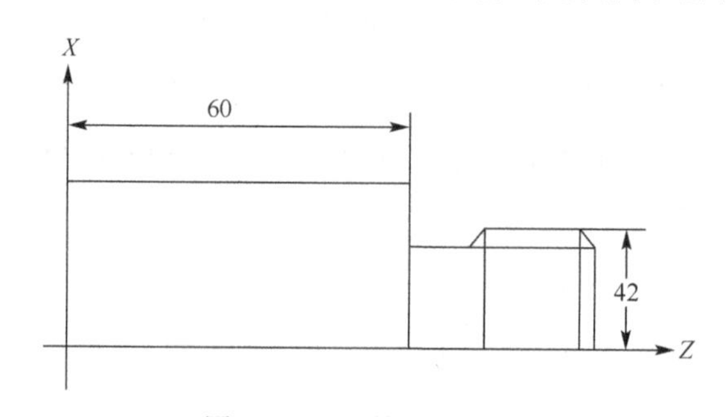

图 2-64　A 型螺纹退刀槽

【解】 程序如下。

```
N10 D3 T1 S300 M3 G95 F0.3          ；确定工艺数值
N20 G0 G90 Z100 X50                 ；定位到起始位置
N30 CYCLE96 (42, 60, "A")           ；调用螺纹退刀槽循环
```

```
N40 G90 G0 X100 Z100          ; 逼近下一个位置
N50 M2                        ; 程序结束
```

2.7.5 螺纹切削循环 CYCLE99

在例 2-16 中 G33 车削螺纹，切削走刀一次需要 4 个程序段，即：N10 段由起始点进刀，N20 段车螺纹，N30 段退刀，N40 段返回起始点。通常沿螺纹齿高方向需要多次走刀，则编写程序就更长，且烦琐。采用螺纹车削循环可简化编程，用一条循环指令就可以完成螺纹车削。螺纹切削循环 CYCLE99 用于加工恒螺矩直螺纹（图 2-65）、端面螺纹、锥形外螺纹和内螺纹。可加工单线螺纹，也可以加工多线螺纹，对于多线螺纹依次对各个螺纹线加工。刀具进刀自动进行，可以选择每次切削时恒定的进给率，也可以选择恒定的切削截面。由主轴的旋转方向决定加工左旋螺纹或者右旋螺纹。进给倍率和主轴倍率在带螺纹的运行程序段中都无效。

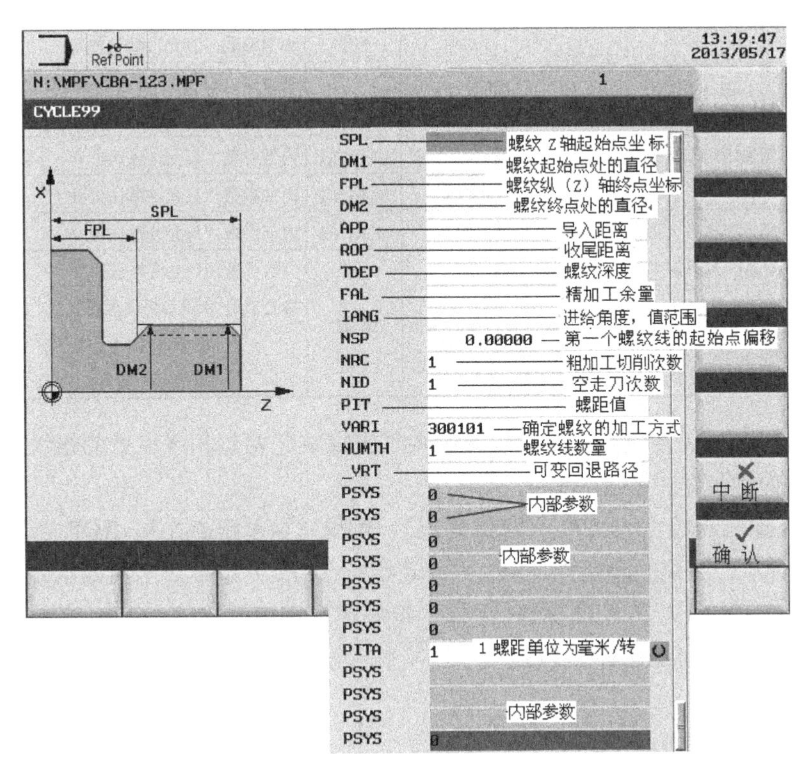

图 2-65　直螺纹循环 CYCLE99 编程窗口

（1）循环 CYCLE99 调用

CYCLE99 程序格式：

CYCLE99（SPL 、DM1、FPL 、DM2、APP、ROP、TDEP 、FAL 、IANG 、NSP、NRC、NID 、PIT、VARI、NUMTH、_VRT 、PSYS 、PSYS、PSYS 、PSYS 、PSYS、PSYS 、PSYS 、PITA、PSYS 、PSYS、PSYS 、DMODE）

式中参数含义及说明如表 2-13 所示，参数说明如下。

表 2-13　循环 CYCLE99 参数

参数	数据类型	说　明
SPL	实数	螺纹纵（Z）轴起始点坐标
DM1	实数	螺纹起始点处的直径
FPL	实数	螺纹纵（Z）轴终点坐标
DM2	实数	螺纹终点处的直径
APP	实数	导入距离（不输入符号）
ROP	实数	收尾距离（不输入符号）
TDEP	实数	螺纹深度（不输入符号）
FAL	实数	精加工余量（不输入符号）
IANG	实数	进给角度，值范围： “+”用于齿面处齿面进刀，“-”用于交替齿面进刀
NSP	实数	第一个螺纹线的起始点偏移（不输入符号）
NRC	整数	粗加工切削次数（不输入符号）
NID	整数	空走刀次数（不输入符号） 参数　数据类型　说明
PIT	实数	螺距值（不输入符号），单位在参数 PITA 中定义

参数	数据类型	说　明
VARI	整数	确定螺纹的加工方式，参数值： 使用线性进刀的 300101 外螺纹 使用线性进刀的 300102 内螺纹 使用递减进刀的 300103 外螺纹 使用递减进刀的 300104 内螺纹
NUMTH	整数	螺纹线数量（不输入符号）
_VRT	实数	基于初始直径的可变回退路径，增量（不输入符号）
PSYS	整数	内部参数，只允许默认值 0
PSYS	整数	内部参数，只允许默认值 0
PSYS	整数	内部参数，只允许默认值 0
PSYS	整数	内部参数，只允许默认值 0
PSYS	整数	内部参数，只允许默认值 0
PSYS	整数	内部参数，只允许默认值 0
PSYS	整数	内部参数，只允许默认值 0
PITA	整数	参数值：1 螺距，单位为 mm/r 2 螺距，单位为螺纹数/英寸
PSYS	STRING	内部参数，只允许默认值 0
PSYS	STRING	内部参数，只允许默认值 0
PSYS	STRING	内部参数，只允许默认值 0
DMODE	整数	内部参数，只允许默认值 0 参数值有 0 表示纵向螺纹 10 表示横向螺纹 20 表示锥管螺纹

① DM1 和 DM2（直径）。对外螺纹该参数确定螺纹起始点和终点处的螺纹直径如图 2-66（a）所示。对内螺纹是中心孔直径。

② SPL（螺纹起始点）、FPL（螺纹终点）、APP（导入距离）和 ROP（退尾距离），如图 2-66（b）所示。编程的起始点（SPL）以及终点（FPL）是螺纹的原始出发点。循环中所使用的起始点在起始点导入距离 APP 之前。退尾距离在编程的终点 FPL 之前开始。它使螺纹终点提前，因而切削终点等于 FPL。

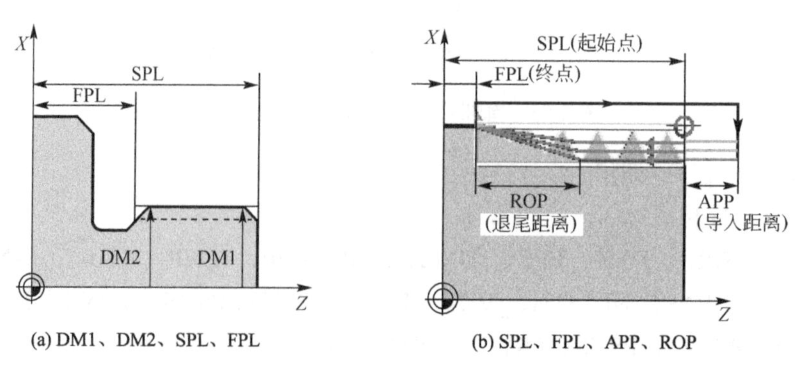

图 2-66　参数 DM1、DM2、SPL、FPL、APP 和 ROP

③ TDEP（螺纹深度）和 FAL（精加工余量），如图 2-67 所示。NRC（切削次数）和 NID（切削次数）。从螺纹深度 TDEP 中减去精加工余量（FAL），剩余量用多次走刀粗车切除，每次走刀实际进刀深度由循环指令根据参数 VARI 自动计算给定。粗加工后，以一次走刀切除精加工余量 FAL。接着执行参数 NID 下编程的空切削。

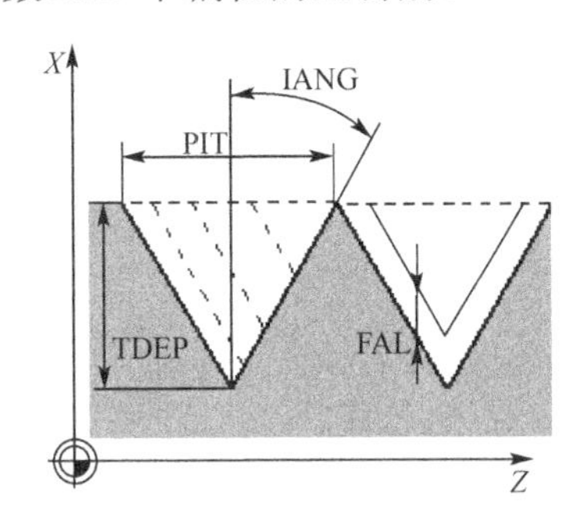

图 2-67　TDEP（螺纹深度）、FAL（精加工余量）、IANG（进刀角度）、PIT（螺距）

④ IANG（进刀角度）。螺纹沿齿高方向需逐层切削，其切入进刀方法分为“直进法”和“斜进法”。“直进法”指刀具沿与轴向进给垂直的方向逐层切入工件，而“斜进法”指刀具沿与背向成二分之一刀尖角（ $\varepsilon/2$）方向逐层切入工件。

参数 IANG 确定螺纹中进刀的角度。“直进法”进刀须将该参数值置零。“斜进法”是沿着齿面进刀，该参数绝对值最大允许值为刀具刀尖角的一半，如图 2-68(a)所示。通过对参数符号定义进刀方式，在正值情况下，总是在相同的齿面上进刀，如图 2-68(b)所示。在负值情况下，在两侧齿面上交替进刀，如图 2-68(c)所示。交替齿面的进刀方式仅可用于圆柱形螺纹，对于锥形螺纹，如果 IANG≤ $\varepsilon/2$ ，且值仍然为负，则循环沿着一个齿面进行齿面进刀。

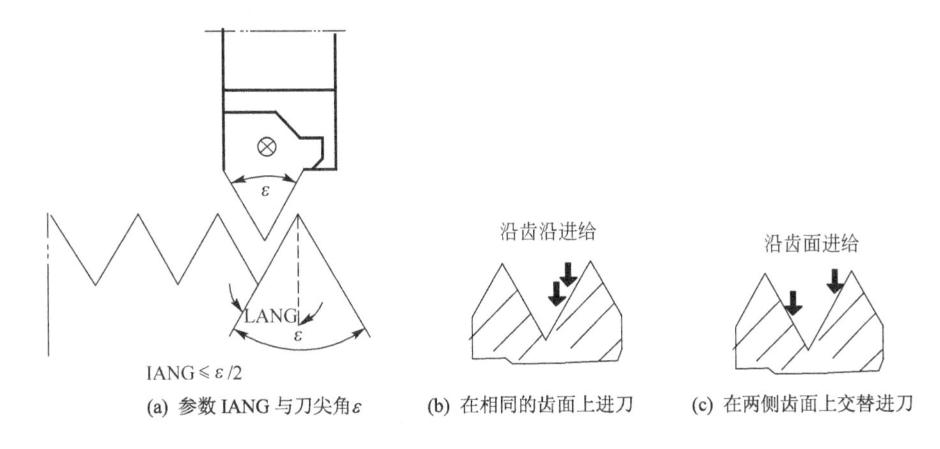

(a) 参数 IANG 与刀尖角ε　(b) 在相同的齿面上进刀　(c) 在两侧齿面上交替进刀

图 2-68　参数 IANG （进刀角度）

⑤ NSP(起始点角度偏移)和 NUMTH(螺纹线数量)。参数 NSP 用于编程车削第一条螺纹线起始点在圆周上的角度值，该值即起始点角度偏移如图 2-69(a)所示。参数取值的范围为 0°～+359.9999°。如果没有起始点偏移位置或者在参数列表中省略了该参数，则第一个螺纹线自动在 0°标记处开始。

参数 NUMTH 用于螺纹线数量。对于单线螺纹，将该参数置零或者在列表中清除该参数。螺纹线均匀地分布在车削件圆周上，第一个螺纹线位置由参数 NSP 确定，如图 2-69（b）所示。如果需要将多线螺纹中的螺纹线不均匀地分布在圆周上，则应在编程相应的起始点偏移时为每条螺纹线调用循环。

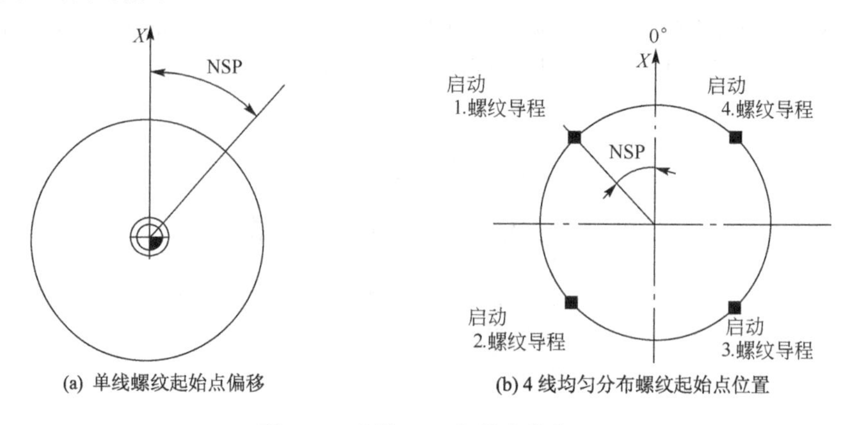

(a) 单线螺纹起始点偏移　　(b) 4 线均匀分布螺纹起始点位置

图 2-69　参数 NSP 起始点偏移

⑥ PIT（螺距）和 PITA（螺距单位）如图 2-67 所示。螺矩是一个轴向平行的值，不设定符号。螺距长度的单位在参数 PITA 中定义。PITA =1 螺距，单位为 mm/r；PITA=2 螺距单位为螺纹数/英寸（TPI）。

⑦ VARI（加工方式）。参数 VARI 用于确定采用外加工或内加工，以及在粗加工时采用何种工艺进刀。参数 VARI 采用 300101～300104 之间的整数，其含义见表 2-14。

表 2-14　参数 VARI 值的用途

VARI 值	外部/内部	加 工 方 式	图　示
300101	外部	恒定吃刀深度进刀	等深度
300102	内部	恒定吃刀深度进刀	
300103	外部	恒定切削截面进刀	等截面积
300104	内部	恒定切削截面进刀	

⑧_VRT（可变的退回位移）。在参数 _VRT 下，退回位移可以通过螺纹导出端直径编程。在_VRT = 0（参数未编程）时，退刀 1 mm。退回位移总是与编程的尺寸系统（英制或者公制）有关。

⑨DMODE。该参数选择纵向螺纹、横向端面螺纹或椎管螺纹，如图 2-70 所示。

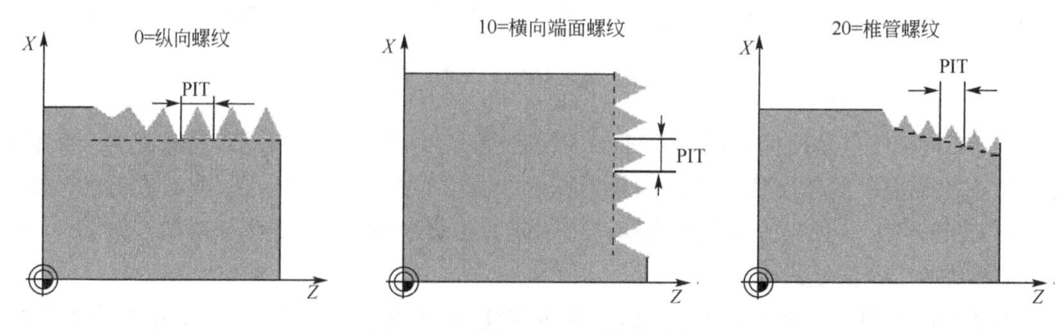

图 2-70　参数 DMODE 值的含义

（2）**循环 CYCLE99 运动过程**

循环开始之前到达的起始位置为：螺纹起始点＋导入位移。循环 CYCLE99 的运动过程如下。

① 在第一条螺纹线导入位移的开始处，使用 G0 逼近由循环自行确定的起始点。

② 根据 VARI 下所确定的进刀方式进行进刀（粗加工）。

③ 根据编程的粗加工切削次数重复螺纹切削。

④ 接下来使用 G33 切削精加工余量。

⑤ 根据空切削次数重复切削。

⑥ 对其他的螺纹线重复此过程

（3）**编程示例**

【例 2-18】 沿齿面方向进刀，车削加工外螺纹 M42×4mm,要求以恒定的切削截面进刀，在螺纹终点处设退尾长度 7mm，如图 2-71 所示。螺纹深度为 2.76mm，没有精加工余量，执行 5 次走刀粗加工切削。结束后进行两次空切削（空切削可使齿面光洁，确保齿面粗糙度）。

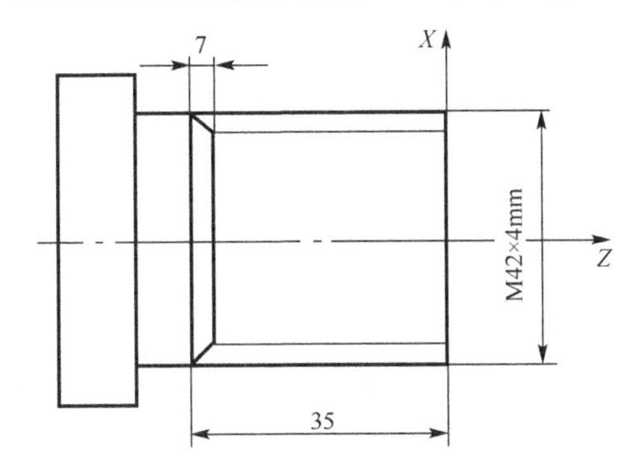

图 2-71　车削 M42×4mm 螺纹

【解】程序如下。

```
N10 G0 G90 X100 Z100 G95                                 ；选择起始位置
N20 T1 D1                                                ；换刀
N40 S1000 M4                                             ；确定工艺数值
N50 CYCLE99(0, 42, -35, 42, 5, 2, 2.76, 0, 0, 0, 5, 2,
4.5, 300101, 1, 0, 0, 0, 0, 0, 0, 0, 0, 1, , , ,0)       ；循环调用
N60 G0 G90 X100 Z100                                     ；逼近下一个位置
N70 M30                                                  ；程序结束
```

第3章 西门子（SINUMERIK）系统数控车床操作

3.1 西门子（SINUMERIK）数控系统操作界面

3.1.1 数控车床操作部分组成

数控车床操作通过机床上的操作面板完成，SINUMERIK 数控系统有多种型号，不同型号的操作面板布局有一些差别，例如 SINUMERIK 802 系统操作面板如图 3-1(a)所示。SINUMERIK 808 系统的车床操作面板如图 3-1(b)所示。操作面板分两部分：数控系统操作面板和机床控制面板。数控系统操作面板简称 PPU 面板，用于向 CNC 输入数据以及导航至系统的操作区域。机床控制面板简称 MCP 面板，用于选择机床的操作模式，如手动 JOG 或

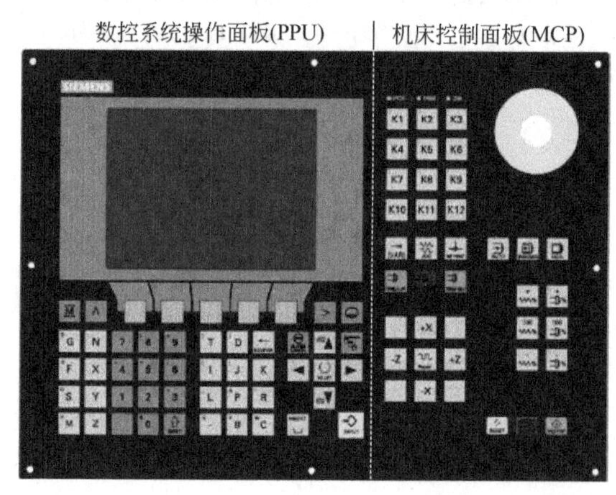

(a) SINUMERIK 802S/C 操作面板

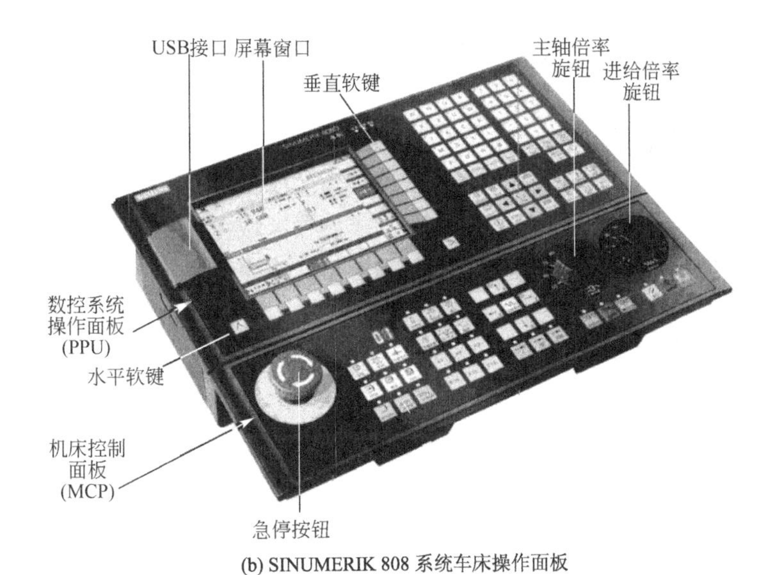

(b) SINUMERIK 808 系统车床操作面板

图 3-1　SINUMERIK 系统操作面板

MDA，或自动 AUTO 等。虽然面板结构略有差异，但是操作步骤、思路基本相同，本书以 SINUMERIK 808 数控系统为基础，阐述数控车床操作，读者可采用类比的思路，学习其他型号数控车床操作。

3.1.2　数控系统操作面板（PPU）

以 SINUMERIK 808 为例，数控系统面板（PPU）由显示屏和键盘组成，如图 3-2 的上半部分所示。图中标出了各开关与按键的分类，各类键的用途说明如下。

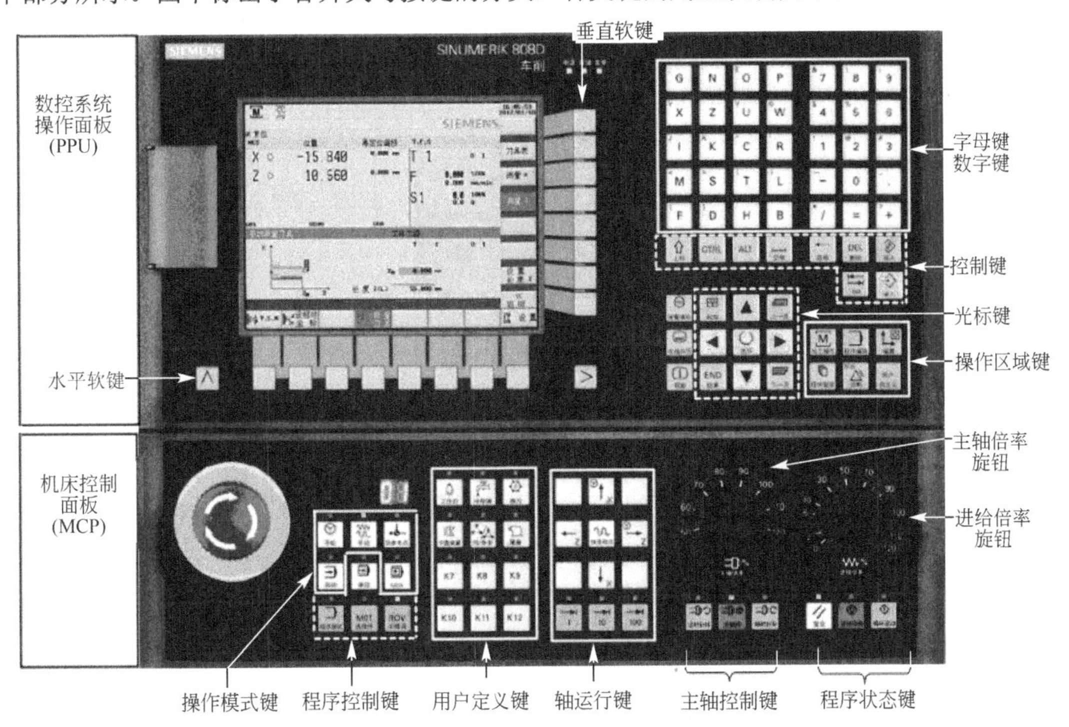

图 3-2　SINUMERIK 808 系统车床面板按键

位于显示器下面的水平软键和右侧的垂直软键。由屏幕上软键菜单指示软键的用途，在不同的屏面下软键的当前用途不同。

（1）操作区域（显示屏面）的切换

不同的操作在相应的显示屏面内完成，数控系统的操作划分为6类，每类操作均有相应的操作区（屏面），“操作区域控制键”用于选择操作类别，同时切换显示屏面。相对于6类操作用6个操作区域键选择，即加工操作键、程序编辑键、偏置设定键、程序管理键、系统/诊断键以及用户自定义键，如图3-3所示。

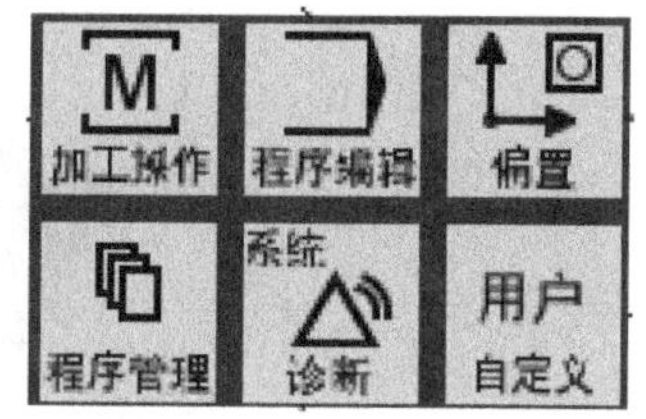

图3-3　操作区域键

（2）控制键

控制键用于编辑程序，各键用途如图3-4所示。

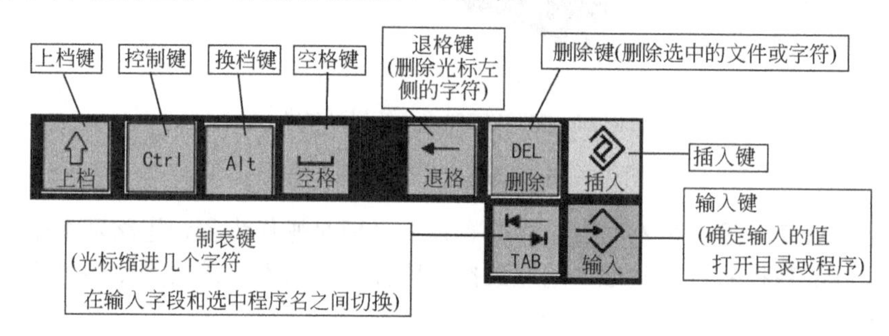

图3-4　控制键用途

（3）光标键

用于选择、控制光标位置。光标键用途如图3-5所示。

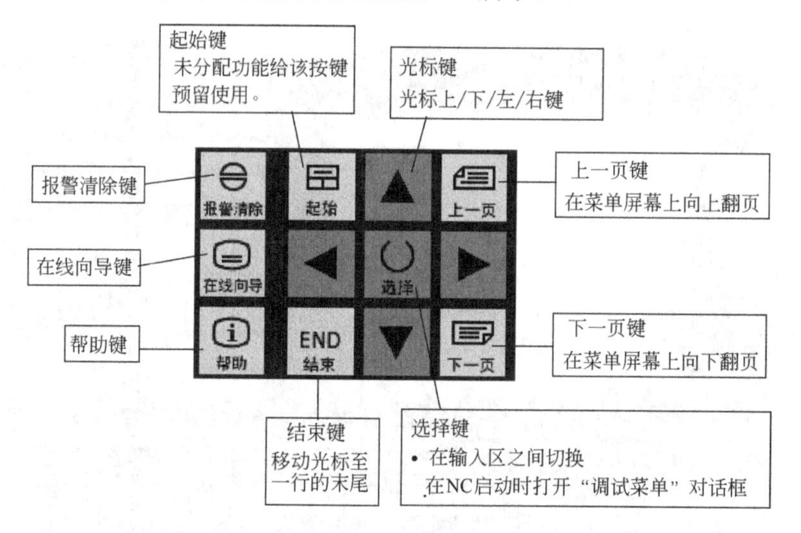

图3-5　光标键用途

（4）其他键

报警清除键。清除用该符号标记的报警和提示信息。

在线向导键。打开向导基本画面。

帮助键。调用选中窗口、报警、提示信息、机床数据、设定数据或者最终用户向导的上下文关联帮助。

地址和数字键。输入数字和字母，以及其他字符。使用这些按键来输入字符或 NC 指令。

软键。软键功能是可变的，根据不同的界面，软键有不同的功能，软键功能的提示菜单显示在屏幕的底端和右侧。

3.1.3 机床控制面板（MCP）

机床控制面板（MCP）如图 3-6 所示，面板上配置了操作机床所用的按键、旋转开关等。按键分为操作模式选择键、程序检查键等。生产厂家不同，机床面板上开关的配置不相同，开关的形式及排列顺序有所差异，但基本功能类似，本书以 SINUMERIK 808D 标准机床控制面板（MCP）为依据。

（1）机床操作模式

把数控机床操作分类，每一类操作称为机床的一种操作模式，用操作模式选择键选择机床的操作模式，操作数控机床首先需要选择操作模式，选择键的分布如图 3-6 所示。

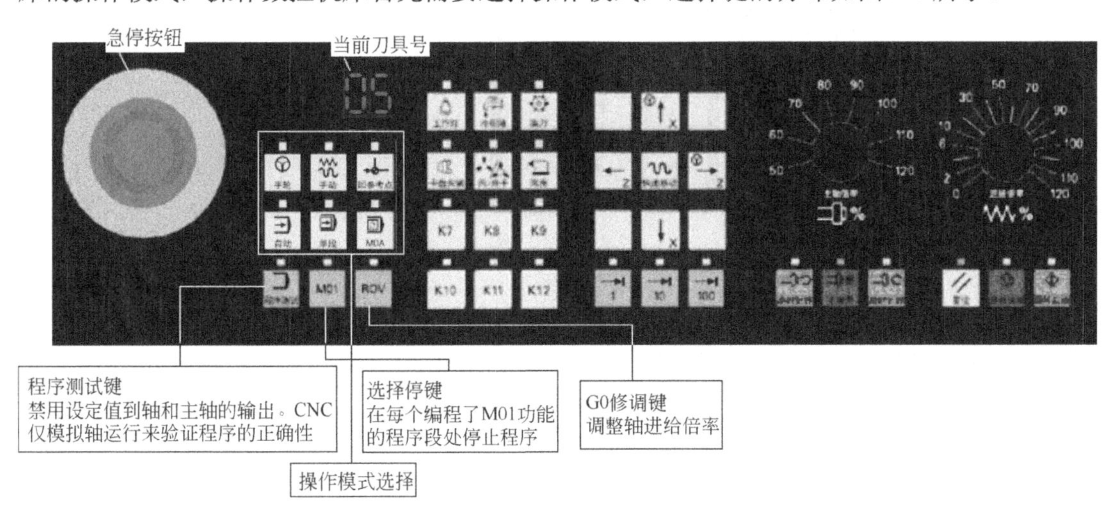

图 3-6　机床控制面板（MCP）

（2）程序控制键

程序控制键在操作面板上位置如图 3-2 所示，各键用途如图 3-6 所示，程序控制键用于调试程序，说明如下。

① 程序测试键。该键用于在程序自动运行中禁用设定的数值到进给轴和主轴输出，即程序运行但轴不做机械运动，仅在屏幕上显示刀具路径，系统通过模拟轴运行，验证程序的正确性。

② 选择停键。该键用于使选择停止指令 M01 生效，在每个给定 M01 指令的程序段处停止程序 。如该键处于 OFF 状态，M01 指令不生效。

③ G0 修调键。整轴进给倍率，程序运行中轴均快速 G0 运动，用于快速检测轴运动路径。

④ 单段键。激活单程序段执行模式。程序运行一段便停止，用于检查程序。

（3）轴运行键

轴运行键在操作面板上位置如图 3-2 所示，各键用途如图 3-7 所示，说明如下。

① X 轴键。按键按下轴进给运动，抬起按键运动停止，向正方向运行 X 轴。

② X 轴键，向负方向运行 X 轴。

③ Z 轴键，向负方向运行 Z 轴。

④ Z 轴键，向正方向运行 Z 轴。

⑤ 快速运行覆盖键，按下该键同时按下相应的轴按键可以使该轴快速运行。

⑥ 无效按键，未分配功能给该按键。

⑦ 增量进给键（带 LED 状态指示灯）。每按一次轴移动键，相应轴进给一个增量，称做增量进给。该键用于选择增量进给并设置轴的运行增量。

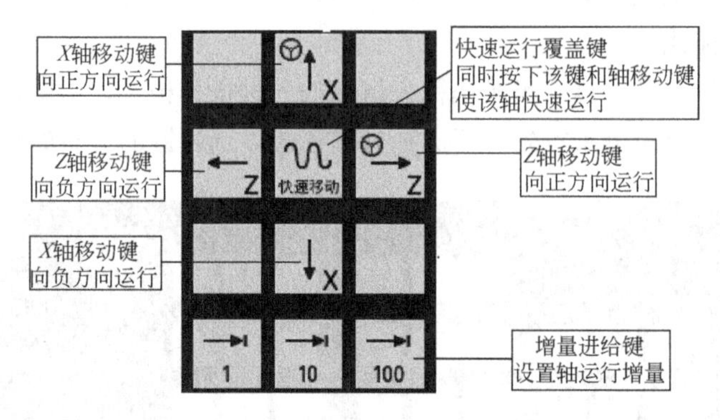

图 3-7　程序控制键

（4）用户定义键

用户定义键如图 3-8 所示，说明如下。

① 工作灯键。在任何操作模式下按该键可以开关灯光。LED 亮：灯光开；LED 灭：灯光关。

② 冷却液键。在任何操作模式下按该键可以开关冷却液供应。LED 亮：冷却液开；LED 灭：冷却液供应关。

③ 换刀键（仅在 JOG 模式有效）。按下该键开始按顺序换刀。LED 亮：机床开始按顺序换刀；LED 灭：机床停止按顺序换刀。

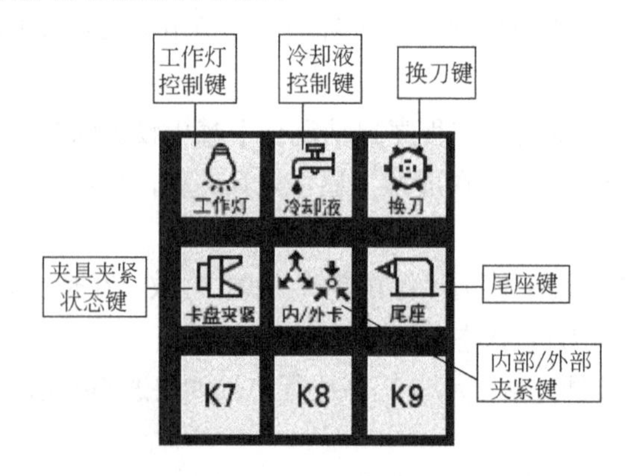

图 3-8　用户定义键（都带 LED 状态指示灯）

④ 夹具夹紧状态键。在任何操作模式下按该键可以激活夹具夹紧/松开工件。LED 亮：激活夹具夹紧工件；LED 灭：激活夹具松开工件。

⑤ 内部/外部夹紧键。仅在主轴停止运行时按下该键。LED 亮：激活外部夹具向内夹紧工件；LED 灭：激活内部夹具向外夹紧工件。

⑥ 尾座键。在任何操作模式下按该键可以移入/ 退回尾架。LED 亮：向工件方向移入尾架直到稳定接合工件末端。

⑦ K7 ... K12 为由用户定义的键。

（5）主轴控制键与程序状态键

主轴控制键用于控制主轴正、反转和停转，如图 3-9 所示。

程序状态键用于控制程序运行、停止和复位，数控程序输入系统后，按循环启动键，运行程序；按进给保持键，停止运行程序；按复位键使程序运行指针回到程序头，如图 3-10 所示。

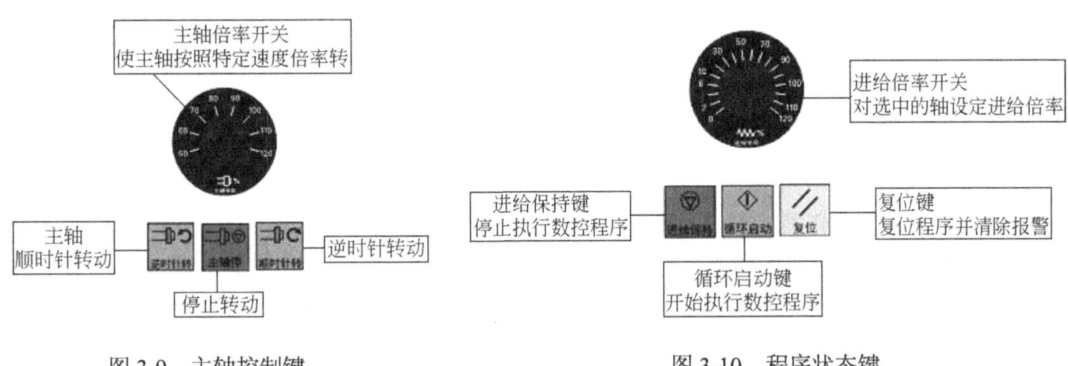

图 3-9　主轴控制键　　　　图 3-10　程序状态键

3.2　跟我学看懂屏幕显示内容及屏面切换

3.2.1　数控系统屏幕窗口布局

数控系统的屏幕窗口是人机对话的工具，操作者必须看懂屏面的内容，屏幕窗口划分为三个区域，即状态区域、应用区域、提示和软键区域。各区域位置分布如图 3-11 所示。

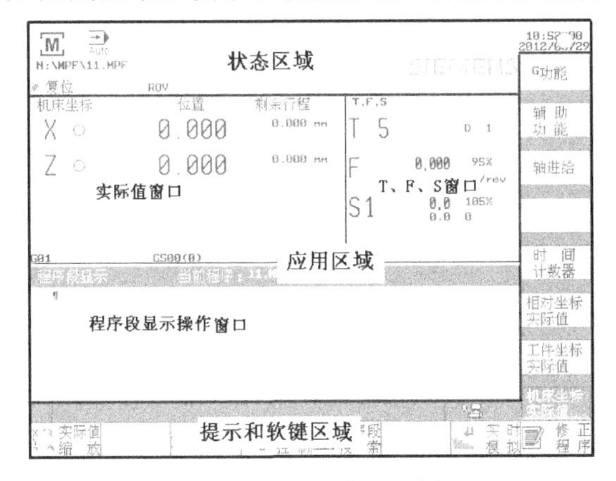

图 3-11　显示屏幕区域划分

3.2.2 从状态区域中洞悉数控系统（CNC）当前状态

（1）状态区域中的子区域

状态区域用于实时显示 CNC 运行的状态，便于操作者在操作过程中通过屏面监视 CNC 的运行。状态区域又划分为 7 个子区域，如图 3-12 所示，即①有效操作区域；②有效操作模式；③报警和信息提示区域；④当前时间和日期；⑤程序文件名；⑥程序状态指示；⑦有效程序控制模式。在状态区域中采用图符表示各种不同状态，各图符具体含义如表 3-1 所示。

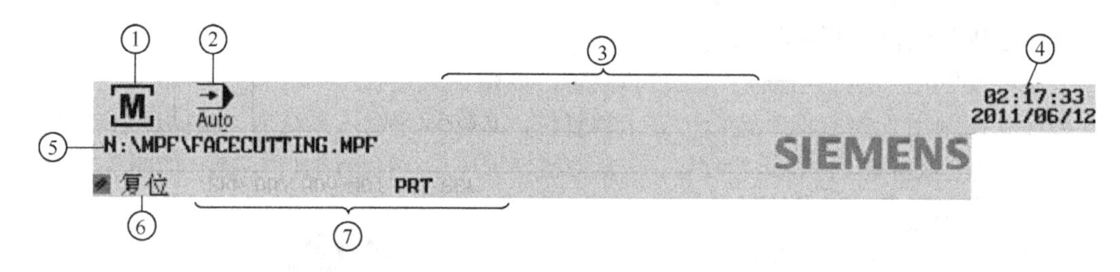

图 3-12 状态区域的子区域及其显示内容

①—有效操作区域；②—有效操作模式；③—报警和信息提示区域；④—当前时间和日期；⑤—程序文件名；⑥—程序状态指示；⑦—有效程序控制模式

（2）显示屏面的切换（状态区域中的①区域信息）

“操作区域控制键”用于选择操作类别，同时切换显示屏面。系统分为 6 类操作，分别用 6 个操作区域键选择，如图 3-13 所示。通过屏面上的状态区域（图 3-12 中的位置①）显示的图符识别当前操作区。操作区域键切换屏面及屏面①区域显示的图符如表 3-1 所示。

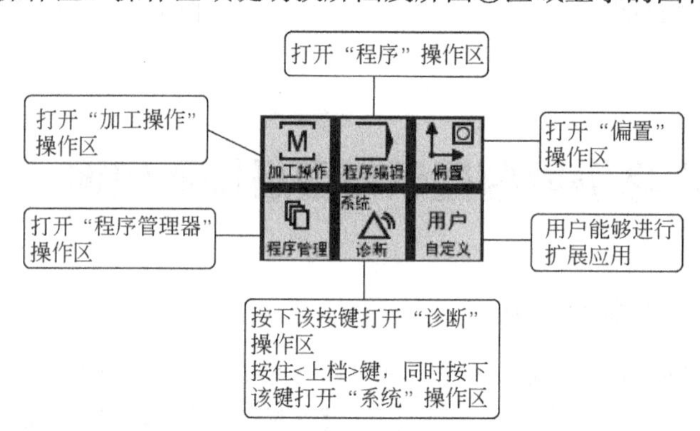

图 3-13 操作区域键用途

表 3-1 用操作区域键切换屏面及状态区域①显示的图符

按键操作	在①区域中显示的图符
按键，打开“加工操作”操作区，执行零件程序和手动控制	
按 Shift 键+，打开“系统”操作区，确定 NCK 和 PLC 的参数并进行分析	
按键，打开“程序编辑”操作区，编辑选中的零件程序和循环	
按键，打开“程序管理” 操作区，管理所有零件程序，包括创建、修改、复制和插入零件程序	
按键，打开“偏置”操作区，输入补偿值和设定数据	
按键，打开“诊断”操作区，管理报警和提示信息	

（3）机床操作模式选择（状态区域中的②区域信息）

把机床操作划分成5种操作模式，操作数控机床首先需要选择操作模式，用操作模式键选择机床的操作模式，通过屏面上的状态区域（图3-12中的位置②）显示的图符识别当前操作模式。选择键的分布与用途如图3-14所示。操作模式键选择及状态区域②显示的图符如表3-2所示。

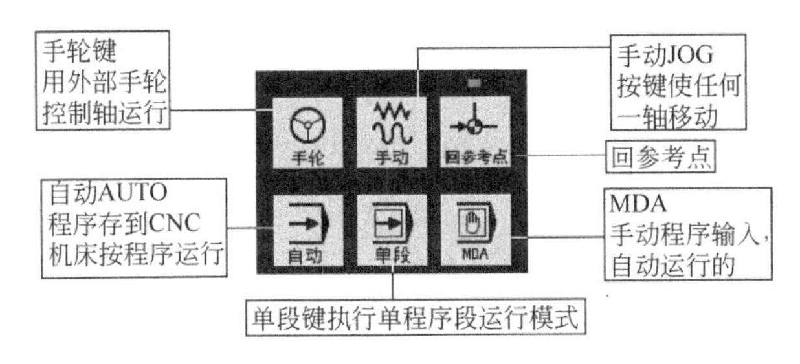

图3-14 机床操作模式键用途

表3-2 选择机床操作模式及状态区域②显示的图符

按键操作	在②区域中显示的图符
[回参考点]键，选择回参考点模式，在该模式下使各轴回到参考点	Ref Point
[手动]键，选择手动（JOG）模式，在该模式下用轴方向键控制轴运动 按键([1] [10] [100])，开启手动增量模式（JOG模式下增量移动）	Jog
[自动]键，选择自动（AUTO）模式，在该模式下程序已存入系统，启动机床自动运行程序	Auto
[MDA]键，选择MDA模式，在该模式下手动输入程序，并启动机床自动运行	MDA
[手轮]手轮键。按键([1] [10] [100])，选择手轮转动一格的直线运动增量	[1]

（4）状态区域中的其他区域信息

状态区域中的其他区域显示的内容如表3-3所示。

表3-3 状态区域中其他区域显示内容

③ 报警和信息提示区域	014000 ↓03 通道 1 程序段 2 文	显示带报警文本的有效报警 红底白字显示报警号，红字显示报警文本，箭头指示还有更多报警箭头右边的数字表示有效报警的数量。当有多条报警信息时，按照顺序滚动显示。确认符号指示报警清除条件
	程序开始!	显示来自数控程序的提示信息 来自数控程序的提示信息没有编号，显示为绿字
④ 当前时间和日期		
⑤ 程序文件名		
⑥ 程序状态指示，复位（程序中断/ 缺省状态）/运行（程序正在运行）/停止（程序已停止）		
⑦ 有效程序控制模式，可能显示字符：SKP/DRY/ROV/M01/PRT/SBL(参见表3-11)		

3.2.3 应用区域显示内容

应用区域分为3个子区域，即：刀具运动实际位置值窗口，T、F、S窗口，程序段显示操作窗口，如图3-11所示。

（1）**在屏面上显示刀具的位置和 T, F, S 等工艺数据**

在机床控制面板上按下<加工操作>键，在窗口上打开“加工”操作区，在加工操作区任何操作模式均可显示刀具当前位置，以及 T, F, S 等工艺数据。例如按顺序按键→，打开屏面如图 3-15 所示。图中刀具位置可用三种方式显示，即机床坐标系、工件坐标系、相对坐标系，三种方式之间可以通过软键机床坐标实际值、工件坐标实际值、相对坐标实际值切换。

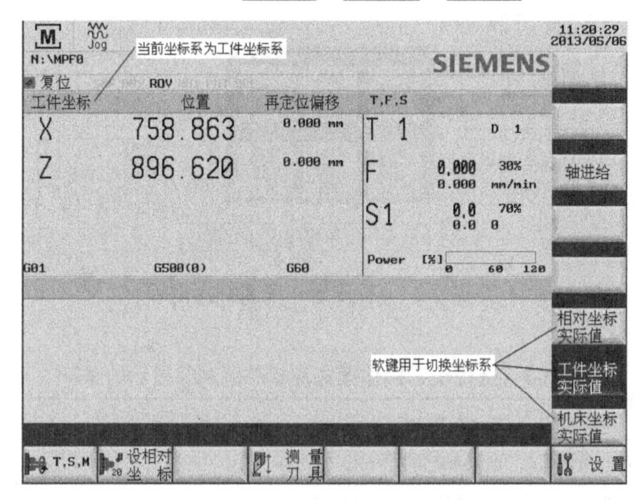

图 3-15　刀具当前位置显示

（2）**在窗口中显示程序运行状态**

当窗口处于加工操作区，按下<自动>或<MDA>，当前程序显示在程序段操作窗口，例如自动模式下的程序显示窗口如图 3-16 所示。

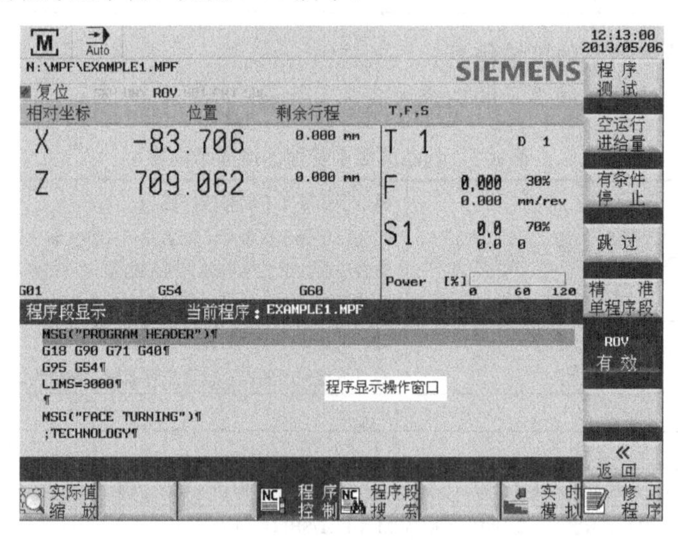

图 3-16　自动模式的程序段显示操作窗口

3.2.4　提示和软键区域

提示和软键区域如图 3-17 所示，包括信息行、水平软键、垂直软键。

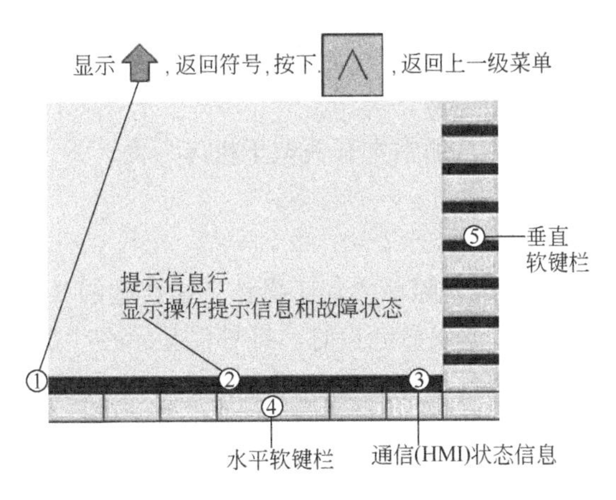

图 3-17 提示和软键区域显示内容

3.2.5 窗口布局综述

综上所述，SINUMERIK 808 数控系统的屏幕窗口布局如图 3-18 所示。

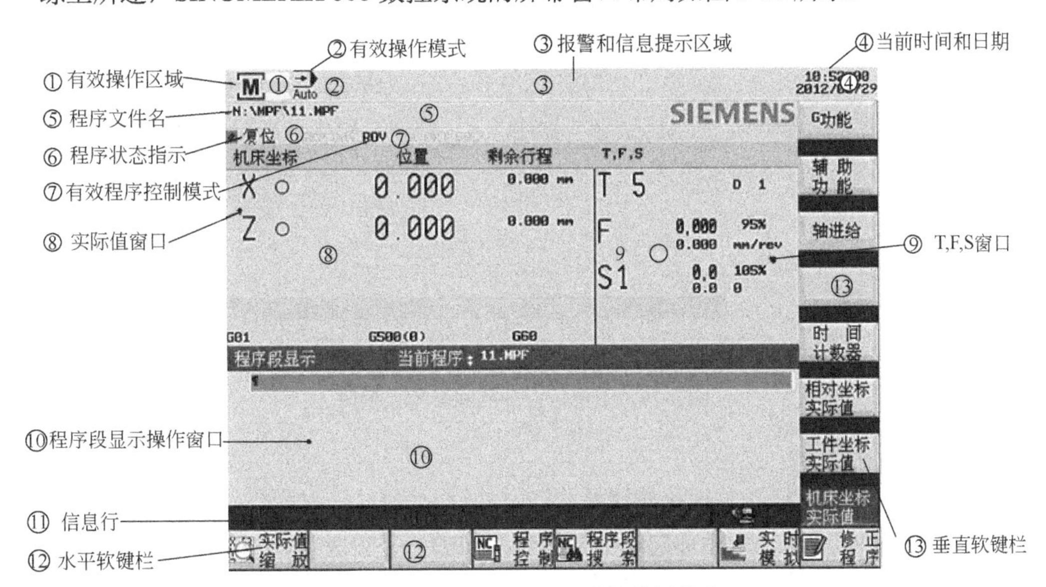

图 3-18 SINUMERIK 808 系统的屏幕窗口

3.3 跟我学 SINUMERIK 808 数控车床手动操作

手动控制运行指 JOG 方式和 MDA 方式，JOG 操作方式可以通过坐标轴运行。MDA 操作方式中可以分别输入零件程序段，并自动运行程序段。

3.3.1 开机与关机

（1）开机

打开数控机床电源，回参考点的操作步骤。

① 检查数控机床的外观是否正常，比如检查前门和后门是否关好。

② 接通 CNC 系统和机床的电源。

a．打开机床主开关，通常主开关位于机床后面。

b．松开机床急停开关。

c．数控系统上电。

③ 控制系统引导启动后，屏幕显示“加工操作”操作区的 Ref Point 回参考点窗口，如图 3-19 所示。（提示：当轴没有返回参考点时，符号○显示在“加工操作”操作区的任何操作窗口中。当轴已经返回参考点时，符号仅显示在 Ref Point 窗口中。）

④ 检查各控制箱的冷却风扇是否正常运转。

⑤ 启动液压、气动装置，检查压力表指示是否在所要求的范围内。

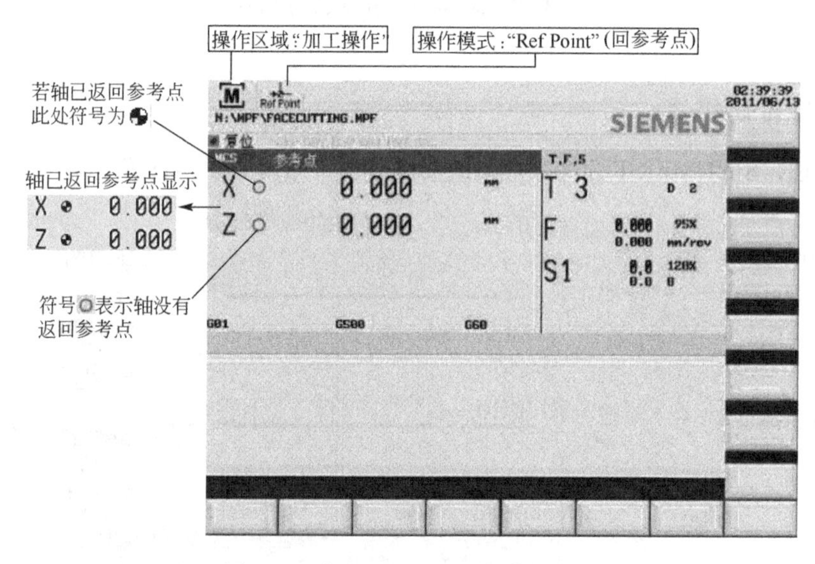

图 3-19　上电后打开的回参考点窗口

（2）关闭电源

关闭数控系统电源应按下述步骤进行。

① 检查操作面板上表示循环起动的显示灯（LED）是否关闭。

② 检查数控机床的移动部件是否都已经停止。

③ 如果有外部的输入/输出设备连接到机床上，应先关掉外部输入/输出设备的电源。

④ 持续按下 POWER OFF 按钮大约 5 s。

⑤ 参考制造厂提供的说明书，按照其中所述步骤切断机床的电源。

3.3.2　手动回参考点

机床参考点是数控机床上的一个固定基准点，通常设置在正向运动的极限位置。回参考点操作用于设定机床坐标系，机床开机后屏幕显示的坐标值是随机值，回参考点可以使数控系统捕捉到刀具位置，显示刀具在机床坐标系中的坐标值，从而建立起机床坐标系。回参考点操作步骤如下。

① 检查窗口是否显示为“加工操作”操作区的 Ref Point（回参考点）窗口，即 M Ref Point，如果不是，按 M 加工操作 和 回参考点 键选择回参考点操作模式，显示“回参考点”窗口如图 3-19 所示。窗

口中坐标轴旁边显示的符号为：

○ 表示该坐标轴未回参考点。

● 表示该坐标轴已经到达参考点。

如果轴没有返回参考点，则参考点符号○显示在“加工操作”操作区的任何操作窗口中。如果轴已经返回参考点，则符号●仅显示在 Ref Point 窗口中。

② 当某轴符号为○时，按轴方向键（↑X ↓X ←Z →Z），使该轴正向运行至参考点。轴返回到参考点时在轴旁边显示符号为●，如图 3-19 所示。

③ 通过选择另一种操作方式（如 MDA，AUTO 或 JOG）可以结束该功能。

如果机床装备有绝对编码器，因为绝对编码器具有记忆机床参考点功能，开机后可自动建立机床坐标系，不需要进行回零操作。

3.3.3 用按键手动移动刀架（手动连续进给 JOG）

手动连续进给操作模式为 JOG，操作区域为“加工操作”。

在 JOG 模式下可以进行的操作：①测量刀具。②设定参数用于毛坯工件的端面加工。③设定主轴转速和方向、激活其他 M 功能，以及换刀。④在相对坐标系中设定轴位置。

手动连续进给指手动按轴方向键，使 X、Z 之中任一坐标轴按调定进给速度或快速运动。手动操作一次只能移动一个轴，操作步骤如下。

① 在机床控制面板上按下手动键，打开 JOG 窗口，如图 3-20 所示。

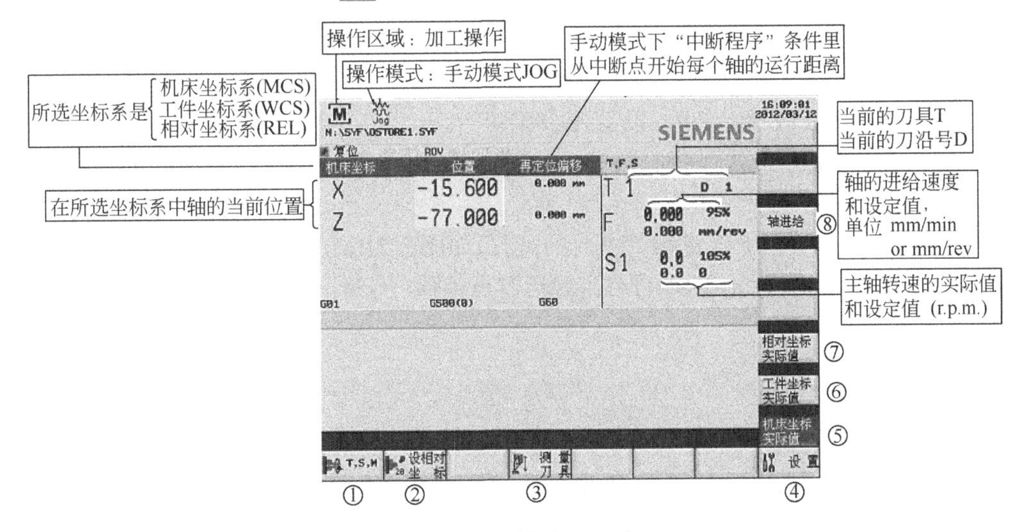

图 3-20 手动模式 JOG 窗口

② 根据欲手动的轴和运动方向，按相应的轴方向键（↑X ↓X ←Z →Z）。持续按着该键，坐标轴连续以设定进给速度运行。如果设定进给速度值为“零”，则选用机床数据中存储的值。

③ 可以手动操作进给速度的倍率旋钮，调整进给速度。

④ 如果按下轴方向键的同时，按下<快速移动>键，该轴快速移动。抬起轴方向键，该轴运动停止。

⑤ 按一下轴方向键，只运行一个增量值便停止（增量值分为 3 挡即 1μm、10μm、100μm），称为增量运行，增量运行轴需要的按下增量键 1 10 100，然后按下轴方向键运行轴。要取消增量轴运行，再次按下面板上的<手动>键。

在加工区域的 JOG 窗口（图 3-20）中的软键使用说明如表 3-4 所示。

表 3-4　JOG 窗口（图 3-20）的软键

序号	软　键　名	软键图符	用　　途
①	T, S, M	T,S,M	打开 T, S, M 窗口，在该窗口可以选择刀具，设定主轴转速和方向，以及选择 G 代码或其他 M 功能，激活可设定的零点偏移
②	设相对坐标	设相对坐标	切换显示至相对坐标系
③	测量刀具	测量刀具	打开刀具测量窗口，在该窗口可以确定刀具偏移数据
④	设置	设置	打开设置窗口，在该窗口可以设置手动进给率和不同的增量值
⑤	机床坐标实际值	机床坐标实际值	显示机床坐标系中的轴位置数据，深色表示当前选中的坐标系
⑥	工件坐标实际值	工件坐标实际值	显示工件坐标系中的轴位置数据
⑦	相对坐标实际值	相对坐标实际值	显示相对坐标系中的轴位置数据
⑧	轴进给率	轴进给	显示选中坐标系中的轴进给率

3.3.4　在 JOG 窗口（图 3-20）上软键的操作（打开 JOG 的子窗口）

（1）由软键 T,S,M，打开 T,S,M 窗口

T,S,M 窗口用途如下。

① 设定刀具号 T 和刀沿号 D。

② 设置主轴速度。

③ 选择主轴旋转方向。

④ 选择代码（G54 至 G59，以及 G500）。

⑤ 激活其他 M 功能。

（2）输入值操作

在图 3-20 窗口中，按下软键 T,S,M，打开窗口如图 3-21(a)所示。输入值如下：换刀 T1 D1；主轴转速为 1000r/min；主轴旋向：M3；激活零点偏移：G54；其他 M 功能：M8。输入设定值后，如图 3-21(b)所示。

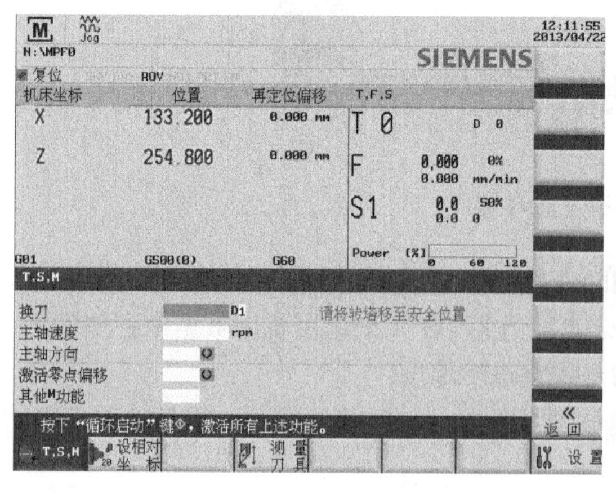

(a) 打开“T，S，M”窗口

(b) 输入设定值

图 3-21　操作“T，S，M”窗口

（3）由软键，设定相对坐标系和零点偏移

操作方法如下。

① 在图 3-20 窗口中按下软键“设相对坐标”，显示切换为相对坐标系，如图 3-22(a)所示。

② 用光标键选择输入区，在相对坐标系中输入参考点新的位置值。按下<输入>，从而修改了相对坐标系中的参考点，如图 3-22(b)所示。

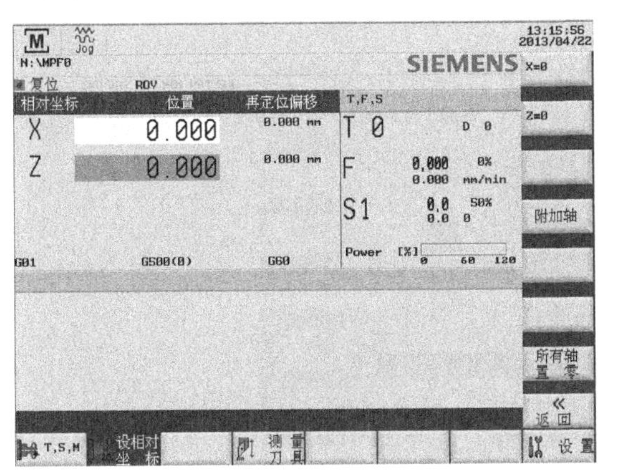

(a) 打开“设相对坐标”系窗口

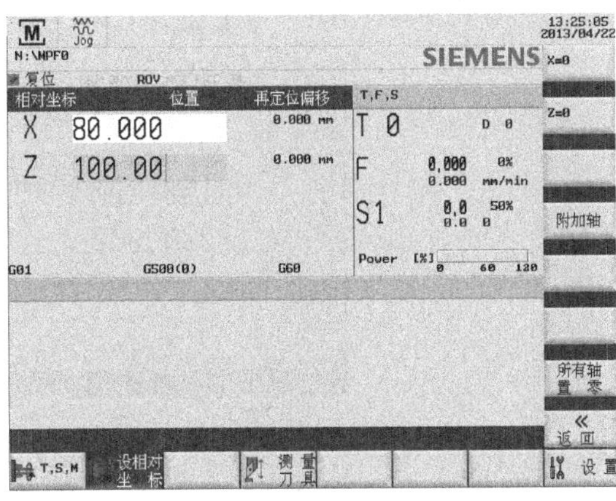

(b)输入设定值

图 3-22 操作“设相对坐标系“窗口

③ 把相对坐标值归零也称为设置参考点归零,参考点归零方法，如图 3-23 所示，说明如下。

a．如上述步骤②，需要清零的轴输入相对坐标值为“0”。

b．按下软键“X=0”或“Z=0”，设置单个进给轴归零。

c．按下软键“附加轴”，然后按下“SP=0”，主轴归零。

d．按下软键“所有轴置零”，设置所有轴归零。

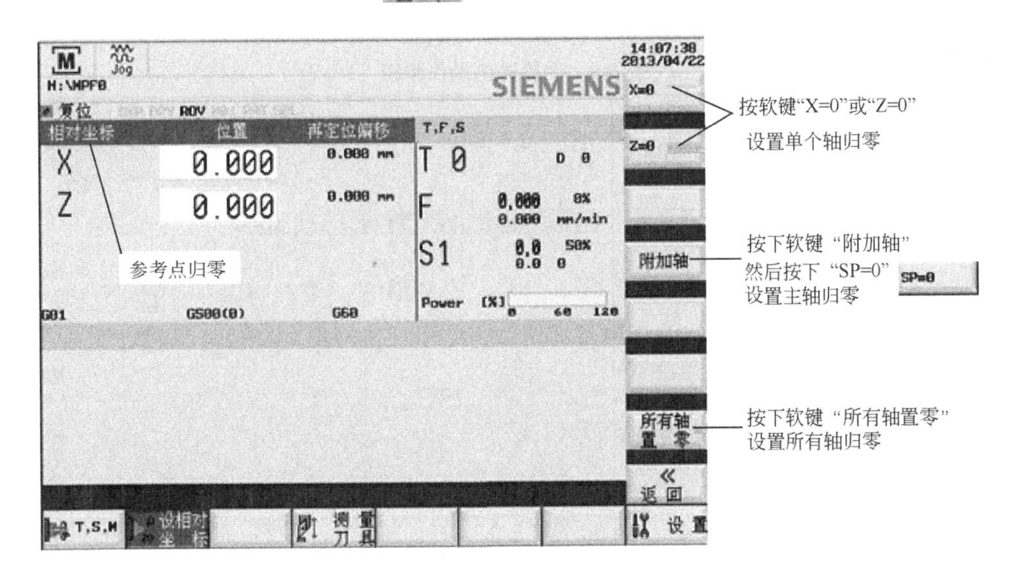

图 3-23 设置参考点归零操作

（4）由软键设置，设置手动进给率和可变增量

设置手动进给率和可变增量的操作步骤如下。

① 在图 3-20 窗口按下软键“设置”设置，打开设置手动进给率和可变增量窗口，如图 3-24 所示。

② 在输入区输入值并按下<输入>，确认输入。

③ 如在公制和英制尺寸之间切换按下软键“公制英制切换”公制>英制切换。

④ 按下软键“返回”返回，返回上一级菜单。

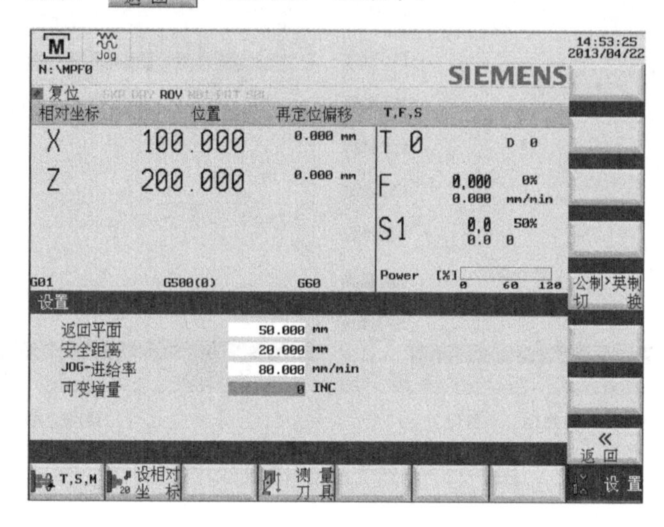

图 3-24　手动进给率和可变增量设置窗口

3.3.5　用手轮移动刀架（手摇脉冲发生器 HANDLE 进给）

手摇脉冲发生器又称为手轮，摇动手轮，使 *X*、*Z* 等任一坐标轴移动，手轮进给操作步骤如表 3-5 所示。

表 3-5　手轮进给操作步骤

顺序	按键操作说明	窗口显示
1	在 MCP 面板按下键<手轮>。“手轮”软键显示在垂直软键栏上	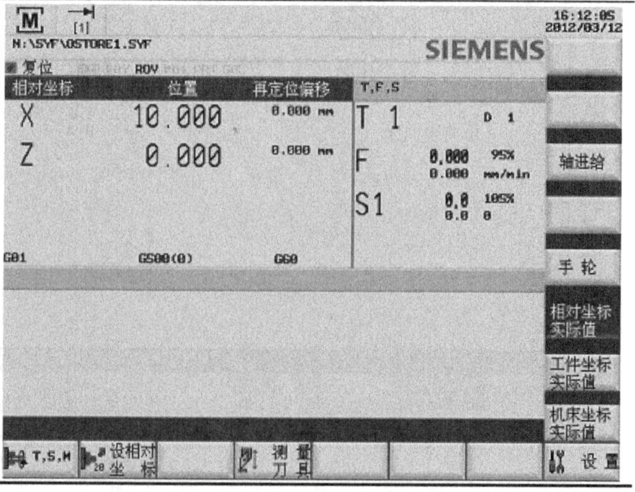
2	在 MCP 上按下需要的增量键 1、10、100。选择手轮旋转一个刻度时，刀架的直线移动距离，可以是 0.001mm、0.01mm 和 0.1mm	

续表

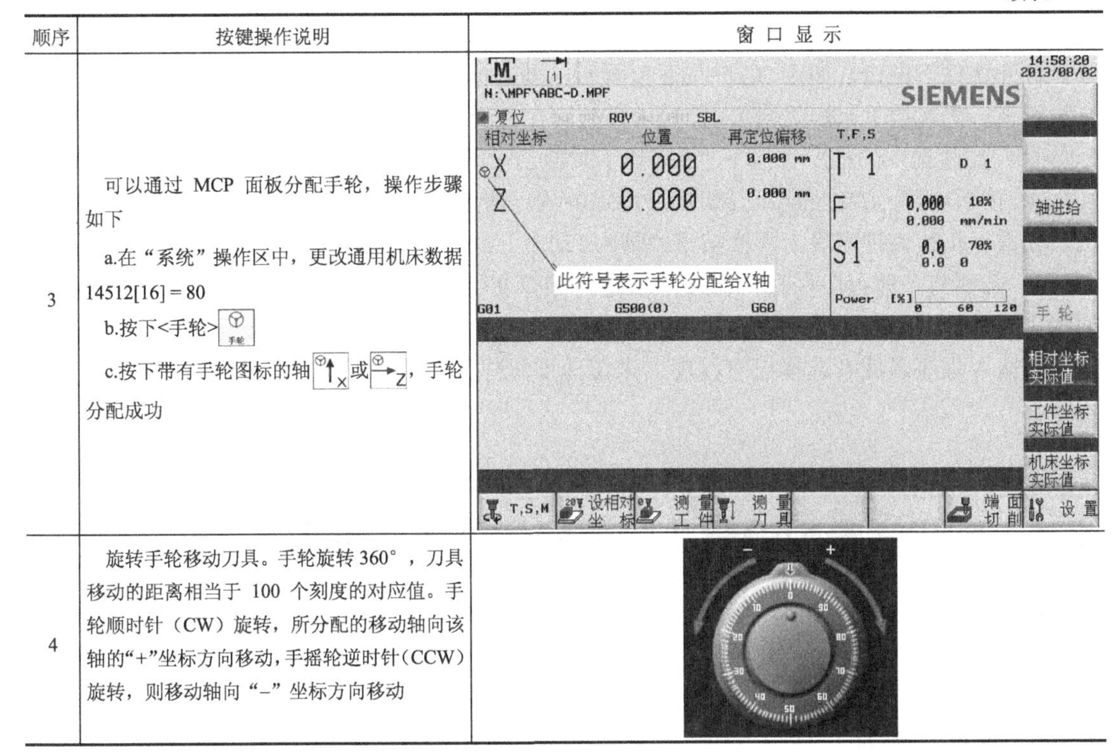

顺序	按键操作说明	窗口显示
3	可以通过 MCP 面板分配手轮，操作步骤如下 a.在“系统”操作区中，更改通用机床数据 14512[16] = 80 b.按下<手轮> c.按下带有手轮图标的轴 或 ，手轮分配成功	此符号表示手轮分配给X轴
4	旋转手轮移动刀具。手轮旋转 360°，刀具移动的距离相当于 100 个刻度的对应值。手轮顺时针（CW）旋转，所分配的移动轴向该轴的“+”坐标方向移动，手摇轮逆时针（CCW）旋转，则移动轴向“–”坐标方向移动	

3.3.6 手动输入程序并自动运行（MDA 模式运行）

在“加工操作” 操作区打开 MDA 模式，该模式下可以创建程序，或从“程序管理”的目录中把现有程序加载到 MDA 缓存中。按下<循环启动>键，自动执行缓存中的当前程序，操作步骤如下。

① 在 PPU 面板上按下<MDA>键，打开“MDA”窗口，如图 3-25 所示。

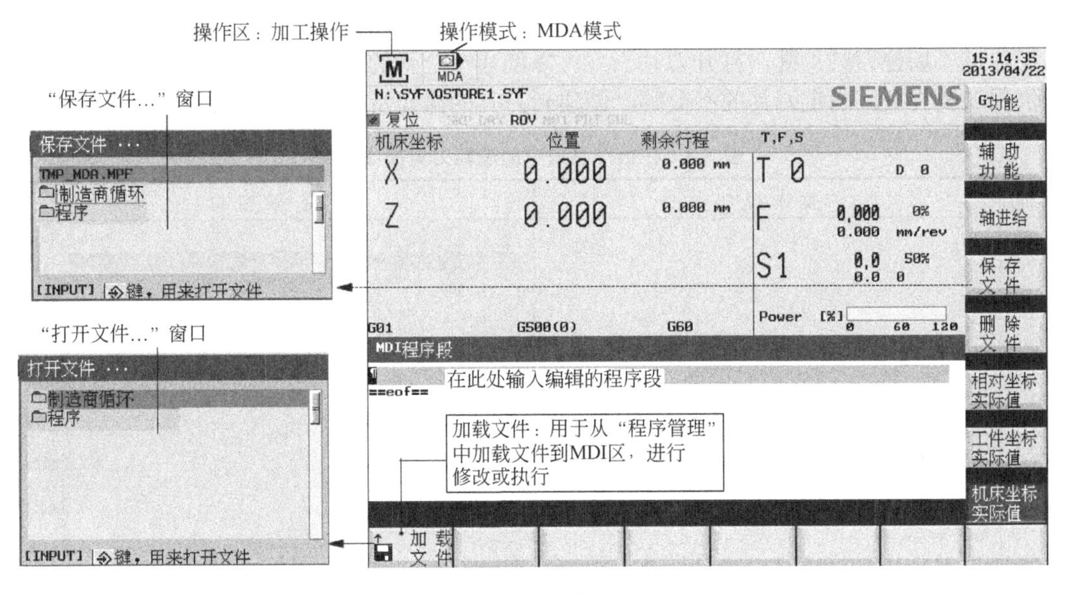

图 3-25 MDA 模式窗口

② 在编辑（MDI）窗口创建零件程序，输入一个或者几个程序段。

③ 从“程序管理”操作区的目录中加载现有零件程序。按软键“加载文件”，打开“打开文件”窗口，如图 3-25 左下角所示。当光标位于子目录时，按下<输入>返回上一级目录。再次按下<输入>，打开子目录。在目录中选取所需加载程序，按软键“确认”（确认）加载选中的程序。按下“中断”（中断），则退回原窗口。

④ 按下<循环启动>，开始执行输入的程序段。在程序执行时不能再对程序段进行编辑。要重复执行该程序段，再次按下<循环启动>。

⑤ 若要将当前程序保存，需按下软键“保存文件”。打开“保存文件”窗口，如图 3-25 左侧所示。要在输入区和目录/ 程序之间切换，按下<TAB>。要保存程序，可以在输入区输入程序名或者选择已有程序名来覆盖旧程序。按下软键“确认”，保存当前程序。

3.4 跟我学参数设置（当前操作区为“参数”）

在数控加工之前需要调试机床和刀具，进行参数设置与调整。需要设置的参数、①存储刀具和刀具偏移值；②输入、更改零点偏移值，设定工件坐标系；③输入设定数据。

3.4.1 跟我学配置刀具

在数控程序使用的刀具，需在数控系统中配置，配置刀具包括创建刀具号、刀沿号；在刀具表中修改、存入数据；手动测量刀具，获取并输入刀具偏移值等如图 3-26 所示。

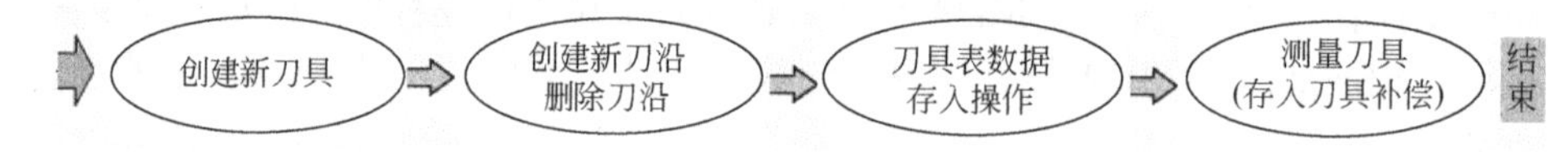

图 3-26 配置刀具操作

（1）创建新刀具

通过“新建刀具”键，打开刀具表，可以创建一个新的刀具。输入该刀具的刀具号、刀沿位置以及类型，确定刀具的参数等。创建新刀具的操作步骤如表 3-6 所示。

表 3-6 在数控系统中创建新刀具操作步骤

步骤	操 作 说 明	显 示 窗 口
1	按下机床控制面板上<偏置>。打开刀具列表屏面。如果不是刀具表屏面，按下软键“刀具列表”，即可打开刀具表屏面 注：屏面上的刀具表中尚未创建刀具，所以刀具表无内容	16:37:19 2013/04/25 刀具表 操作模式：JOG 刀具表窗口，当前尚没有记录的刀具 操作区域：偏置 测量刀具 新建刀具 刀沿 删除刀具 搜索 刀具列表 刀具磨损 零点偏移 R变量 设定数据 用户数据

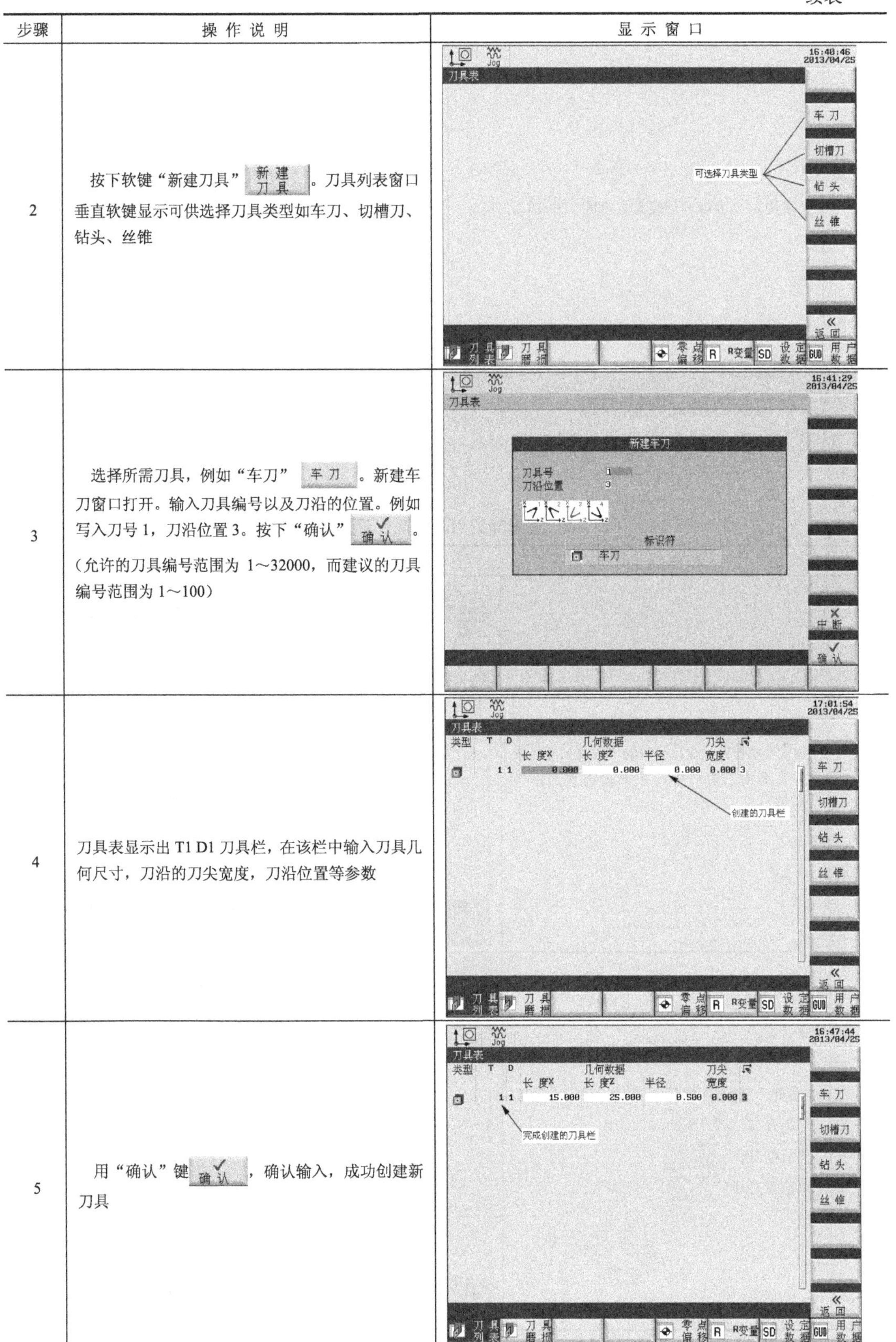

步骤	操 作 说 明	显 示 窗 口
2	按下软键“新建刀具”新建刀具。刀具列表窗口垂直软键显示可供选择刀具类型如车刀、切槽刀、钻头、丝锥	
3	选择所需刀具，例如“车刀”车刀。新建车刀窗口打开。输入刀具编号以及刀沿的位置。例如写入刀号 1，刀沿位置 3。按下“确认”确认。（允许的刀具编号范围为 1～32000，而建议的刀具编号范围为 1～100）	
4	刀具表显示出 T1 D1 刀具栏，在该栏中输入刀具几何尺寸，刀沿的刀尖宽度，刀沿位置等参数	
5	用“确认”键确认，确认输入，成功创建新刀具	

步骤	操 作 说 明	显 示 窗 口
6	重复 2～5 步骤，创建其他刀具（例如 T2 刀具）	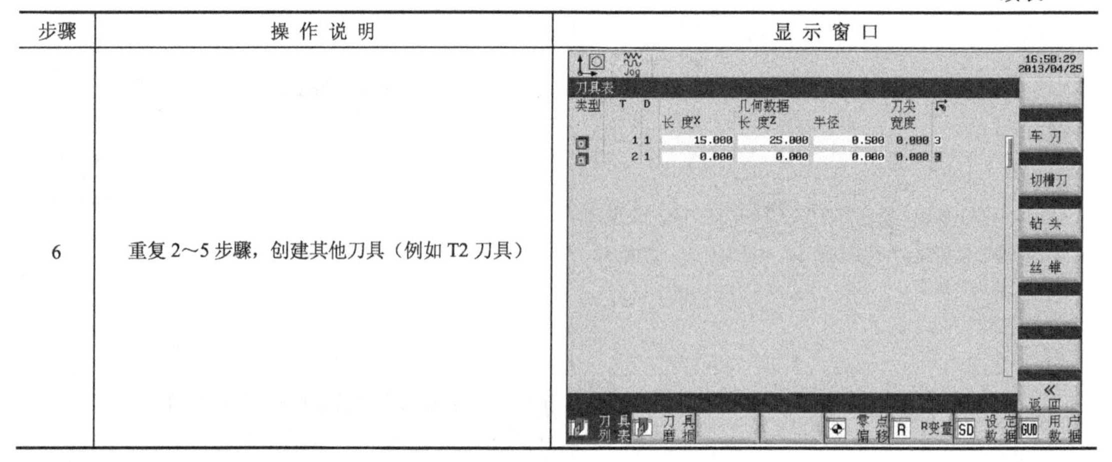

（2）创建新刀沿，删除刀沿

对于多刀沿的刀具需要在已经建立刀具中创建新刀沿，或删除刀沿，操作步骤如表 3-7 所示。

表 3-7　创建新刀沿，删除刀沿操作步骤

步骤	操 作 说 明	显 示 窗 口
1	按下机床控制面板上的<偏置>打开“偏置”操作区，在该区域的“刀具列表”或“刀具磨损”窗口中，按下软键“刀沿” 刀沿	本屏面为刀具表窗口
2	打开了刀沿的主屏面，在该屏上有三个选项 “新刀沿” 新刀沿 “复位刀沿” 复位刀沿 “删除刀沿” 删除刀沿	由软键选择的三个选项

续表

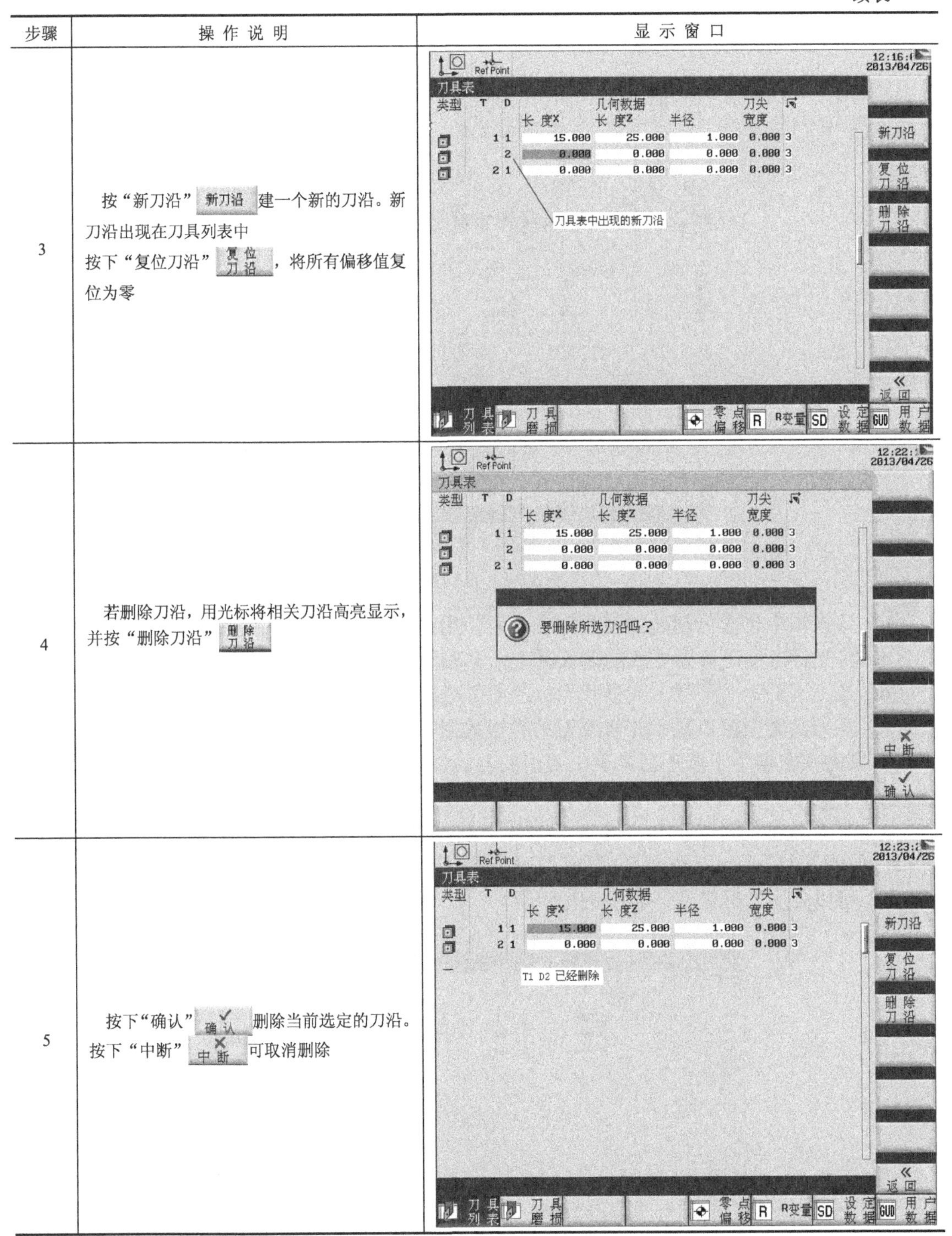

步骤	操作说明	显示窗口
3	按“新刀沿” 新刀沿 建一个新的刀沿。新刀沿出现在刀具列表中 按下“复位刀沿” 复位刀沿，将所有偏移值复位为零	
4	若删除刀沿，用光标将相关刀沿高亮显示，并按“删除刀沿” 删除刀沿	
5	按下“确认” 确认 删除当前选定的刀沿。 按下“中断” 中断 可取消删除	

（3）刀具表数据存入操作

刀具偏移值包括刀具的几何尺寸、刀具磨损和刀具类型。按照刀具类型，每个刀具的刀沿参数固定。可以在刀具表窗口存入刀具偏移值，还可以通过刀具磨损窗口存入刀具磨损数据，磨损数据用于修正刀具表中的刀具偏移值。

① 在刀具表中存入刀具参数和刀具偏移值的操作步骤如下。

a．按下<偏置>键，打开刀具表屏面，如图 3-27 所示。

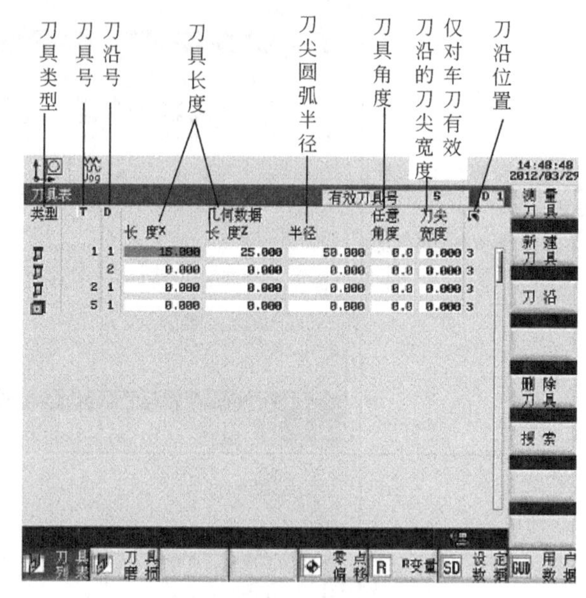

图 3-27　刀具表屏面

b．该窗口中包含已创建的刀具列表，可使用光标键在该列表中进行定位。

c．将光标定位至需要更改的输入区上，并输入数值。

d．按下<输入>键，或移开光标，便可对确认输入。

② 在刀具磨损窗口显示并修改刀具磨损数据。

刀具磨损数据用于修正刀具表中刀沿的刀具偏移值。显示并修改刀具磨损数据的操作步骤如下。

a．在“偏置”操作区中（图 3-27）按下软键“刀具磨损”，打开“刀具磨损”窗口，如图 3-28 所示。该窗口中显示在刀具表中存储的刀具号及其刀沿的磨损数据。

b．可以使用光标键在该表中进行定位。

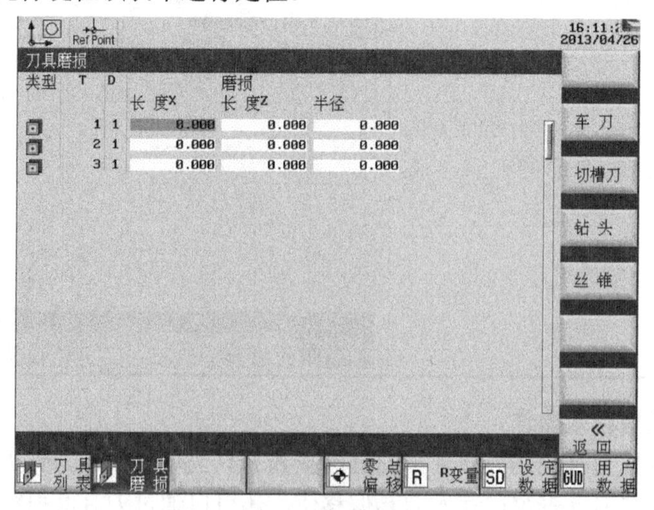

图 3-28　刀具磨损窗口

c．如想要输入或修改数据，将光标定位到输入区上并输入数值。

d．按下<输入>键，或者移开光标，便可确认输入值。

（4）测量刀具（手动）

在执行零件程序时，必须考虑到刀具的几何尺寸等刀具偏置值，把刀具偏移值储存在刀具表中，可以通过试切、测量，确定刀具 X 轴和 Z 轴长度的偏移值。操作方法如表 3-8 所示。

表 3-8　测量法确定刀具偏移值

用途	步骤	说　明	屏 幕 显 示
	1	回参考点操作，建立机床坐标系	
	2	装夹工件	
激活所用刀具	3	在机床回参考点之后，按下 <MDA>，进入 MDA 模式 输入刀具编号和刀沿编号	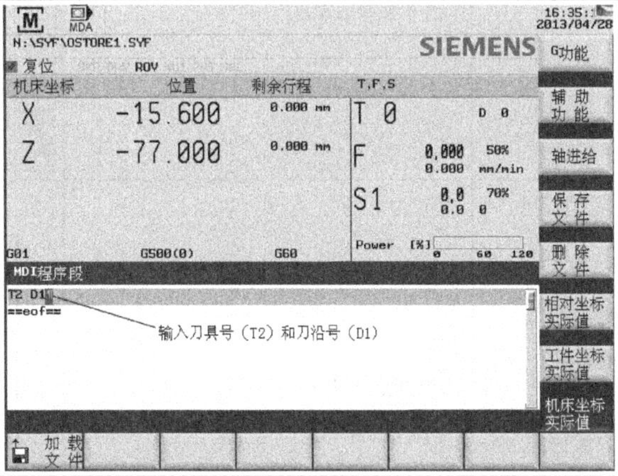 M MDA 16:35 2013/04/28 N:\SYF\OSTORE1.SYF SIEMENS 复位 ROV 机床坐标 位置 剩余行程 T,F,S X -15.600 0.000 mm T 0 D 0 Z -77.000 0.000 mm F 0.000 50% 0.000 mm/min S1 0.0 70% 0.0 0 Power [%] 0 60 120 G01 G500(0) G60 MDI程序段 T2 D1 ==eof== 输入刀具号（T2）和刀沿号（D1） G功能 辅助功能 轴进给 保存文件 删除文件 相对坐标实际值 工件坐标实际值 机床坐标实际值 加载文件
	4	按下<循环启动>，刀具被激活	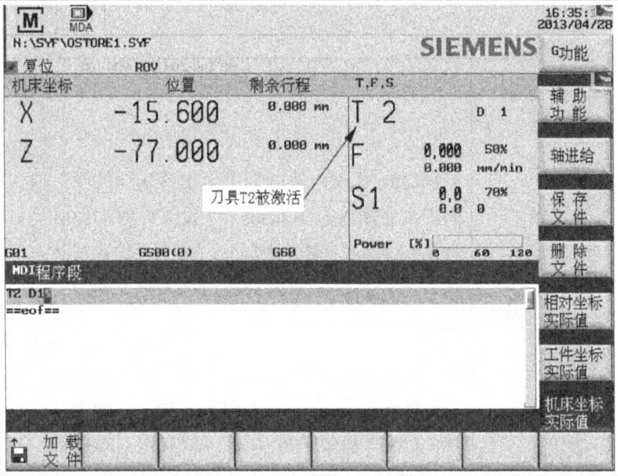 M MDA 16:35 2013/04/28 N:\SYF\OSTORE1.SYF SIEMENS 复位 ROV 机床坐标 位置 剩余行程 T,F,S X -15.600 0.000 mm T 2 D 1 Z -77.000 0.000 mm F 0.000 50% 0.000 mm/min 刀具T2被激活 S1 0.0 70% 0.0 0 Power [%] 0 60 120 G01 G500(0) G60 MDI程序段 T2 D1 ==eof== G功能 辅助功能 轴进给 保存文件 删除文件 相对坐标实际值 工件坐标实际值 机床坐标实际值 加载文件
	5	按下或，运行主轴	
打开手动模式	6	按下<加工操作>，进入“加工”操作区	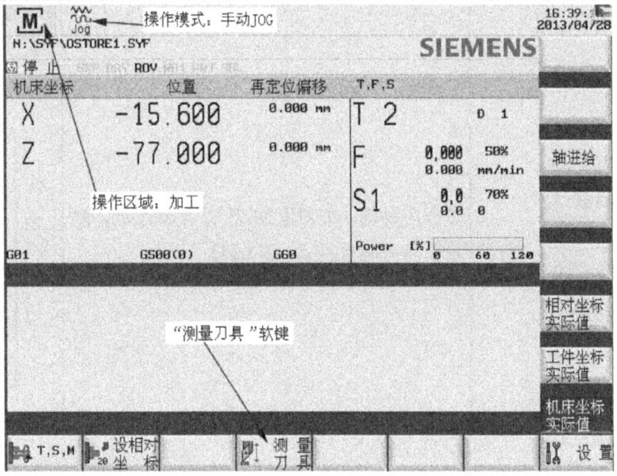 M Jog 操作模式：手动JOG 16:39 2013/04/28 N:\SYF\OSTORE1.SYF SIEMENS 停止 ROV 机床坐标 位置 再定位偏移 T,F,S X -15.600 0.000 mm T 2 D 1 Z -77.000 0.000 mm F 0.000 50% 0.000 mm/min 操作区域：加工 S1 0.0 70% 0.0 0 Power [%] 0 60 120 G01 G500(0) G60 “测量刀具”软键 轴进给 相对坐标实际值 工件坐标实际值 机床坐标实际值 T,S,M 设相对坐标 测量刀具 设置
	7	按下机床控制面板上的<手动>，打开 JOG 模式屏面 （采用手轮模式也可以）	

用途	步骤	说明	屏幕显示
	8	按下软键“测量刀具” 测量刀具，手动刀具测量窗口打开 在手动测量刀具窗口中，按下软键“测量 Z” 测量^Z，打开测量刀具 Z 窗口，可测量刀具 Z 轴位置	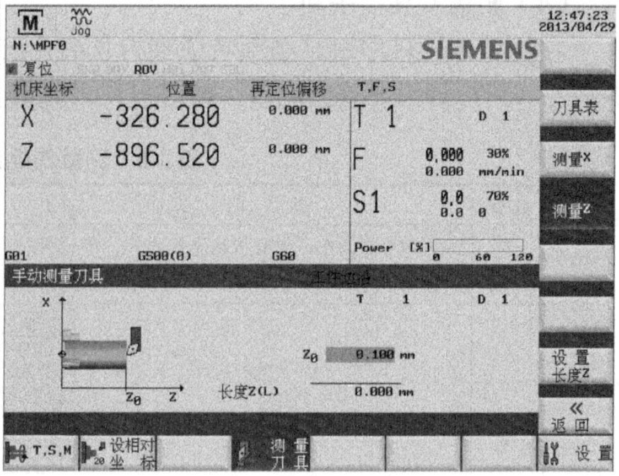
由手动测量 Z 方向上的刀具设置长度	9	手动车端面，见光即可，然后车刀至 Z 轴位置不动	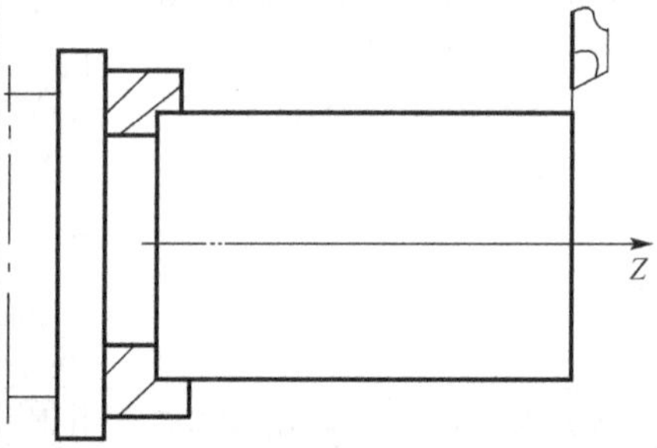 Z
	10	在窗口的 Z_ϕ区，输入刀尖至工件端面的距离。本例输入值 0.1mm。（设工件右端面为 Z=0，留 0.1 端面余量）。按下“设置长度 Z” 设置长度^Z，系统计算刀具 Z 轴上的刀补值并保存在刀具表中 对其他刀具可接触已见光的工件端面，重复上述设置长度 Z 的对刀操作。必须对加工所用刀具都进行测量。这样可简化换刀过程	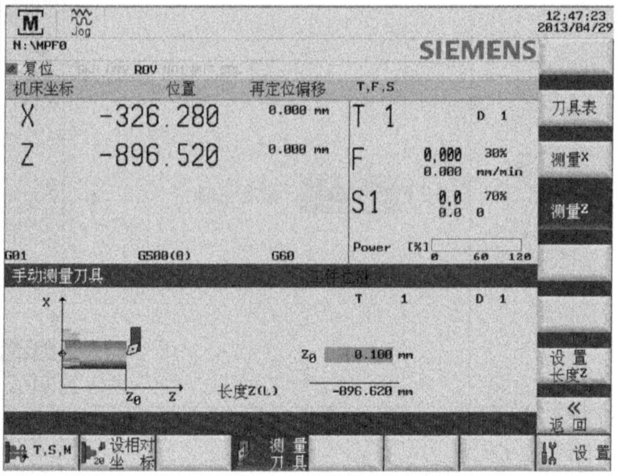
由手动测量 X 方向上的刀具设置长度	11	车一段外圆，车刀原路退回，X 轴不动，测量车后外圆直径 $d=\phi44.183$	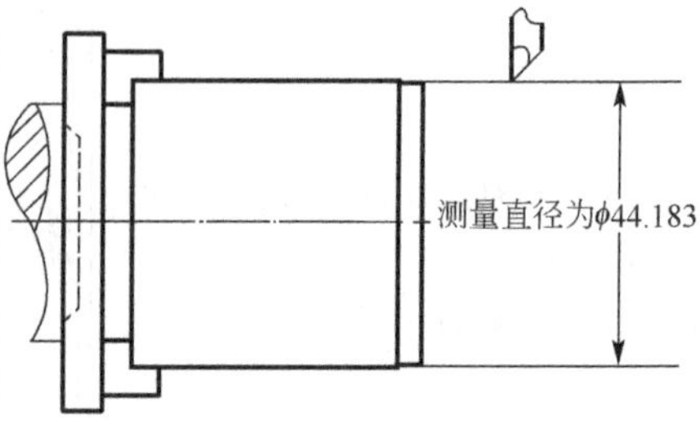 测量直径为ϕ44.183

用途	步骤	说　明	屏幕显示
由手动测量 *X* 方向上的刀具设置长度	12	在“手动测量刀具”窗口按<测量 X> 测量X ，打开测量 *X* 轴位置窗口，可测量刀具 *X* 轴位置	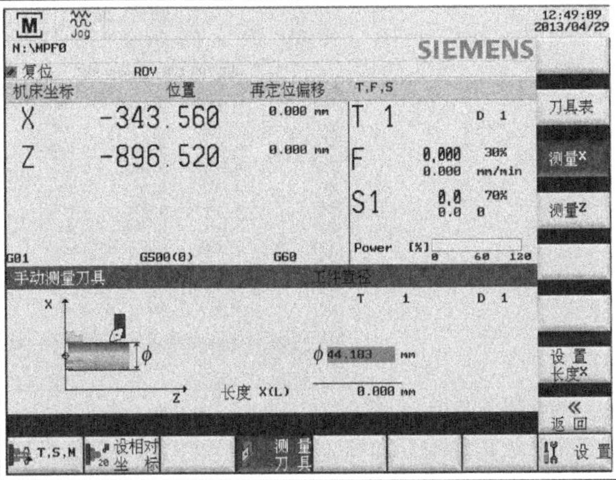
	13	在“手动测量刀具”窗口 ϕ 区输入工件直径，本例输入值 44.183 按下“设置长度 *X*”（设置长度X），系统计算刀具 *X* 轴上的长度值并将该值保存在刀具表中 对其他刀具均在工件外圆刻划，重复上述设置长度 *X* 的操作。必须对加工所用刀具都进行了测量。这样亦可简化换刀过程	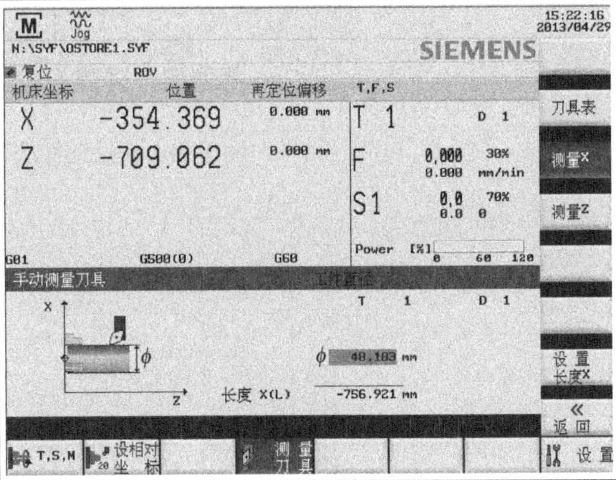

3.4.2 跟我学输入和确定零点偏移

（1）输入/修改零点偏移值

在回参考点之后，数控系统窗口显示坐标值是机床坐标系（MCS）的坐标值。加工程序是基于工件坐标系（WCS）的坐标值。工件零点（*W*）与机床零点（*M*）之间的差值必须作为零点偏移存入“零点偏移表”。除了通过刻划刀具（试切法）测量并存入零点偏移外，还可以在“零点偏移”窗口中直接存入数值。存入/ 修改零点偏移操作步骤如下。

① 按下<偏置>并选择“零点偏移”。打开“零点偏移”窗口，显示零点偏移表，如图 3-29 所示，该表包含编程的零点偏移的基本偏移值和当前生效的比例系数、镜相状态以及所有当前生效的零点偏移的和。

② 将光标条定位至需要更改的输入区上，并输入数值。

③ 按下<输入>键，确认输入。对零点偏移所做的修改立即生效。

（2）测量工件存入零点偏移值

采用测量工件法存入零点偏移操作步骤如图 3-30 所示。操作时需要选择零点偏移存储地址（比如 G54 ），以及待求零点偏移的轴。例如工件 *Z* 轴上的零点偏移值如图 3-31 所示，由测量工件存入零点偏移操作方法如表 3-9 所示。

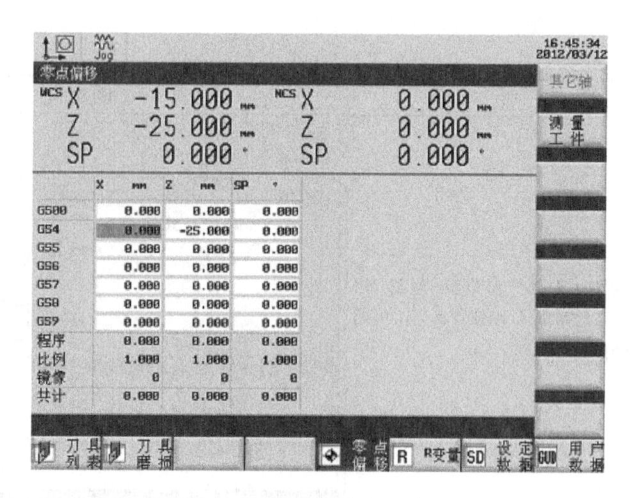

图 3-29 “零点偏移”窗口

图 3-30 测量工件法存入零点偏移步骤

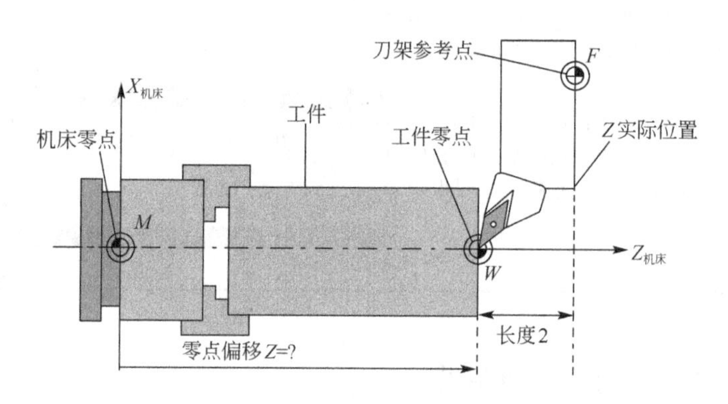

图 3-31 工件 Z 轴上的零点偏移值

表 3-9 测量工件存入工件零点偏移值

用途	步骤	说 明	屏 幕 显 示
激活刀具	1	在机床回参考点之后，按下<MDA>进入 MDA 模式	
	2	输入刀具编号和刀沿编号，按下<逆时针转>或<顺时针转>以运行主轴	
	3	按下<循环启动>，激活刀具	

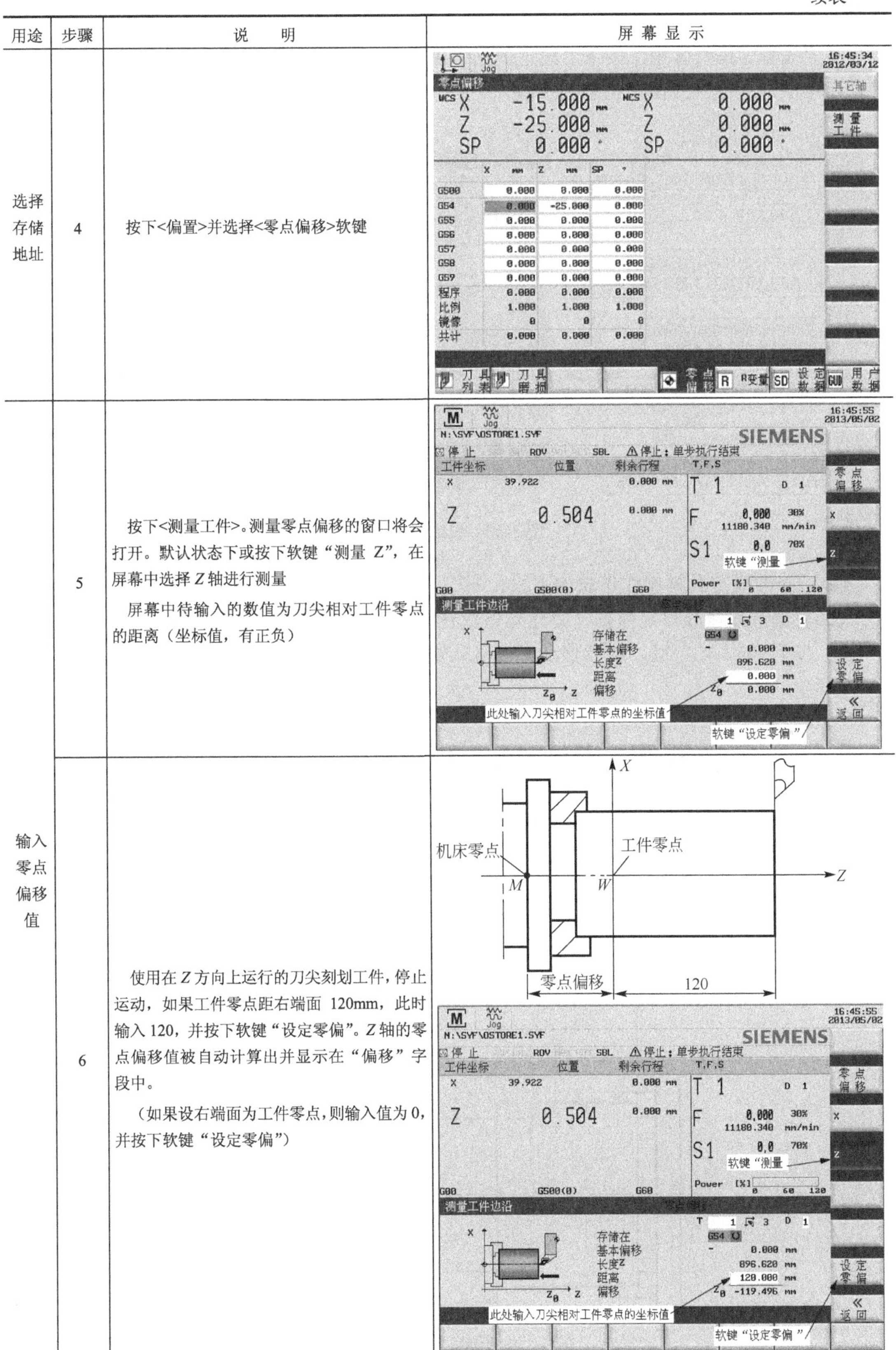

用途	步骤	说　　明	屏 幕 显 示
选择存储地址	4	按下<偏置>并选择<零点偏移>软键	
输入零点偏移值	5	按下<测量工件>。测量零点偏移的窗口将会打开。默认状态下或按下软键“测量 Z”，在屏幕中选择 Z 轴进行测量 屏幕中待输入的数值为刀尖相对工件零点的距离（坐标值，有正负）	
	6	使用在 Z 方向上运行的刀尖刻划工件，停止运动，如果工件零点距右端面 120mm，此时输入 120，并按下软键“设定零偏”。Z 轴的零点偏移值被自动计算出并显示在“偏移”字段中。 （如果设右端面为工件零点，则输入值为 0，并按下软键“设定零偏”）	

3.4.3 设定编程数据

在“偏置”操作区中，按下“设定数据”可打开“设定数据”屏幕，如图 3-32 所示。在此窗口可以定义或修改操作状态的设置。

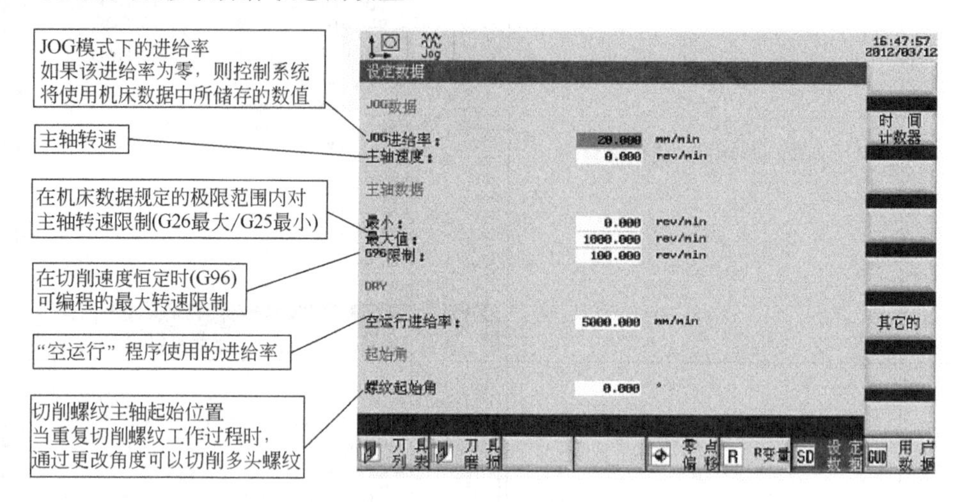

图 3-32　设定数据屏幕

输入/修改设定数据操作步骤如下。

① 要输入或修改设定数据，将光标条放在待修改的输入区上并输入数值。

② 按下<输入>键，或者移动光标确认输入值。

3.5 跟我学创建、运行加工程序

学习要点是：通过例 3-1 简单的数控加工程序，举例学习创建、运行程序的操作步骤。

【例 3-1】 如图 3-33 所示，毛坯ϕ30×70mm 圆钢，走刀一次，车削外圆，加工部位尺寸为ϕ25×30mm。

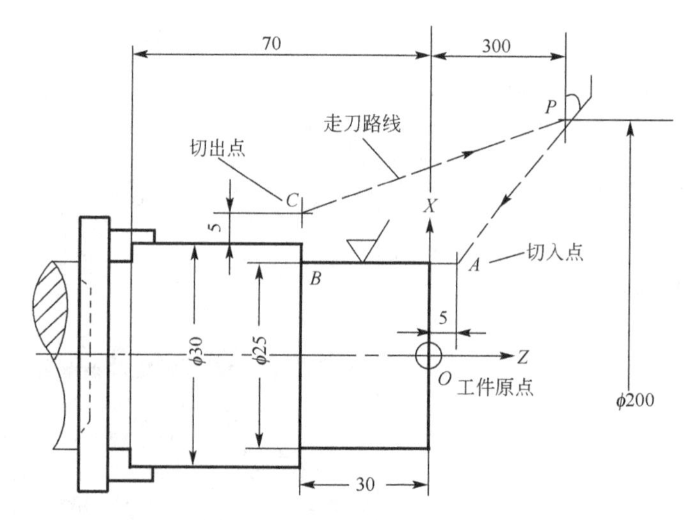

图 3-33　车ϕ25 外圆走刀路线

3.5.1 编写加工程序

（1）工件坐标系

本例通过刀具补偿得到工件坐标系。走刀路线中刀具起始位置 *P* 是刀具运动的起点，也是加工程序结束时刀具的终止位置。

（2）车削走刀路线

车削加工中为避免切入、切出工件时产生毛刺，车削中刀具进刀和退刀应有一定的距离，一般车刀切入位置（切入点）和切出位置（切出点）距工件 3～5mm。车削走刀路线是：开始时刀具采用快速走刀接近工件，到达切入点，然后用切削进给，一直切削到切出点。最后快速返回到对刀点，如图 3-33 中虚线所示。

（3）加工程序

程序结构说明如下。

例 3-1 程序　　　　　　　　解释

```
ABC-D. .MPF              ; 程序名
N10 T1 D1                ; 换刀
N15 S1000 M03            ; 启动主轴
N20 G0 X200.Z300         ; 刀具定位于 P 点
N30 X25 Z5               ; 快速接近工件，到 A 点
N40 G1 Z-30 F0.15        ; 切削 AB
N50 X35                  ; 切出（退刀）BC
N60 G0 X200 Z300         ; 快速回到对刀点 P
N70 M2                   ; 程序结束
```

T、F、S功能
几何数据/运行
返回换刀

3.5.2 在机床上创建数控程序

在“程序管理” 操作区中，使用软键可以创建，编辑，重命名，执行并传输程序以及执行其他操作。创建文件并创建零件程序的操作步骤如表 3-10 所示。

表 3-10　创建文件并创建零件程序步骤

步骤	操 作 说 明	显 示 窗 口
1	按下数控键盘上的<程序管理>（程序管理），可进入“程序管理”操作区	名称 类型 长度 日期 时间 执行 新建 搜索 全选 复制 粘贴 撤消 N:\MPF 可用空间：1.25 MB [INPUT] 打开文件的按键，[DEL] 删除文件的按键 NC USB RS232 OEM文件 用户文件 最近文件

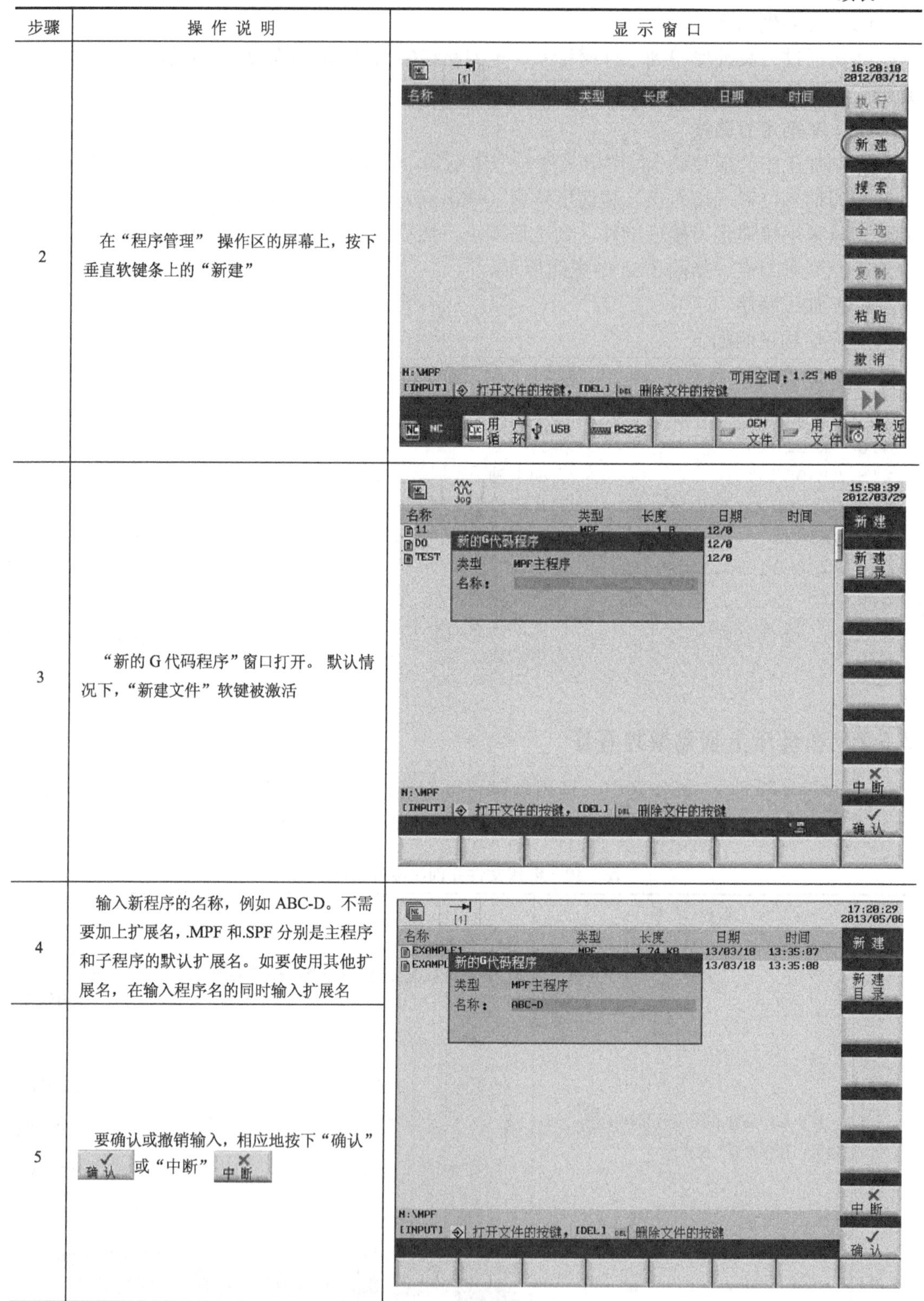

步骤	操作说明	显示窗口
2	在“程序管理”操作区的屏幕上，按下垂直软键条上的“新建”	
3	“新的G代码程序”窗口打开。默认情况下，“新建文件”软键被激活	
4	输入新程序的名称，例如ABC-D。不需要加上扩展名，.MPF和.SPF分别是主程序和子程序的默认扩展名。如要使用其他扩展名，在输入程序名的同时输入扩展名	
5	要确认或撤销输入，相应地按下“确认” 确认 或“中断” 中断	

续表

步骤	操作说明	显示窗口
6	按下“确认”，新的零件程序编辑器窗口打开。在该窗口中操纵键盘，输入程序，这些程序段会被自动保存。成功创建新程序	
7	按下“程序管理”，可在主屏幕上的文件列表中查看到新创建的程序	

3.5.3 装夹工件，测量法存储刀具补偿值

三爪卡盘装夹ϕ30×70mm圆钢，夹紧工件后，运行程序前需要通过对刀存储刀具补偿值，操作步骤详见表3-8，外圆车刀对刀步骤简述如下。

（1）手动测量存储 *Z* 轴刀具补偿值的步骤

按下[M 加工操作]键→按[手动]键，在“加工操作”操作区打开JOG屏面，如图3-34所示→试切工件端面→保持刀具 *Z* 轴方向不动，沿 *X* 方向退出→按下“测量刀具”[测量刀具]→按下软键[测量Z]，打开测量刀具 *Z* 窗口，如图3-35所示→在该窗口的 Z_ϕ 区输入刀尖至工件边缘的距离“0”，如图3-36所示→按下软键[设置长度Z]，*T*01刀 *Z* 轴刀补值对刀完毕。

（2）手动测量存储 *X* 轴刀具补偿值步骤

打开“ 手动测量刀具”窗口如图3-34所示→按软键[测量X]，打开测量刀具 *X* 轴位置窗口，如图3-37所示→试切短段外圆→保持 *X* 轴方向不动，沿 *Z* 轴方向退出→测量工件直径，实际测得直径ϕ29.170→在窗口的ϕ区输入所测工件直径29.170，如图3-38所示→按下软键[设置长度X]。T01刀 *X* 轴刀补值对刀完毕。

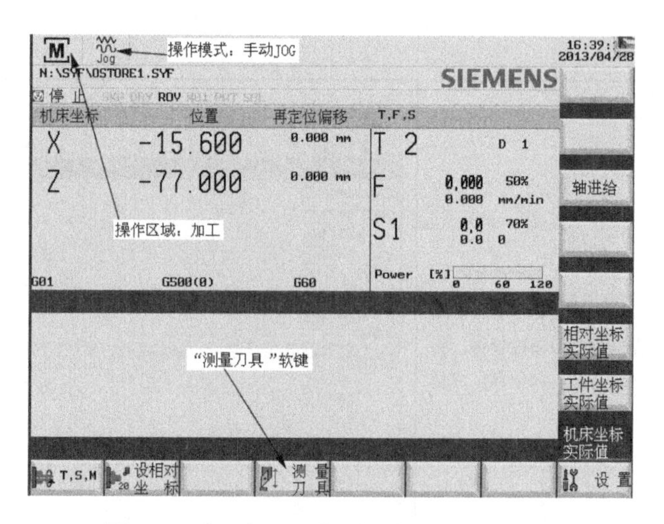

图 3-34　在“加工操作”操作区的 JOG 屏面

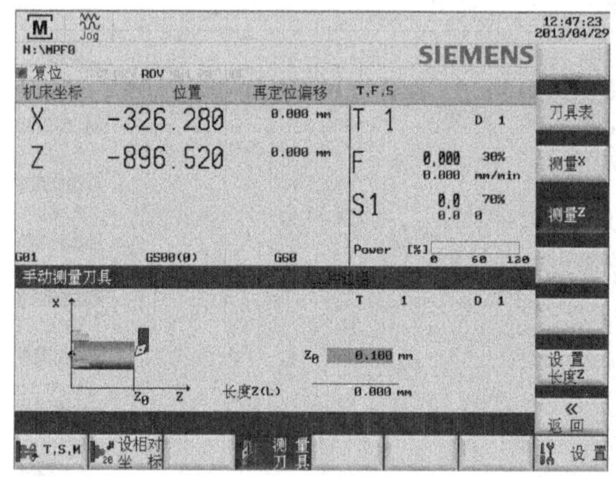

图 3-35　测量刀具 *Z* 轴位置窗口

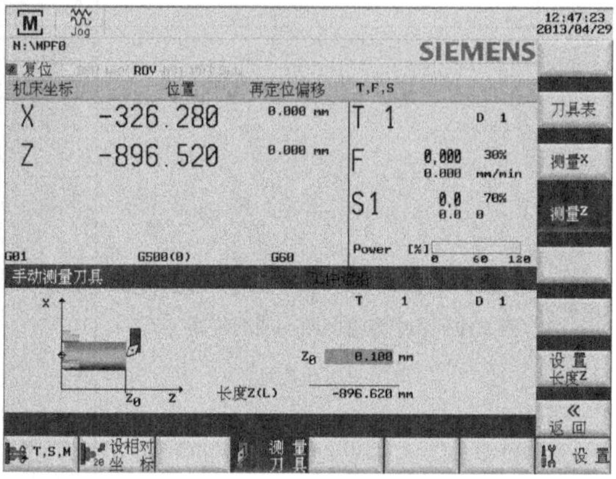

图 3-36　在 Z_{ϕ}区输入“0”

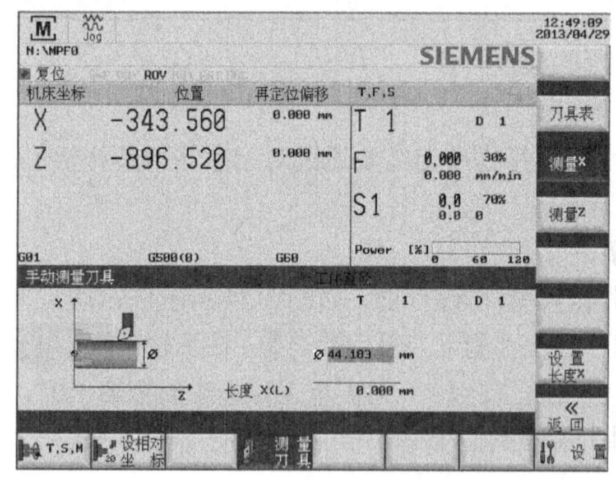

图 3-37　测量刀具 *X* 轴位置窗口

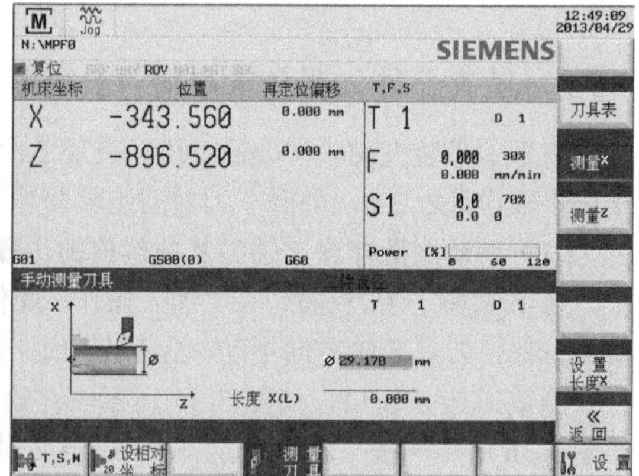

图 3-38　在 ϕ区输入 29.170

3.5.4　运行程序进行自动加工

按下机床控制面板上的<自动>进入自动模式。自动模式用于执行诸如程序开始、控制、程序段查找、停止以及实时模拟等的操作。完成存储刀具补偿值后可进入自动模式（AUTO）。检索并运行例 3-1 “ABC-D. .MPF” 加工程序操作过程如下。

（1）程序控制

程序已经输入系统，在加工前需要调试程序，修正程序中错误，避免因程序错误产生事故。程序控制用于调试加工程序，为方便调试程序，有 6 种控制程序运行的模式，如表 3-11 所示。打开“程序控制”，选项程序运行模式步骤如下。

① 在“加工操作”操作区中，按下“自动”(自动)，进入自动模式。

② 按下软键<程序控制>(程序控制)。“程序段显示”窗口打开，如图 3-39 所示，图中垂直软键用于控制模式选项，各种控制模式用途如表 3-11 所示。

③ 通过按下相关软键激活或取消某项程序控制模式,选中的软键高亮显示。

表 3-11 程序控制模式用途（图 3-39 窗口中的垂直软键）

软键	该模式有效时显示的字符	控制模式名称	该项控制模式功能
程序测试	PRT	程序测试	禁止将额定值输出到进给轴和主轴。额定值显示“模拟”运行，即仅在屏幕显示刀具运行轨迹
空运行进给量	DRY	空运行进给率	所有进给运动按照“空运行进给率”运行。空运行进给率替代已编程的运动进给率指令发挥作用
有条件停止	M01	有条件停止	运行程序中遇到 M01 指令的程序段，程序暂停。按<循环启动>键，程序继续运行
跳过	SKP	跳过	跳过编号前以斜线标记的程序段,例如/N100,则运行程序中不执行（跳过）N100 程序段
精准单程序段	SBL	精准单程序段	仅在复位状态下可用，各个程序段被单独执行并停止。对于没有空运行进给率的螺纹程序段，在当前螺纹程序段末尾处执行停止操作
ROV 有效	ROV	ROV 有效	进给率倍率开关也适用于快速运行倍率

注：表中有效模式字符显示位置参见表 3-3 中的⑦。

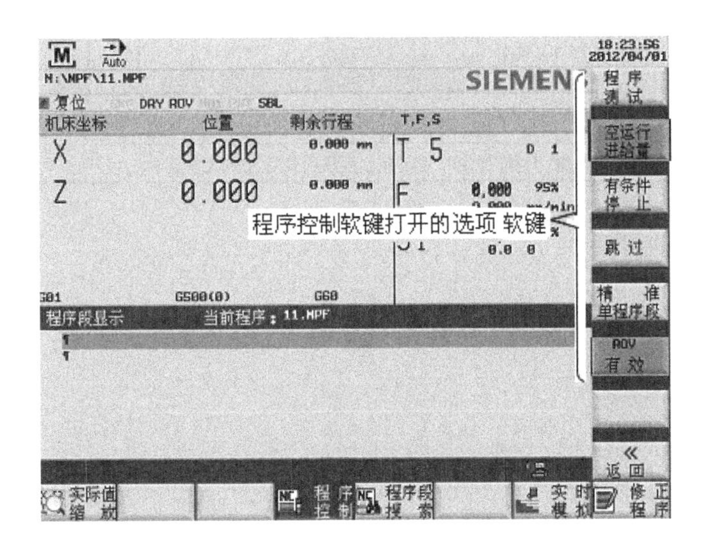

图 3-39 “程序段显示”窗口

（2）选择并启动零件程序自动加工

程序经调试后，可以启动程序，进行切削加工，自动加工操作步骤如表 3-12 所示。

表 3-12　启动自动加工步骤

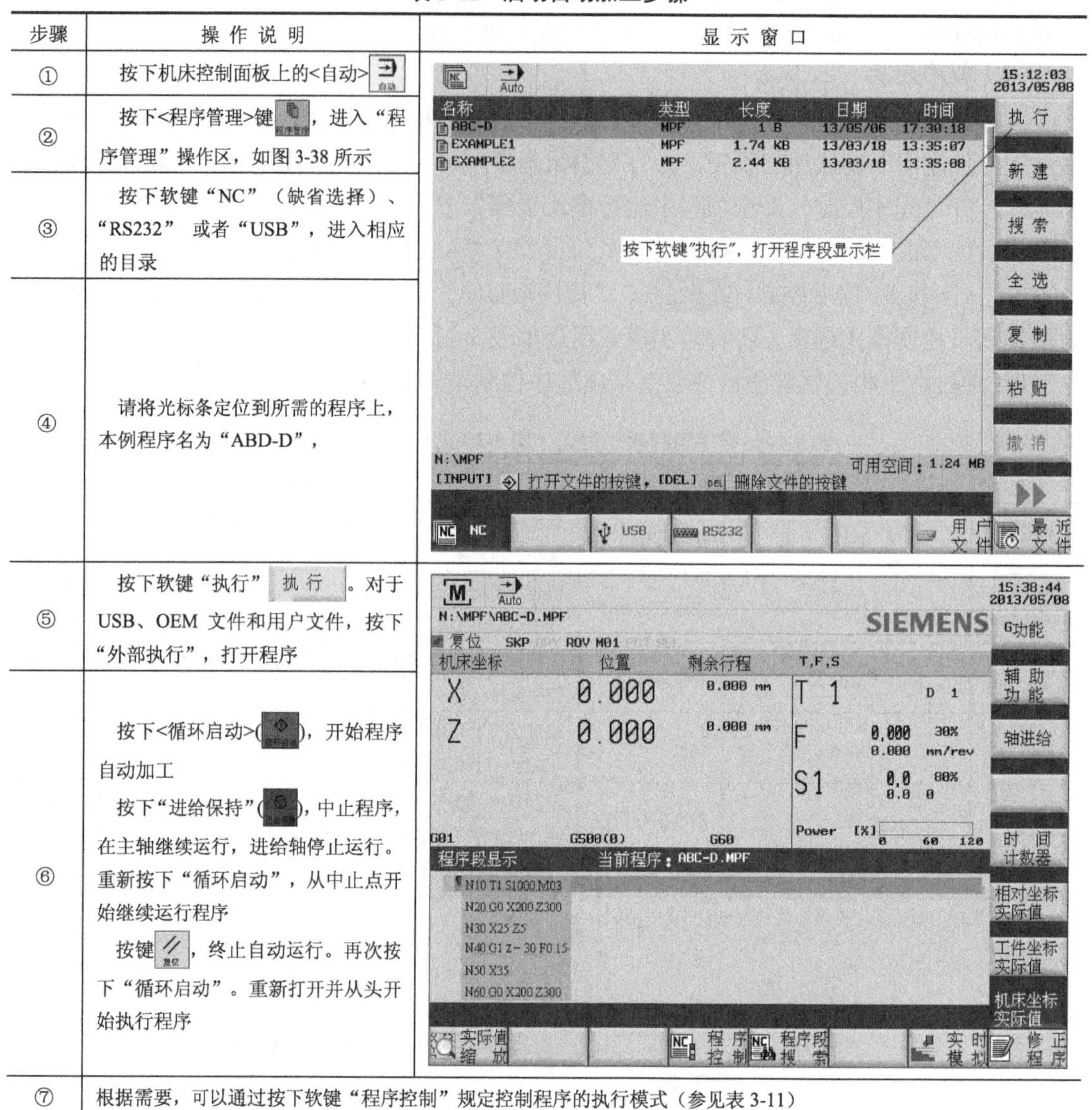

步骤	操 作 说 明	显 示 窗 口
①	按下机床控制面板上的<自动>	
②	按下<程序管理>键，进入"程序管理"操作区，如图 3-38 所示	
③	按下软键"NC"（缺省选择）、"RS232" 或者"USB"，进入相应的目录	
④	请将光标条定位到所需的程序上，本例程序名为"ABD-D"，	
⑤	按下软键"执行" 执 行 。对于 USB、OEM 文件和用户文件，按下"外部执行"，打开程序	
⑥	按下<循环启动>()，开始程序自动加工 按下"进给保持"()，中止程序，在主轴继续运行，进给轴停止运行。重新按下"循环启动"，从中止点开始继续运行程序 按键，终止自动运行。再次按下"循环启动"。重新打开并从头开始执行程序	
⑦	根据需要，可以通过按下软键"程序控制"规定控制程序的执行模式（参见表 3-11）	

第4章

西门子（SINUMERIK）系统数控车削编程与加工实例

4.1 数控车削加工工艺简介

4.1.1 工件装夹

数控车床可以使用通用的三爪自定心卡盘、四爪卡盘等装夹工件，数控车床常用液压卡盘，装夹一般回转类零件采用普通液压卡盘。对长轴工件需要采用一夹一顶的装夹方式，即在轴的尾端用活顶尖支撑，活顶尖装在尾架上。

4.1.2 车削加工方案

在数控车床上加工零件，应按工序集中的原则划分工序，在一次安装下尽可能完成大部分甚至全部表面的加工。根据零件的结构形状不同，工件的定位基准通常其选择外圆、端面或内孔，并力求设计基准、定位基准和编程原点的统一。

制定车削方案的一般原则为先粗后精，先近后远，先内后外，程序段最少，走刀路线最短。

（1）先粗后精

先安排粗加工工步，在较短的时间内将大部分加工余量去掉，同时应满足精加工的余量均匀性要求。完成粗加工后安排换刀，并进行的半精加工和精加工。精加工时零件轮廓应由一刀连续切削而成，以免因切削力突然变化而造成弹性变形，致使光滑连接轮廓上产生表面划痕。

（2）先近后远

在一般情况下，特别是在粗加工时，通常安排离对刀点近的部位先加工，离对刀点远的部位后加工，以便缩短刀具移动距离，减少空行程时间。

（3）先内后外

对既有内表面又有外表面的零件，在制定其加工方案时，通常应安排先加工内形和内腔，后加工外形表面。这是因为控制内表面的尺寸和形状较困难，刀具刚性相应较差，刀尖(刃)的使用寿命易受切削热而降低，以及在加工中清除切屑较困难等。

（4）程序段少

按照每个单独的几何要素分别编制出相应的加工程序，在加工程序的编制工作中，总是希望以最少的程序段实现对零件的加工，以使程序简洁，减少出错的几率及提高编程工作的效率。

（5）走刀路线最短

确定走刀路线要确定程序始点位置，刀具的进、退刀位置，换刀点位置，循环起点位置等，合理确定粗加工及空行程的走刀路线。精加工切削的走刀路线基本是沿零件轮廓进行的。

4.1.3 车削切削用量的选择

车削用量包括背吃刀量 a_p、进给量 f、切削速度 v_a（主轴转速）。

（1）背吃刀量 a_p 的确定

根据粗车和精车，背吃刀量有不同的选择。粗车时，切削用量选择应有利于提高生产效率，在机床功率允许 ，工件刚度和刀具刚度足够的情况下，尽可能选取较大的背吃刀量。精车时要保证工件达到图样规定的加工精度和表面粗糙度，精车时应选用较小的背吃刀量。精车 a_p 常取 0.1～0.5mm。半精车 a_p 常取 1～3mm。

（2）进给量 f（有些数控机床选用进给速度 v_c)

在保证工件加工质量的前提下，可以选择较高的进给速度。在切断、车削深孔或精车时，应选择较低的进给速度。当刀具空行程特别是远距离“回零”时，可以设定尽量高的进给速度。粗车时，一般取 f=0.3～0.8mm/r。精车时常取 f=0.1～0.3mm/r。切断时 f=0.05～0.2mm/r。

（3）切削速度与主轴转速的确定

切削速度 v 可以查表选取，还可以根据实践经验确定。切削速度确定后，用公式计算主轴转速 n(r/min)。

车外圆时主轴转速 n(r/min)。车外圆时主轴转速应根据零件上被加工部位的直径，并按零件和刀具材料以及加工性质等条件所允许的切削速度来确定。主轴转速 n 的计算公式：

$$n=1000\ v/\pi d \quad (4\text{-}1)$$

表 4-1 为常用切削用量推荐表，供应用时参考，应用时应注意机床说明书给定的允许切削用量范围。

表 4-1 常用切削用量推荐表

工件材料	加工内容	背吃刀量 a_p/mm	切削速度 v_a/m·min^{-1}	进给量 f/mm·r^{-1}	刀具材料
碳素钢 σ_b>600MPa	粗加工	5～7	60～80	0.2～0.4	YT 类
	粗加工	2～3	80～120	0.2～0.4	
	精加工	2～6	120～150	0.1～0.2	

续表

工件材料	加工内容	背吃刀量 a_p/mm	切削速度 v_a/m·min^{-1}	进给量 f/ mm·r^{-1}	刀具材料
碳素钢 σ_b>600MPa	钻中心孔		500～800r·min^{-1}		W18Cr4V
	钻孔		25～30	0.1～0.2	
	切断(宽度<5mm)		70～110	0.1～0.2	YT 类
铸铁 HBS<200	粗加工		50～70	0.2～0.4	YG 类
	精加工		70～100	0.1～0.2	
	切断(宽度<5mm)		50～70	0.1～0.2	

4.1.4 数控车床加工步骤

利用数控车床加工的步骤如图 4-1 所示。

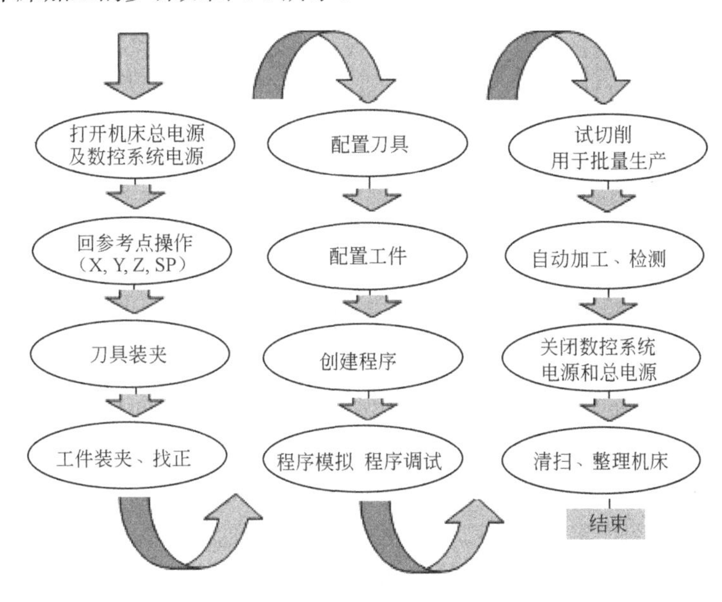

图 4-1 数控车床加工步骤

4.2 车削轴件典型表面编程与创建程序操作

【例 4-1】 轴件如图 4-2 所示，车削端面及外轮廓，并切断。毛坯为ϕ45mm 圆钢。

4.2.1 工艺要点

① 零件分析。该零件由轮廓表面（圆弧面和圆柱面）、退刀槽和螺纹组成，采用数控机床加工。工件坐标系原点设在工件右端面上。

② 工件装夹。采用三爪卡盘装夹轴件。毛坯尺寸为ϕ45×65mm，其中加工长度为 46mm，夹紧长度为 15mm。

③ 换刀点。换刀点设在工件坐标系(100,300)，X 轴是直径值。

④ 车螺纹。螺纹执行 4 次走刀粗加工切削，结束后行 2 次空切削，以确保螺纹尺寸与

表面粗糙度。

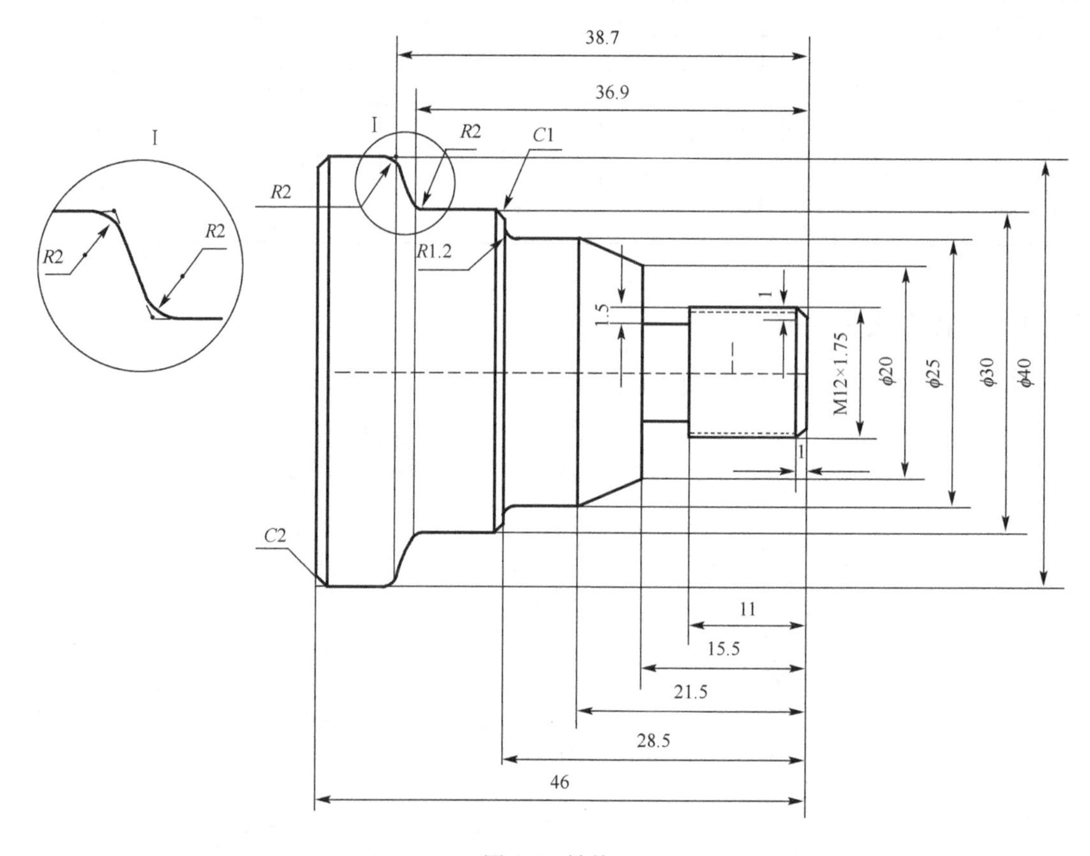

图 4-2 轴件

⑤ 工序内容。车削工步为车外圆→车槽→车螺纹→切断。工步安排如表 4-2 所示。

⑥ 刀具选择。外圆车刀、车槽刀、螺纹车刀，其中车槽与切断用一把刀具，如表 4-2 所示。

表 4-2 车削轴件数控加工工序卡

工步号	工步内容	刀具号	刀沿号	切削用量		
				背吃刀量/mm	主轴转速/(r/min)	进给速度/(mm/r)
1	车外圆	T1	D1	1.0	<2000	0.2
2	车槽	T2	D1	0	<2000	0.2
3	车螺纹	T3	D1		<2000	1.75
4	切断，保证总长 46mm	T2	D2	0.2	<2000	0.15

⑦ 切断工步。工件完成了外圆切削后需要切断，如果要求工件的切断面上有倒角，图 4-3 中大端直径端面的倒角 *C*2，通常采用切断工件后调头装夹，进行倒角，这样一来，多了一次装夹，降低了加工效率。利用切断循环指令 CYCLE92 中参数 RC（参见 2.6.2 节），用切断刀先完成倒角，然后切断，效果很好。

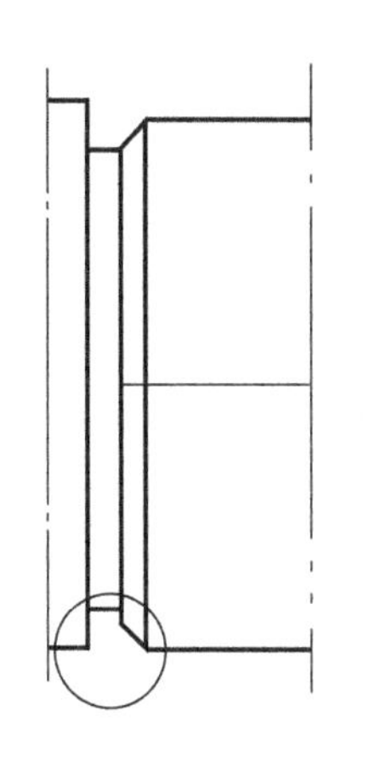

图 4-3　切断处加倒角

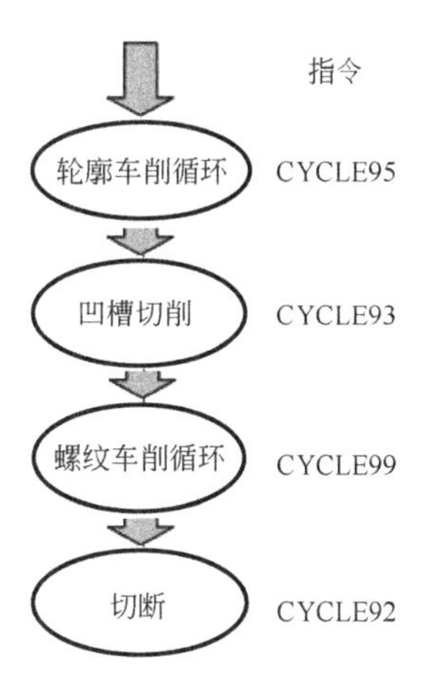

图 4-4　程序结构

4.2.2　加工程序

程序结构如图 4-4 所示。

程序	解释
T1 D1	；换外圆车刀 T1
S2000 M03	；启动主轴
F0.2	；进给率，0.2mm/r
G0 X60 Z10	；定位
CYCLE95（"PART_CONTOUR：END_T"，1，，，0.2，0.3，0.2，0.1，9，，，1）	；轮廓切削，调用程序的开始程序段标签；PART_CONTOUR，结束段标签为 END_T
G0 X100 Z300	；到换刀点
T2 D1	；换车槽刀 T2
F0.15	；进给率，0.15mm/r
CYCLE93（20，-11，4.5，1.5，，，，，，，，0.2，0.2，1，，5）	；车槽循环
G0 X100 Z300	；到换刀点
T3 D1	；换螺纹车刀 T3
G00 X50.0 Z10.0	；定位车螺纹始点
CYCLE99(0，12，-13，12，5，1.016，0，0，0，4，2，1.76，300101，1，0，0，0，0，0，0，0，0，1，，，，0)	；螺纹车削循环
G0 X100 Z300	；到换刀点
T2 D2	；换切槽刀，T2 D2
S2000 M03	；主轴转速 2000r/min
F0.15	；进给率
CYCLE92(40，-46，6，-1，2，，100，1500，3，0.2，0.08，400，0，0，1，0，10000)	；切断循环
G0 X100 Z300	；到换刀点
M30	；程序结束
PART_CONTOUR：	；轮廓程序开始标签
G0 Z0 X0	；定位
G1 X12 CHR=1	；端面，插入倒角 1mm
Z-15.5	；ϕ12mm 外圆柱面
X20	；台阶面
X25 Z-21.5	；锥面
Z-28.5 RND=1.2	；外圆柱面ϕ25mm，插入圆弧 R1.2 mm

```
X30 CHF=1                     ; 台阶面，插入倒角 1
Z-36.9 RND=2                  ; 外圆柱面φ30mm，插入圆弧 2mm
X40 Z-38.7 RND=2              ; 锥面，插入圆弧 R2mm
Z-50                          ; 外圆柱面φ40mm
X50                           ; 退刀
END_T:                        ; 轮廓结束标签
```

4.2.3 配置刀具，对刀

本例程序中使用了三把刀具：T1(外圆车刀)、T2（车槽刀）、T3（车螺纹刀），在运行程序前三把刀具都需要对刀，操作过程如下。

① 第一把 T1(外圆车刀)对刀。参见本书 3.5.3 节。

② 第二把 T2（车槽刀）对刀。

a. 手动测量存储 *Z* 轴刀具补偿值：按下面板上的<手动>手动键，进入手动模式→按下换刀键，换成 T2 车槽刀→手动使刀尖碰工件端面（在 *T*1 对刀时已经车光端面）→刀具 *Z* 轴方向不动，沿 *X* 轴方向退出→按下软键“测量刀具”测量刀具→按下软键测量Z，打开测量刀具 *Z* 窗口，如图 4-5 所示→在该窗口的 Z_ϕ区输入刀尖至工件边缘的距离“0”，如图 4-6 所示→按下软键设置长度Z。T1 刀 *Z* 轴刀补值对刀完成。

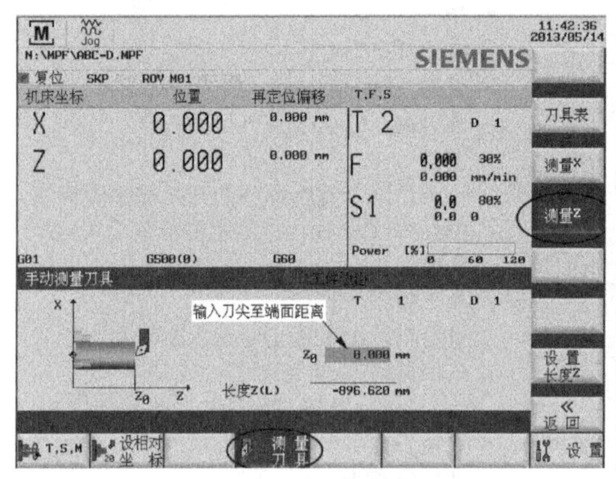

图 4-5 测量刀具 *Z* 轴位置窗口

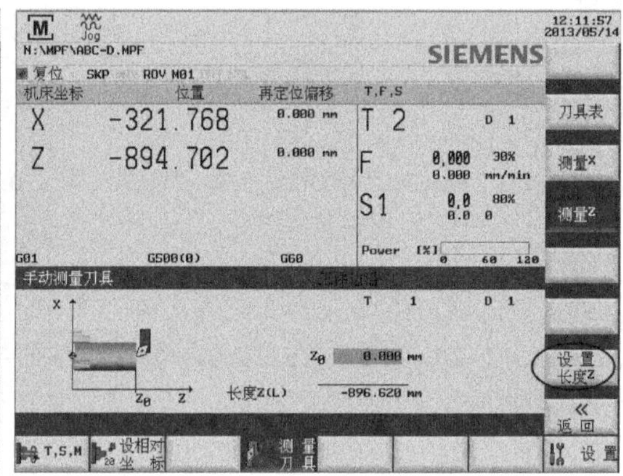

图 4-6 在 Z_ϕ区输入“0”

b. 手动测量存储 *X* 轴刀具补偿：按软键测量X，打开测量刀具 *X* 轴位置窗口，如图 4-7 所示→试切短段外圆→保持 *X* 轴方向不动，沿 *Z* 轴方向退出→测量工件直径，实际测得直径 φ43.900→在窗口的φ区输入所测工件直径 43.900，如图 4-8 所示→按下软键设置长度X。T2 刀 *X* 轴刀补值对刀完成。

c. 第三把 T3（螺纹刀）对刀跟 T2 类似。

4.2.4 模拟运行程序、调试程序

可以采用图形模拟、程序控制、程序测试等方法调试程序。

（1）图形模拟刀具轨迹

借助虚线图跟踪程序的编程刀具轨迹。在进行自动加工前，通过模拟检查刀具移动轨迹是否正确。

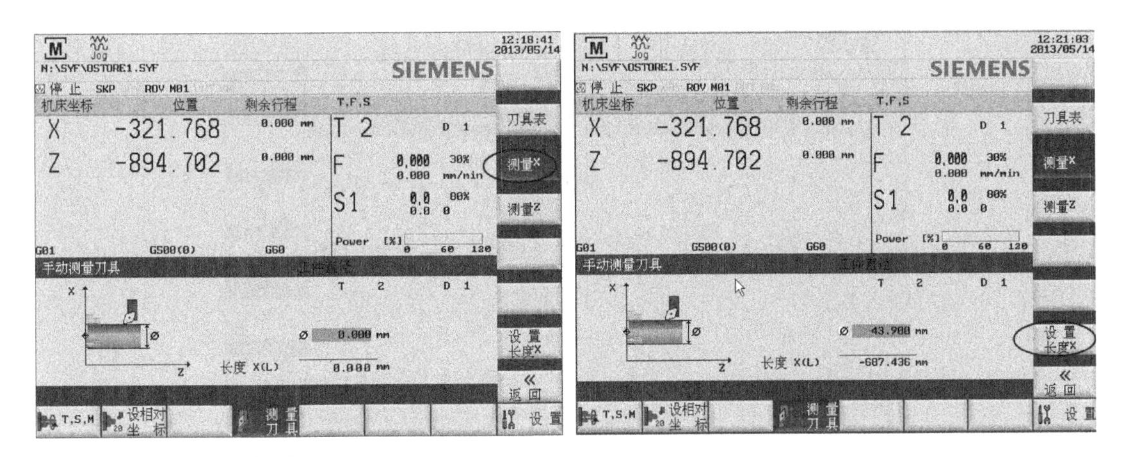

图 4-7 测量刀具 *X* 轴位置窗口

图 4-8 在ϕ区输入 43.900

① 运行模拟图形操作步骤如下。

a. 按下<程序管理>键，打开零件程序，如图 4-9 所示。

b. 按下软键“模拟”。若控制系统不在正确模式下，会在画面下端显示消息“请选择自动模式”。若该消息显示于画面下端，按下 MCP 板上的<自动>。

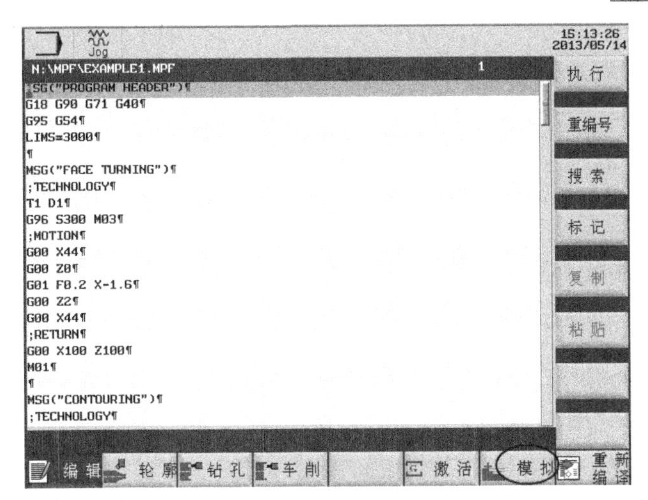

图 4-9 程序编辑器窗口

c. “程序模拟”窗口打开，如图 4-10 所示。按下<循环启动>键，开始模拟零件程序。

② 显示程序段操作。

a. 按下模拟主屏幕上的软键“显示全部”，如图 4-11 所示。

b. 选择“全部 G17 程序段”、“全部 G18 程序段”或“全部 G19 程序段”来展示所需的程序段。

③ 切削材料操作。

a. 按下模拟主画面上的“继续”。打开的窗口如图 4-12 所示，窗口中有两个选项“切削材料”和“显示程序段”。

b. 使用“显示程序段”软键，展示上一个、当前或下一个程序段。使用“切削材料”软键进行材料切削模拟。

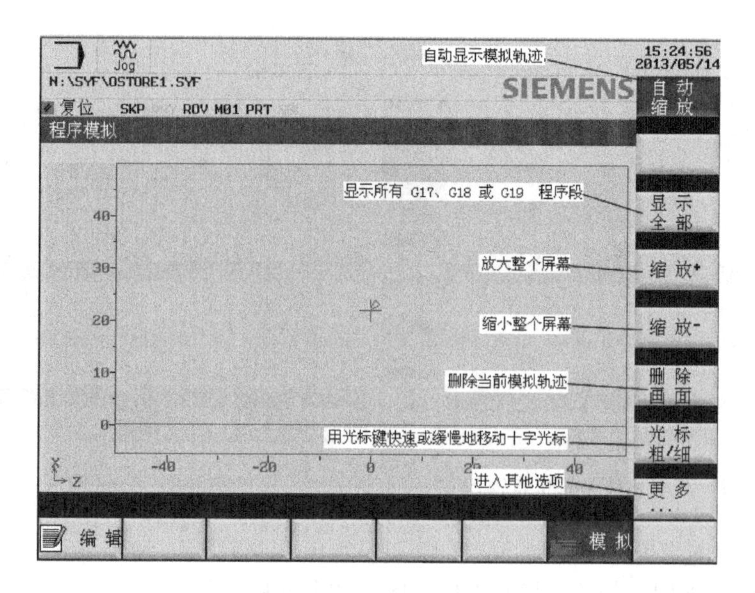

图 4-10　程序模拟窗口

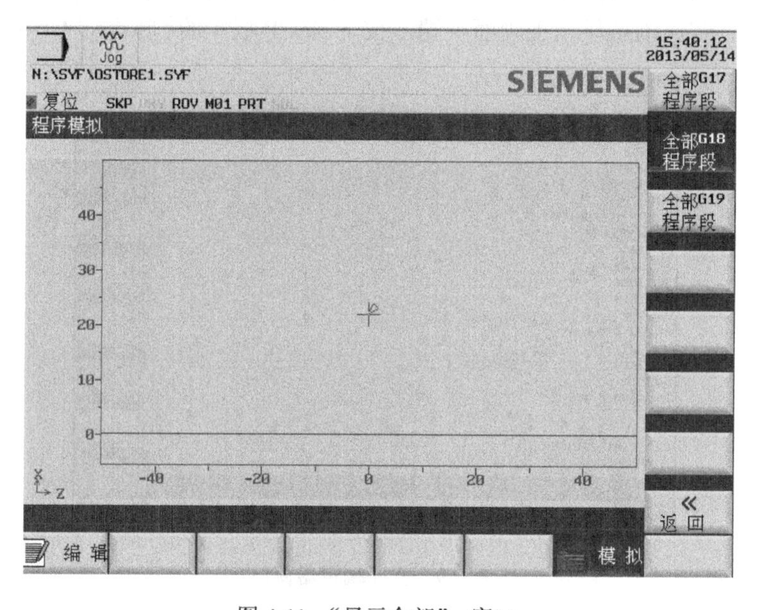

图 4-11　“显示全部”，窗口

c. 进行材料切削模拟，按下软键“切削材料”，输入工件尺寸窗口将会打开，如图 4-13

d. 在屏面上的“长度”和“直径”输入区输入毛坯尺寸。

e. 按下“存储”，开始材料切削模拟。

（2）程序控制

使用“程序控制”软键方便进行程序测试，执行有条件停止并跳过某些程序段等，参见 3.5.4 节。

（3）程序测试

在批量加工前通过空运行测试零件程序。在执行“空运行”之前，首先需从机床上移除工件。执行空运行的操作步骤如下。

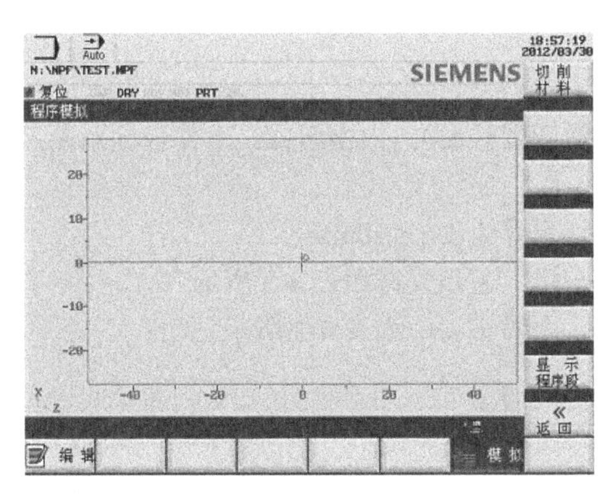

图 4-12　窗口中两个选项

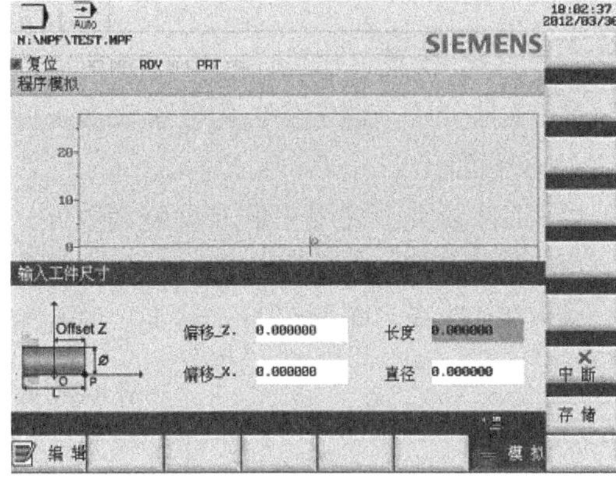

图 4-13　输入工件尺寸窗口

① 按下 MCP 上的“加工操作”按钮。

② 按下 PPU 上的“程序测试”。

③ 按下 PPU 上的“空运行进给率”软键。此时会显示“DRY”图标，且“空运行进给率”软键以蓝色高亮显示。

④ 按下 PPU 上的“返回”。

⑤ 按下 MCP 上的“安全门”，关闭机床上的安全门（若不使用该功能，可手动关闭机床上的安全门）。

⑥ 按下 MCP 上的<循环启动>，开始运行程序。

⑦ 调整进给率调至需要的值。

4.2.5　运行程序（自动加工）

参见表 3-12。

4.3　车削工件内轮廓

【例 4-2】 工件如图 4-14 所示，ϕ35mm 外形已经加工，要求加工内轮廓。

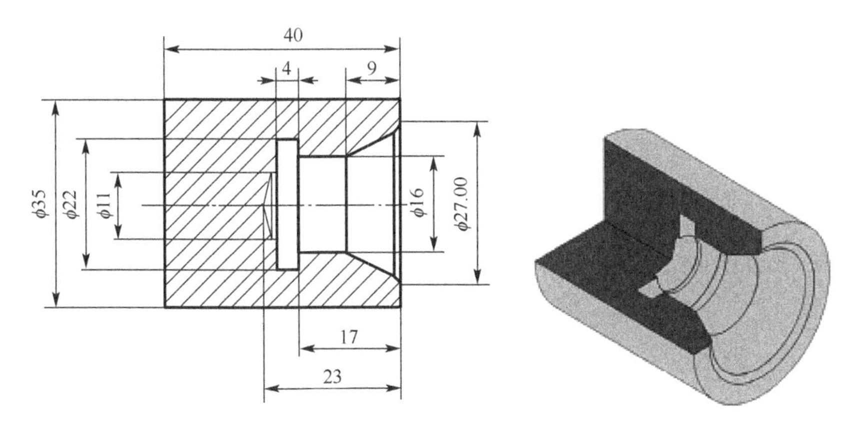

图 4-14　加工内轮廓工件图

4.3.1 工艺要点

① 零件分析。该零件由内轮廓表面（圆锥面和圆柱面）、内槽组成，工件坐标系原点设在工件右端面上。

② 工件装夹。采用三爪卡盘装夹轴件。毛坯尺寸为$\phi35\times40$mm。

③ 工序内容。车端面→钻孔→车内轮廓→车槽，工步安排如表 4-3 所示。

④ 刀具选择。端面车刀、钻头、内孔车刀，内槽车刀，如表 4-3 所示。

表 4-3 数控车削工序卡

工步号	工步内容	刀具号	刀沿号	切削用量		
				背吃刀量/mm	主轴转速/(r/min)	进给速度/(mm/r)
1	车刀，车端面	T1	D1	小于 1.0	小于 2500	0.35
2	钻头，钻孔	T13	D1	0.2	1000	0.35
3	内孔车刀，车轮廓	T10	D1		小于 2500	0.3、0.5、0.2
4	槽刀，刀尖宽度 3mm，车内槽	T110	D1	0.2	小于 2500	0.3

4.3.2 加工程序

```
程序                                                解释
N10 G54 G00 G90 G95 G40 G71                         ; 主轴进给率单位为 mm/r
N20 LIMS=2500                                       ; 设定主轴转速上限为 2500r/min
N30 T1 D1                                           ; 换刀 T1 D1
N40 G96 S250 M03 M08                                ; 刀具恒切削速度为 250m/min
N50 G00 X35 Z0                                      ; 定位到车端面始点
N60 G01 X-2 F0.35                                   ; 端面车削，进给率为 0.35mm/r
N70 G00 Z2                                          ; Z 向退刀
N80 G00 X35                                         ; X 向退刀，端面车削结束
N90 T13 D1                                          ; 换刀 T13 D1
N100 G95 S1000 M4                                   ; 主轴转速为 1000r/min，选择 X/Y
N110 G00 Z1 X0                                      ; 平面
N120 CYCLE83( 10, 0, 2, -23, 0, -10, ,5, , ,1, 0,1, ; 定位钻孔始点
5,0, ,0)                                            ; 钻孔循环
N130 G18                                            ; 钻孔结束，选择 Z/X 平面
N140 T10 D1                                         ; 换刀 T10 D1
N150 CYCLE95( "CON1:CON1_E" ,1.5,0.2, 0.1, ,0.5,    ; 轮廓粗切削。最大进刀深度为 1.5mm,纵
0.3, 0.2,11, , ,)                                   ; 向轴精加工余量为 0.1mm，横向轴精加工
                                                    ; 余量为 0.1mm,粗加工的进给率为 0.5mm/
                                                    ; r,底切插入进给率 0.3mm/r,精加工进
                                                    ; 给率 0.2mm/r,沿 Z 轴正方向进刀,进行
                                                    ; 完整加工
N160 T10 D1                                         ; 换槽刀
N170 G96 S250 M03 M08                               ; 刀具恒切削速度为 250m/min
N180 G00 Z1 X0                                      ; 定位车削孔的始点
N200 G1 F0.3 Z-17                                   ; 到孔底部，进给率为 0.3mm/r
CYCLE93( 16,-17, 4, 3, , , , , , , , , ,1, ,13, ); 切槽循环，切槽起点 (X16, Z-17)，槽
                                                    ; 宽 4mm，深 3mm,进刀深度 1mm,输入倒角
                                                    ; 腰长的方式定义倒角 (CHR 方式)
N210 M30                                            ; 程序结束
```

```
CON1:                                              ; *********轮廓********，以下程序为毛
; #7__DlgK contour definition begin - Don't change!; 坯切削循环编写完毕之后，由系统自动生
*GP*; *RO*; *HD*                                   ; 成的附加描述信息，不影响系统的运行
G18 G90 DIAMON; *GP*
G0 Z0 X27 ; *GP*
G1 Z-.89 X24.11 ; *GP*
Z-9 X16 ; *GP*
Z-21; *GP*
X10 ; *GP*
;   CON,V64,2,0.0000,4,4,MST:1,2,AX:Z,X,K,I   ;
*GP*;*RO*;*HD*
; S,EX:0,EY:27,ASE:0; *GP*; *RO*; *HD*
; LA,EX:-.89,EY:24.11; *GP*; *RO*; *HD*
; LA,DEX:-8.11,EY:16; *GP*; *RO*; *HD*
; LL,EX:-21; *GP*; *RO*; *HD*
; LD,EY:10; *GP*; *RO*; *HD*
; #End contour definition end - Don't change!;
*GP*;*RO*;*HD*
CON1_E:                                            ; ****** 轮廓终点 ******
```

4.4 工件的粗、精车加工

【例 4-3】 工件如图 4-15 所示，要求粗、精车外圆轮廓。

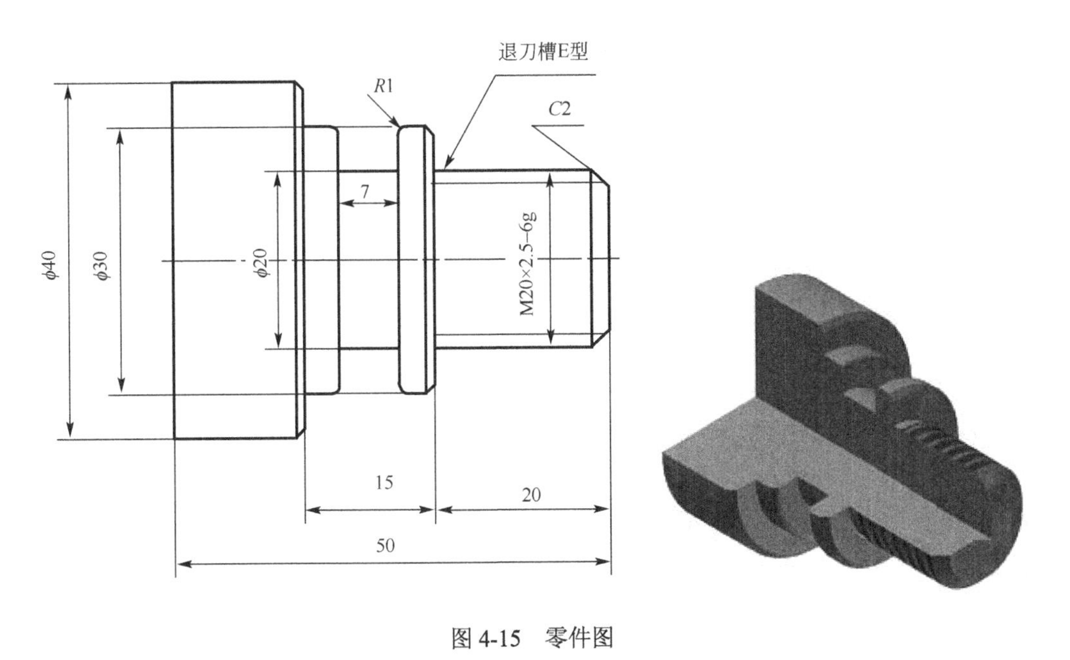

图 4-15 零件图

4.4.1 工艺要点

① 零件分析。该零件由轮廓表面、退刀槽和螺纹组成，采用数控机床加工。工件坐标

系原点设在工件右端面上。

② 换刀点。换刀点设在工件坐标系(500,500)。

③ 车螺纹。螺纹执行 4 次走刀粗加工切削，结束后行 2 次空切削，以确保螺纹尺寸与表面粗糙度。

④ 工序内容。车削工步为车外圆→车槽→车螺纹→切断，工步安排如表 4-4 和图 4-16 所示。

⑤ 刀具选择。外圆车刀（粗车）、外圆车刀（精车）、槽刀（车槽用）、螺纹车刀，槽刀（切断用），如表 4-4 所示。

表 4-4　数控车削工序卡

工步号	工步内容	刀具号	刀沿号	切削用量		
				背吃刀量/mm	主轴转速/(r/min)	进给速度/(mm/r)
1	车刀，粗车端面，外圆	T1	D1	小于 2.5	小于 3500	0.35/ 0.2
2	车刀，精车端面，外圆	T2	D1	0.15	小于 3500	0.15
3	槽刀，车空刀槽	T3	D1	1.5	小于 3500	
4	直螺纹刀，车螺纹	T4	D1		小于 3500	2.5
5	槽刀，切断	T5			小于 3500	0.2/ 0.08

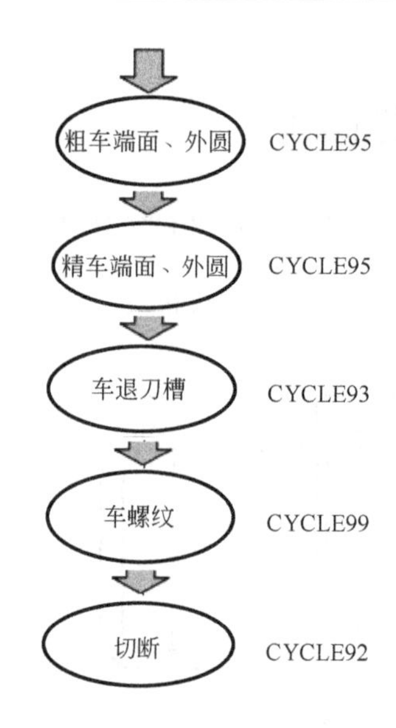

图 4-16　车削加工过程

4.4.2　加工程序

```
程序                                解释
N10 G00 G90 G95 G40 G71            ；主轴进给率单位为 mm/r
N20 LIMS=3500                      ；设定主轴转速上限为 3500r/min
N30 T1 D1                          ；换刀 T1 D1，开始轮廓粗车
N40 G96 S250 M03 M08               ；刀具恒切削速度为 250m/min
N50 G00 X52.0 Z0.1                 ；定位到切削始点
N60 G01 X-2.0 F0.35                ；粗车端面，进给率为 0.35mm/r
N70 G00 Z2.0                       ；Z 轴向退刀
```

```
N80 X52.0                                          ; X向退刀，端面车削结束
N85 CYCLE95(“DEMO:DEMO_E”, 2.5, 0.2,0.1,           ; 粗切削轮廓。最大进刀深度为 2.5mm,Z 轴
0.15, 0.35,0.2,0.15,9, , ,)                        ; 精加工余量 0.2mm，X 轴精加工余量 0.1mm,
                                                   ; 轮廓精加工余量 0.15mm，粗加工进给率
                                                   ; 0.35mm/r,底切插入进给率 0.2mm/r,沿
                                                   ; Z 轴负方向进刀,进行完整加工
N90 G00 G40 X500.0 Z500.0                          ; 到换刀点，取消刀具半径补偿
N100 M01                                           ; 选择停（准备换刀）
N110 T2 D1                                         ; 换刀 T2 D1，开始轮廓精车削
N120 G96 S350 M03 M08                              ; 恒切削速度为 350m/min
N130 G00 X22.0 Z0.0                                ; 定位到精车端面始点
N140 G01 X-2.0 F0.15                               ; 精车端面，进给率 0.15mm/r
N150 G00 Z2.0                                      ; Z 向退刀
N160 X52.0                                         ; X 向退刀，定位到精车轮廓始点
N170 CYCLE95( "DEMO:DEMO_E", , , , , , ,0.15,      ; 轮廓精切削。精加工进给率 0.15mm/min,
5, , ,)                                            ; 沿 Z 轴负方向进刀,进行完整加工
N180 G00 G40 X500.0 Z500.0                         ; 到换刀点，取消刀具半径补偿
N190 M01                                           ; 选择停（准备换刀）
N200 T3 D1                                         ; 换槽刀，开始切槽
N210 G96 S200 M03 M08                              ; 刀具恒切削速度为 200m/min
N220 G00 X55.0 Z0.                                 ; 定位
N230 CYCLE93( 30, -30.5, 7, 5, 0, 0, 0, 1, 1, ,    ; 切槽循环，切槽起点（X30，Z-30.5），槽
0,, 0.2,  0.1, 1.5, 0.5, 11, )                     ; 宽 7mm，深 5mm,进刀深度 1.5mm,切槽基
                                                   ; 础处暂停 0.5s，输入倒角腰长的方式定义
                                                   ; 倒角(CHR 方式)
N240 G00 G40 X500.0 Z500.0                         ; 到换刀点，取消刀具半径补偿
N250 M01                                           ; 选择停（准备换刀）
N260 T4 D1                                         ; 换螺纹刀，开始车螺纹
N270 G95 S150 M03 M08                              ; G95 为主轴进给率，单位为 mm/r
N280 G00 X50.0 Z10.0                               ; 定位车螺纹始点
N290CYCLE99(0, 20, -18, 20, 2, 0, 1, 0.01, 29, 0,  ; 车螺纹循环。螺纹尺寸 2.5mm，Z 轴螺纹起
8, 2, 2.5, 300103, 1,  , 0,0,0,0,0,0,0,1, , , ,   ; 点→终点为 0→20，起始点/终点的螺纹直
0 )                                                ; 径均为 20mm，导入距离 2mm，收尾距离 0mm,
                                                   ; 螺纹深度 1mm，精加工余量 0.01mm，进给
                                                   ; 角度 29°，首个螺纹线起始点偏移 0mm,
                                                   ; 粗加工切削 8 次，空走刀切削 2 次，螺纹线
                                                   ; 数量为 1
                                                   ; 到换刀点，取消刀具半径补偿
N300 G00 G40 X500.0 Z500.0                         ; 选择停（准备换刀）
N310 M01
N320 T5 D1                                         ; 换切断刀，开始切断
N330 G96 S200 M03 M08                              ; 刀具恒切削速度为 200m/min
N340 G00 X55.0 Z10.0                               ; 定位到循环始点
N350 CYCLE92(40, -50, 6, -1, 0.5,  , 200, 2500,    ; 切断循环。切断始点(X40，Z-50)，减少
3, 0.2,  0.08, 500, 0, 0, 1, 0, 11000)             ; 速度的深度(直径)为 6mm，最终深度-1mm,
                                                   ; 恒定切削速度 200mm/min，恒定切削速度
                                                   ; 下最大转速为 2500r/min，主轴旋转方向
                                                   ; M3，到达转速速度时的深度进给率为 0.2mm/
                                                   ; min，降低的进给率(直至最终深度)为
                                                   ; 0.08mm/min，降低的转速(直至最终深度)为
                                                   ; 500r/min，加工方式为退回基准面，切断
                                                   ; 时零件根部是倒角
```

```
N360 G00 G40 X500.0 Z500.0                    ; 到换刀点，取消刀具半径补偿。
N370 M30                                      ; 程序结束
;* ************轮廓************
DEMO:                                         ; 下述程序段为轮廓切削，CYCLE95 循环编
;#7__DlgK contour definition begin - Don't;   写完之后,由系统自动生成的附加描述信息,
change!; *GP*;*RO*;*HD*                       ; 不影响系统的运行
G18 G90 DIAMON; *GP*
G0 Z0 X16 ; *GP*
G1 Z-2 X20 ; *GP*
Z-15 ; *GP*
Z-16.493 X19.2 RND=2.5 ; *GP*
Z-20 RND=2.5 ; *GP*
X30 CHR=1 ; *GP*
Z-35 ; *GP*
X40 CHR=1 ; *GP*
Z-55 ; *GP*
X50 ; *GP*
;CON,V64,2,0.0000,4,4,MST:1,2,AX:Z,X,K,I;
*GP*;*RO*;*HD*
;S,EX:0,EY:16,ASE:0; *GP*;*RO*;*HD*
;LA,EX:-2,EY:20; *GP*;*RO*;*HD*
;LL,EX:-20; *GP*;*RO*;*HD*
;AB,IDX:8; *GP*;*RO*;*HD*
;LU,EY:30; *GP*;*RO*;*HD*
;F,LFASE:1; *GP*;*RO*;*HD*
;LL,DEX:-15; *GP*;*RO*;*HD*
;LU,EY:40; *GP*;*RO*;*HD*
;F,LFASE:1; *GP*;*RO*;*HD*
;LL,EX:-55; *GP*;*RO*;*HD*
;LU,EY:50; *GP*;*RO*;*HD*
;#End contour definition end - Don't change!;
*GP*;*RO*;*HD*
DEMO_E;                                       ; ******** 轮廓终点 ******
```

4.5 组合件车削

组合件由多个零件装配而成, 各零件加工后，按图样装配达到一定的技术要求。组合件的组合类型分为：圆柱配合、圆锥配合、偏心配合、螺纹配合。组合件加工关键是零件配合部位的加工精度，要求确保工件满足装配精度要求。

【例 4-4】 如图 4-17～图 4-19 所示轴孔配合组合件。毛坯为ϕ50×115mm 圆钢，组合件装配精度如图 4-19 所示。采用数控车加工，编写加工程序。

4.5.1 加工工艺概述

轴孔配合件由轴类零件和套类零件组成，由于套类件需加工孔表面，一般来说套类件加工难度大于轴类件。对于轴孔配合件通常采用先加工套类件，然后加工轴类件，加工轴件时保证轴件与套件配合，这样较易保证配合精度。本例先加工工件 2，后加工工件 1。

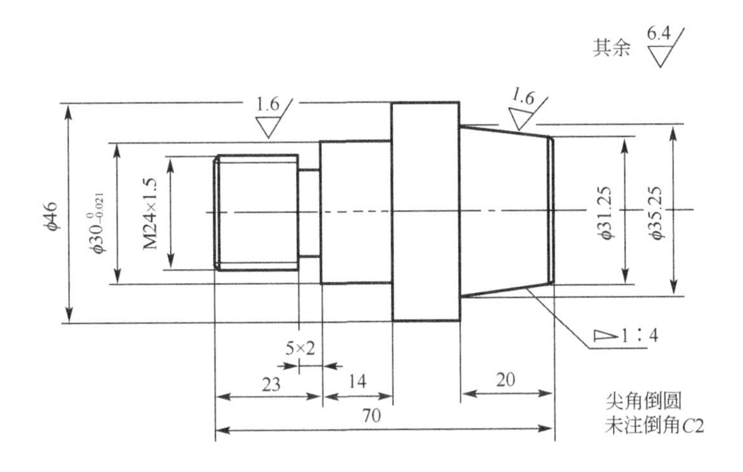

图 4-17　组合件的轴（工件 1）

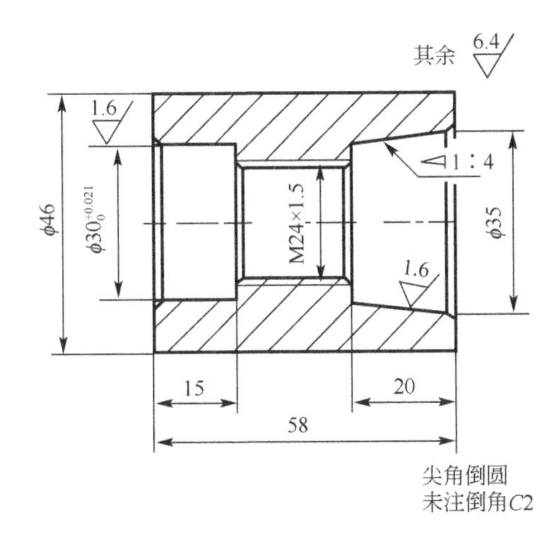

图 4-18　组合件的套（工件 2）

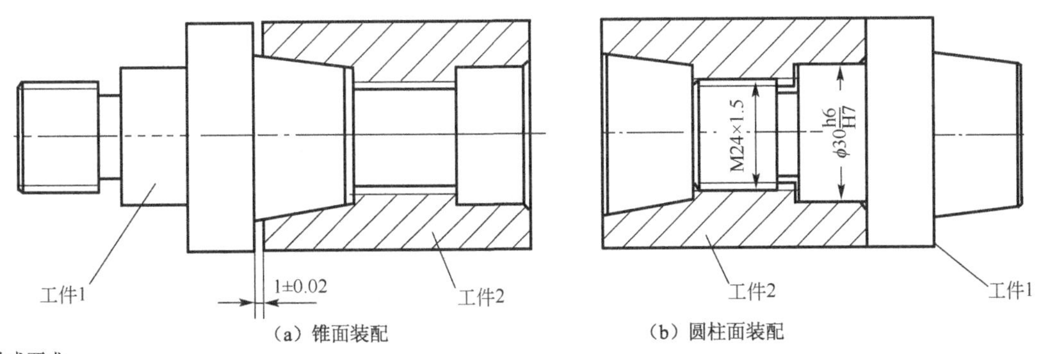

技术要求

注：1. 件 1 对件 2 锥体部分涂色检验，锥面接触面积大于 60%，两件之间的装配间隙为 1±0.02mm。

2. 外锐边及孔口锐边去毛刺。

3. 不允许使用砂布抛光。

图 4-19　组合件装配图

（1）节点数据计算

工件锥面尺寸没直接给出，采用几何计算后：工件2锥孔小径ϕ30mm，工件2锥面外圆小径ϕ30.25mm。

（2）程序原点

加工工件 1 和工件 2 均需两次装夹，每次装夹均以工件装夹后的右端面为工件坐标系原点。

（3）工件2车削步骤

装夹1：三爪卡盘夹ϕ50mm圆钢，圆钢伸出70mm。

① 用尾座装夹钻头，手动钻孔ϕ20×65mm。

（以下为数控程序包含的加工内容。）

② 换外圆车刀，光端面，车ϕ46×60mm外圆。

③ 换内孔车刀，车孔ϕ30×15mm，螺纹底孔，并倒角。

④ 换内螺纹车刀，车M24螺纹孔。

⑤ 换切断刀，切断，保证长度尺寸 59mm（留端面余量1mm）。

装夹2：掉头卡ϕ46mm外圆。

⑥ 换外圆车刀，车端面。

⑦ 换内孔车刀，车锥孔面，倒角。

（4）工件1车削步骤

装夹1：采用三爪卡盘夹ϕ50mm圆钢，圆钢伸出85mm。

① 换外圆车刀，光端面，车外圆。

② 换槽刀，车槽。

③ 换螺纹车刀，车M24螺纹。

④ 换切断刀，圆钢切断

装夹2：掉头卡ϕ46mm外圆。

⑤ 换外圆车刀，车端面、锥面、倒角。

4.5.2 刀具选择

具体如表4-5所示。

表4-5 刀具卡

刀号	刀尖位置	刀具名称	刀具型号	刀尖圆弧	刀补号	加工部位
T01	3	外圆车刀	MDJNR2020K11	0.4	D1	外圆、端面
T02	2	内孔车刀	S20S-SCFCR09	0.4	D1	孔
T03	3	切断刀	QA2020R04	0.2	D1	槽、切断
T04	6	内螺纹车刀	SNR0012K11D-16	0.4	D1	M24×1.5螺纹孔
T05	8	螺纹车刀	SER2020K16T	0.4	D1	M24×1.5外螺纹

4.5.3 数控加工工序卡

工件2和工件1工序卡如表4-6和表4-7所示。

表 4-6　工件 2 工序卡

工步号		工步内容	刀具	切削用量		
				背吃刀量/mm	主轴转速/(r/min)	进给速度/(mm/r)
装夹 1	1	夹ϕ50mm 圆钢，伸出 85mm，钻孔ϕ20，深 65	钻头ϕ20		600	0.2
	2	换外圆车刀，光端面，车ϕ46×60 外圆	T01	1	600	0.2
	3	车锥孔，倒角	T02		600	0.1
	4	切断，保证总长 59	T03	1	500	0.1
装夹 2	5	掉头夹ϕ46 外圆 车端面，保证尺寸 58	T01	0.3	800	0.2
	6	车孔ϕ30×15，ϕ22.5，倒角	T02		600	0.1
	7	换内螺纹车刀，车 M24 螺纹孔	T04		500	

表 4-7　工件 1 工序卡

工步号		工步内容	刀具	切削用量		
				背吃刀量/mm	主轴转速/(r/min)	进给速度/(mm/r)
装夹 1	1	夹ϕ50mm 圆钢，伸出 85mm， 换外圆车刀，光端面，车外圆	T01		600	0.2
	2	车槽	T03	1	500	0.1
	3	换螺纹车刀，车 M24 螺纹	T05		500	
	4	切断	T03	1	500	0.1
装夹 2	5	掉头卡ϕ46mm 外圆 换外圆车刀，车端面、锥面、倒角	T01	3	600	0.2

4.5.4　工件 2 加工程序

（1）装夹 1 程序

夹圆钢ϕ50 外圆，伸出长度 75mm。车外圆、锥孔、螺纹底孔。

```
(装夹 1 程序)                      解释
ABC-201                            ; 程序名，工件 2 的装夹 1 程序
G90 G95 G40 G71 G00
LIMS=3500                          ; 主轴转速上限 3500r/min
F0.2                               ; 进给率 0.2mm/r
                                   ; (车削外圆及端面程序)
G00X200 Z300                       ; 定位于换刀点
T01 D1                             ; 换 01 号车刀
G00 X52 Z0                         ; 定位于切端面始点
G01X0 F0.1                         ; 切端面
G00Z10                             ; Z 向退刀
G00 X50 Z5                         ; 定位到车外圆始点(50.5, 5),
N10 L423 P3                        ; 调子程序，执行 3 次，由尺寸φ50mm 到φ46.0mm
G00X200 Z300.;                     ; 定位于换刀点
M01                                ; 程序暂停，用于换刀
                                   ; (车削锥孔，粗车螺纹底孔)
T02 D1                             ; 换车孔刀 T02 D1
F0.1                               ; 进给率 0.1mm/r
```

```
G00X16 Z5                                  ; 定位到车孔循环起点
CYCLE95( “ CBDN21:CBDN21_E ” ,1.5,0.2,; 轮廓粗切削。最大进刀深度为 1.5mm,纵向轴精
0.1, ,0.5, 0.3, 0.2,11, , ,)               ; 加工余量 0.1mm，横向轴精加工余量 0.1mm,
                                           ; 粗加工的进给率为 0.5mm/r,底切插入进给率
                                           ; 0.3mm/r,精加工进给率 0.2mm/r,沿 Z 轴正方
                                           ; 向进刀,进行完整加工
G00 Z300                                   ; Z 向退刀
X200                                       ; 回到换刀点
M01                                        ; 选择停
                                           ; (切断程序)
T3 D1                                      ; 换切断刀，开始切断
G96 S200 M03 M08                           ; 刀具恒切削速度为 200m/min
N340 G00 X50 Z10                           ; 定位到循环始点
N350 CYCLE92(40, -50, 6, -1, 0.2, , 200, 2500,; 切断循环。切断始点(X46, Z-70)，减少速度
3, 0.2, 0.08, 500, 0, 0, 1, 0, 10000)      ; 的深度(直径 )为 6mm，最终深度-1mm,恒定切
                                           ; 削速度 200mm/min，恒定切削速度下最大转速
                                           ; 2500r/min，主轴旋转方向为 M3，到达转速速
                                           ; 度时的深度进给率为 0.2mm/min，降低的进给
                                           ; 率(直至最终深度)为 0.08mm/min，降低的转
                                           ; 速(直至最终深度)500r/min，加工方式为退回
                                           ; 基准面，切断时零件根部是倒圆
N360 G00 G40 X200 Z300                     ; 到换刀点，取消刀具半径补偿
M30                                        ; 程序结束
CBDN21:                                    ; 轮廓开始段
G18 G90 DIAMON                             ; 选择 ZX 平面
G00 G41X35.0 Z2.0                          ; 建立刀尖圆弧半径补偿
G01 Z0                                     ; 定位
X30 Z-20                                   ; 车锥面
X24                                        ; 车台阶面
X22 Z-21                                   ; 倒角
Z-45                                       ; 粗车螺纹底孔
X16                                        ; X 向退刀
G40 Z2                                     ; 取消刀具半径补偿
CBDN21_E:                                  ; 轮廓结束段
L423                                       ; 子程序 L423
G1 X=IC(-2)
G90 Z-65
G0 X=IC(0.5)
Z5
RET                                        ; 子程序结束，返回到主程序
```

（2）装夹 2 程序

调头夹ϕ46 外圆，车ϕ30 圆孔、M24 内螺纹。

```
(装夹 2 程序)
ABC-202                          ; 程序名，工件 2 的装夹 2 程序
G00 G90 G95 G40 G71
LIMS=3500                        ; 主轴转速上限 3500r/min
F0.1                             ; 进给率 0.2mm/r
                                 ; (车端面程序)
G00X200 Z300                     ; 回换刀点
T1 D1                            ; 换 T01 外圆车刀
```

```
G00 X52 Z0                                   ; 平端面起点
G01 X-1                                      ; 平端面（保证总长 58mm）
G00X200 Z200                                 ; 回换刀点
                                             ;（车孔程序）
T02 D1                                       ; 换车孔刀 T02
G00 X16 Z2                                   ; 定位到车孔循环起点
CYCLE95( " CBDN22:CBDN22_E " ,1.5,0.2,; 轮廓粗切削。最大进刀深度为 1.5mm,纵向轴精加工
0.1, ,0.5, 0.3, 0.2,11, , ,)                 ; 余量 0.1mm，横向轴精加工余量 0.1mm,粗加工的进
                                             ; 给率为 0.5mm/r,底切插入进给率 0.3mm/r,精加工
                                             ; 进给率 0.2mm/r,沿 Z 轴正方向进刀,进行完整加工
G00X200 Z300                                 ; 到换刀点
M1                                           ; 程序暂停，换刀
                                             ;（车内螺纹程序）
T4 D1                                        ; 换螺纹刀，开始车螺纹
G95 S150 M03 M08                             ; G95：主轴进给率，单位为 mm/r
G00 X20 Z10.0                                ; 定位车螺纹始点
CYCLE99(-15, 22.5, -39, 22.5, 3, 0, 1.29,; 车内螺纹循环。螺纹尺寸 1.5mm，Z 轴方向螺纹起点
0.01, 29, 0, 8, 2, 1.5, 300102, 1, , ; →终点为-15 →-39，起始点/ 终点的螺纹直径均
0,0,0,0,0,0,0,1, , , , 0 )                   为
                                             ; 22.5mm，导入距离 3mm，收尾距离 0mm，螺纹深度
                                             ; 1.29mm，精加工余量 0.01mm，进给角度 29°，首个
                                             ; 螺纹线起始点偏移 0mm，粗加工切削 8 次，空走刀切削
G00Z300                                      ; 2 次，螺纹线数量为 1（注：300102 为车内螺纹）
X200                                         ; Z 向退刀
M30                                          ; 回换刀点
CBDN2:                                       ; 程序结束
N30 G00 X34 Z1                               ; 精车轨迹开始段
G01X30 Z-1                                   ; 定位到车孔始点
Z-15                                         ; 孔口倒角
X22.5                                        ; 车φ30 孔
Z-45                                         ; 车台阶
X16                                          ; 精车螺纹底孔，尺寸到φ22.5mm
G00X16 Z2                                    ; X 向退刀
CBDN22:CBDN22_E                              ; Z 向退刀
                                             ; 精车轨迹结束段
```

4.5.5 工件 1 加工程序

（1）工件 1 的装夹 1 程序

夹圆钢ϕ50 外圆，伸出长度 80mm。车外圆。

```
(装夹 1 程序)                                解释
ABC-101                                      ; 程序名，工件 1 的装夹 1 程序
G90 G95 G40 G71 G00
LIMS=3500                                    ; 主轴转速上限 3500r/min
F0.2                                         ; 进给率 0.2mm/r
                                             ;（车削外圆及端面程序）
G00X200 Z300                                 ; 定位于换刀点
T01 D1                                       ; 换 01 号车刀
G00 X52 Z0                                   ; 定位于切端面始点
G01X-1 F0.1                                  ; 切端面
```

```
G00Z10                                          ; Z向退刀
G00 X50 Z5                                      ; 定位到车外圆始点(50.5, 5),
CYCLE95( “ DEM11:DEM11_E ” , 2.5,               ; 粗切削轮廓。最大进刀深度为2.5mm,Z轴精加工余
0.2,0.1,0.15, 0.35,0.2,0.15,9, , ,)             ; 量0.2mm, X轴精加工余量0.1mm,轮廓精加工余量
                                                ; 0.15mm, 粗加工进给率0.35mm/r,底切插入进给率
                                                ; 0.2mm/r,沿Z轴负方向进刀,进行完整加工
G00X200 Z300                                    ; 返回换刀点（车退刀槽程序）

T3 D1                                           ; 换槽刀, 开始切槽
G96 S200 M03 M08                                ; 刀具恒切削速度为200m/min
G00 X55.0 Z0.                                   ; 定位
CYCLE93( 24, -23, 5, 2, 0, 0, 0, 1, 1, ,        ; 切槽循环, 切槽起点（X24, Z-23), 槽宽5mm, 深
0,, 0.2, 0.1, 1.5, 0.5, 11, )                   ; 2mm,进刀深度1.5mm,切槽基础处暂停0.5s, 输入
                                                ; 倒角腰长的方式定义倒角(CHR方式)
G00 G40 X200 Z300                               ; 到换刀点, 取消刀具半径补偿
M1                                              ; 选择停（准备换刀)（车螺纹程序）

T5 D1                                           ; 换螺纹刀, 开始车螺纹
G95 S150 M03 M08                                ; G95为主轴进给率, 单位为mm/r
G00 X20 Z10.0                                   ; 定位车螺纹始点
CYCLE99(0, 24, -18, 24, 3, 0, 1.29, 0.01,       ; 车螺纹循环。螺纹尺寸1.5mm, Z轴方向螺纹起点→
29 , 0 , 8 , 2 , 1.5 , 300102 , 1 , ,           ; 终点为0→-18,起始点/终点的螺纹直径均为24mm,
0,0,0,0,0,0,0,1, , , , 0 )                      ; 导入距离3mm, 收尾距离0mm, 螺纹深度1.29mm,
                                                ; 精加工余量0.01mm, 进给角度29°, 首个螺纹线起
                                                ; 始点偏移0mm, 粗加工切削8次, 空走刀切削2次,
                                                ; 螺纹线数量为1（注: 300101为车外螺纹）
G00X200 Z300                                    ; 到换刀点
M1                                              ; 程序暂停, 用于换刀
                                                ; （切断程序）
T3 D1                                           ; 换切断刀, 开始切断
G96 S200 M03 M08                                ; 刀具恒切削速度为200m/min
G00 X50 Z10                                     ; 定位到循环始点
CYCLE92(44, -70, 6, -1, 0.2, , 200, 2500,       ; 切断循环。切断始点(X46, Z-70), 减少速度的深
3, 0.2, 0.08, 500, 0, 0, 1, 0, 10000)           ; 度(直径)为 6mm, 最终深度-1mm, 恒定切削速度
                                                ; 200mm/min,恒定切削速度下最大转速为2500r/min,
                                                ; 主轴旋转方向为M3,到达转速速度时的深度进给率为
                                                ; 0.2mm/min, 降低的进给率(直至最终深度)为
                                                ; 0.08mm/min, 降低的转速(直至最终深度)500r/
                                                ; min, 加工方式为退回基准面, 切断零件根部
                                                ; 是倒圆
G00 X200 Z300                                   ; 到换刀点
M30                                             ; 程序结束

DEM11:                                          ; 轮廓轨迹开始段
G00 G42 X0 Z2                                   ; 建立半径补偿
G01 Z0                                          ; 切入
X20                                             ; 光端面
X24 Z-2                                         ; 倒角
Z-23                                            ; 车外圆尺寸φ24mm
X28                                             ; 车台阶
G03 X30 Z-24 R1                                 ; 尖角倒圆
G01 Z-37                                        ; 车外圆尺寸φ30mm
```

```
X44                                          ；车台阶
G03 X46 Z-38 R1                              ；尖角倒圆
G01 Z-75                                     ；车外圆尺寸φ46mm
G40 X52                                      ；退刀，取消刀具圆弧补偿
DEM11_E                                      ；轮廓结束
```

（2）工件 1 的装夹 2 程序

采用软爪，夹圆钢ϕ46 外圆，伸出长度 25mm。车锥面。

```
(装夹 2 程序)                                 解释
ABC-102                                      ；程序名 ABC-101，工件 1 的装夹 2 程序
G90 G95 G40 G71 G00
LIMS=3500                                    ；主轴转速上限 3500r/min
F0.2                                         ；进给率 0.2mm/r
G00X200.Z300.;                               ；定位于换刀点
T01 D1                                       ；换 01 号车刀
                                             ；(车削外圆及端面程序)
N40 G96 S250 M03 M08                         ；刀具恒切削速度为 250m/min
N50 G00 X50.0 Z0                             ；定位到切削始点
N60 G01 X-2.0 F0.2                           ；粗车端面，进给率为 0.2mm/r
N70 G00 Z2.0                                 ；Z 轴向退刀
N80 X50.0                                    ；X 向退刀，端面车削结束
N85 CYCLE95( "DEM12:DEM12_E", 2.5,           ；粗切削轮廓。最大进刀深度为 2.5mm,Z 轴精加工余
0.2,0.1,0.15, 0.15,0.2,0.15,9, , ,)          ；量 0.2mm，X 轴精加工余量 0.1mm,轮廓精加工余量
                                             ；0.15mm，进给率 0.15mm/r,底切插入进给率
                                             ；0.2mm/r,沿 Z 轴负方向进刀,进行完整加工
G00X200 Z300                                 ；返回换刀点
M30                                          ；程序结束
DEM12:                                       ；轮廓开始段
G00 G42 X0 Z2                                ；定位，建立刀具半径补偿
G01 Z0                                       ；切入
X26.25                                       ；车端面
X30.25 Z-2                                   ；倒角
X35.25 Z-20                                  ；车锥面
X44                                          ；车台阶
G03 X46 Z-21 R1                              ；尖角倒圆
N40 G40 X52                                  ；Z 向退刀，取消刀具圆弧补偿
DEM12_E                                      ；轮廓结束段
```

第5章 西门子（SINUMERIK）系统数控镗铣加工程序编制

5.1 西门子数控系统镗铣加工程序概述

（在学习该章前需阅读本书第1章。）

5.1.1 数控铣床、加工中心机床坐标系

数控机床坐标系是机床的基本坐标系，是其他坐标系和机床内部参考点的出发点。不同数控机床机械零点也不同，因生产厂家而异，通常数控铣床的机械零点定在 X、Y、Z 轴的正向极限位置，如图5-1所示 M 点位置，显然在铣床机床坐标系中表示刀具位置的坐标值都是负值。加工中心的机械零点一般设在机床上的自动换刀的位置。

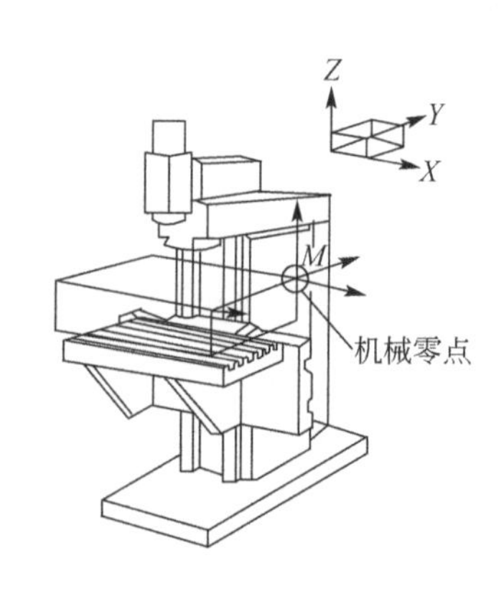

图5-1　数控铣床机械零点（各轴正向行程终点）

机械零点与机床坐标系原点之间有准确的位置关系，机床通过手动回零点建立起机床坐标系，机床坐标系一旦设定就保持不变直到电

源关掉为止。

在采用绝对编码器为检测元件的机床上，由于绝对编码器能够记忆机床零点位置，所以机床开机后即自动建立机床坐标系，不必进行回机床零点操作。

5.1.2 工件坐标系与程序原点

（1）工件坐标系

用机床坐标系编程是很不方便的，通常加工程序依据零件尺寸编制，在零件图样上设定坐标系，称为工件坐标系，编程中的坐标尺寸是工件坐标系的坐标值，工件坐标系也称编程坐标系。

（2）工件坐标系零点

工件坐标系零点也称为程序原点。为便于坐标尺寸计算，有利于保证加工精度，工件零点通常选定在零件的设计基准上。

5.1.3 工件坐标系与机床坐标系的关系

（1）工件零点偏移

数控机床上坐标轴就是机床导轨，装夹工件时须根据机床导轨找正工件方位，使工件坐标轴与机床导轨（坐标轴）方向一致。此时工件坐标系与机床导轨的关系如图 5-2 所示。

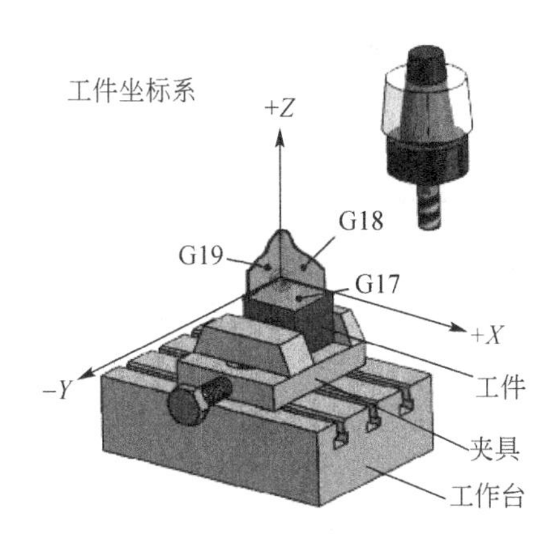

图 5-2 工件坐标系

零点偏移指工件坐标系零点（程序原点）相对机床坐标系零点的距离（有正负符号）。如图 5-3 所示，图中刀具主轴已经回到机床坐标系零点，刀具主轴端点位置就是机床零点。图中标出了工件程序原点相对机床坐标系零点的距离（有正负符号），这一距离称为工件零点偏移。

（2）设定工件零点偏移

数控系统上电后运行的是机床坐标系，加工时需要机床按工件坐标系运行，将工件装夹到机床上确定工件零点偏移值，将偏移值输入到相应的地址中。通过设定的零点偏移指令，机床就可以按工件坐标系运行加工程序了。

设定工件零点偏移指令如下。

```
G54～G59        ；可设定第 1～第 6 个零点偏移
G507～G554      ；第 7～第 54 个可设定的零点偏移
```

```
G500            ；取消可设定的零点偏移，模态指令
G53             ；取消可设定的零点偏移，非模态指令，并抑制可编程的偏移
G153            ；和 G53 一样，另外抑制基本框架
```

上述指令属于同一组的模态码，可以互相取代。

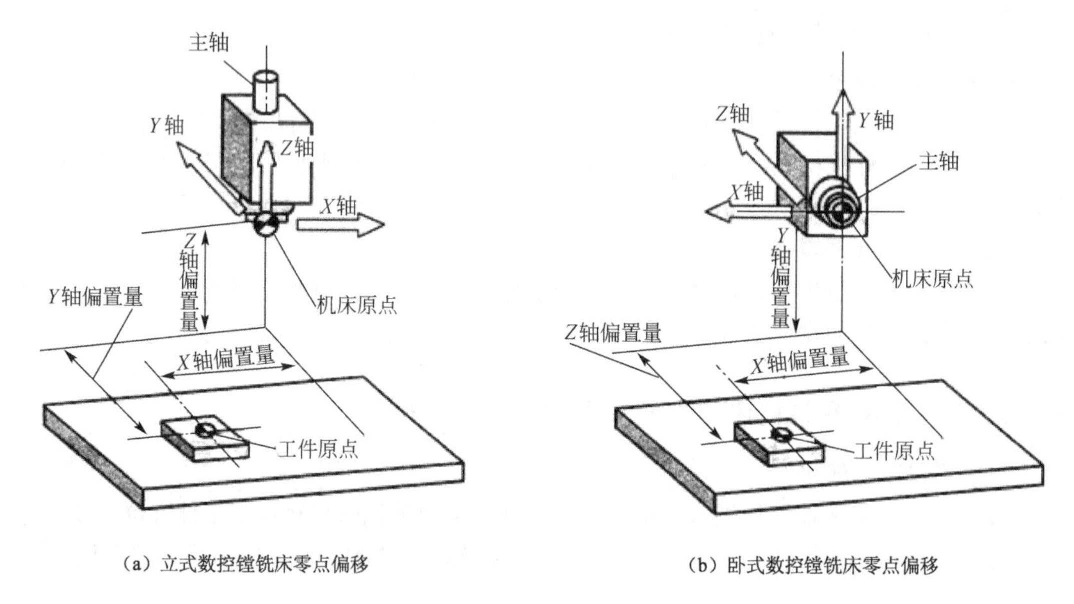

（a）立式数控镗铣床零点偏移　　（b）卧式数控镗铣床零点偏移

图 5-3　机床坐标系与工件坐标系

5.1.4 用 G54～G59 设定工件坐标系

（1）工件零点偏移存储地址 G54～G59

工件零点偏移地址用于存储工件零点偏移数据，如图 5-4 屏显画面所示，图中 G54～G59 可存储 6 个工件零点的偏移数据，用于建立 6 个工件坐标系。表中偏移数据更改操作步骤如下。

① 按下操作面板的（偏置）键，按图 5-4 中的软键“零点偏移”。屏面上显示零点偏移地址如图 5-4 所示。该地址包含零点偏移的基本偏移值和当前生效的比例系数、镜像状态显示以及所有当前生效的零点偏移的和。

② 将光标条定位至需要更改的输入区上（如 G54），并输入数值。

③ 按下（输入）键，确认输入。对零点偏移所做的修改立即生效。

（2）设定工件坐标系指令 G54～G59

G54～G59 是存储地址，也是零点偏移指令，在程序中用指令 G54～G59 激活地址中存储的偏移量，从而设定当前工作的工件坐标系，操作步骤如下。

① 装夹工件，保证工件坐标系坐标轴平行于机床导轨（即机床坐标系坐标轴）。

② 对刀、测量出工件零点偏移数据，并把偏移数据输入到地址 G54～G59。

③ 程序中给出零点偏移指令 G54～G59，则相应的工件坐标系生效。

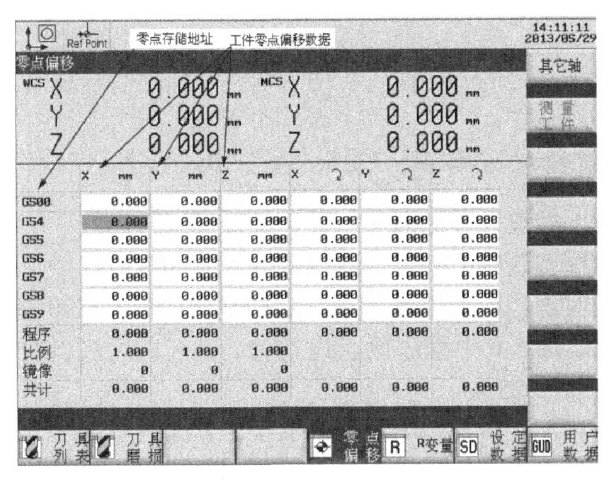

图 5-4　工件零点偏移屏面（零点偏移存储地址）

【例 5-1】 在工作台上装夹三个工件，每个工件设置一个坐标系，如图 5-5 所示。如何设置零点偏移？

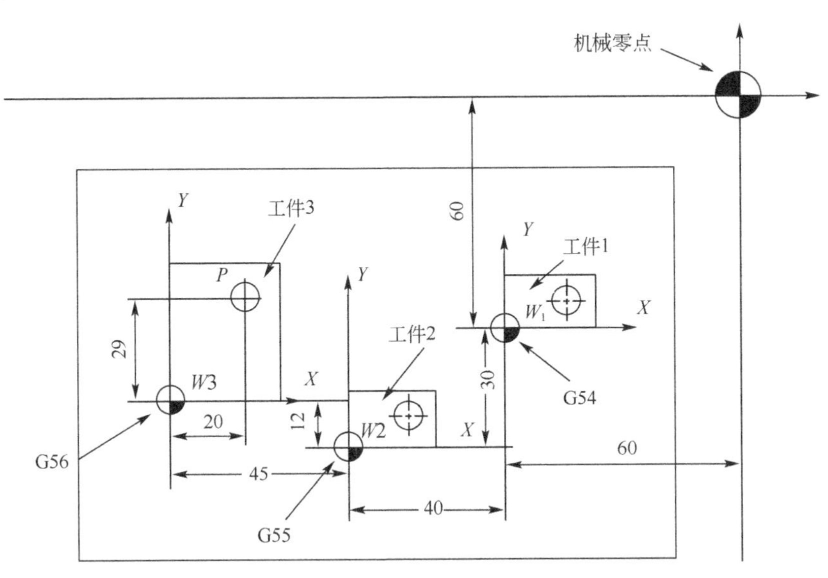

图 5-5　设置三个程序原点

【解】设置零点偏移操作步骤如下。

① 打开零点偏移屏面（图 5-4），在该屏面上设置程序零点偏移。

对零件 1：在零点偏置地址 G54 中，存入零点偏置值 X=60，Y=60，Z=0。

对零件 2：在偏置地址 G55 中，存入零点偏置值 X=100，Y=90，Z=0。

对零件 3：在偏置地址 G56 中，存入零点偏置值 X=145，Y=78，Z=0。

② 在加工程序中通过指令 G54、G55、G56，变换当前工件坐标系，例如：

```
N10 G90 G54            ；设定工件坐标系 1 为当前坐标系（W1 为程序原点）
 ⋮
N100G55                ；设定工件坐标系 2 为当前坐标系（W2 为程序原点）
 ⋮
N200 G56               ；设定工件坐标系 3 为当前坐标系（W3 为程序原点）
G90 G0 X20 Y29         ；定位到工件坐标系 3（由 G56 设定）的 P 点（X20，Y29）位置
```

```
    ⋮
M30
```

5.1.5 绝对尺寸与增量尺寸 G90、G91、AC、IC

（1）绝对尺寸 G90，增量尺寸 G91

表示刀具位置的坐标有两种方法，即绝对尺寸和增量尺寸。

绝对尺寸值是指相对于当前有效坐标系零点的坐标值。用 G90 指定绝对尺寸。程序启动时 G90 对于所有轴有效。图 5-6 中程序原点为 *O* 点，则 *A*、*B*、*C* 点的绝对尺寸分别是 *A*（20，15）、*B*（40，45）、*C*（60，25）。

增量尺寸值也称相对尺寸值，与刀具运动有关，增量尺寸是一个程序段中刀具从前一点运动到下一个点的位移量，即刀具位移的增量，用 G91 指定增量尺寸。在图 5-7 中，采用增量编程，刀具由 *O* 点起运动，走刀路线为 *O*→*A*→*B*→*C*。这时 *A* 点的增量尺寸为（*X*20，*Y*20）；*B* 点的增量尺寸为（*X*20，*Y*30）；*C* 点的增量尺寸为（*X*20，*Y*—20）。

G90 和 G91 属于同一组的模态代码，即代码一经指定就对所有轴一直有效，G91 与 G91 可互相取代。

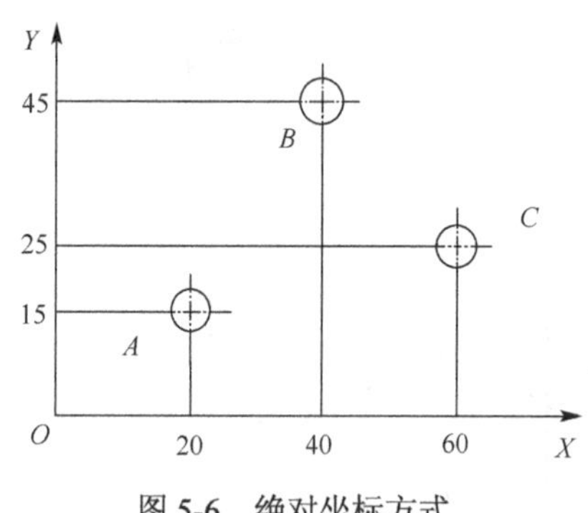

图 5-6　绝对坐标方式

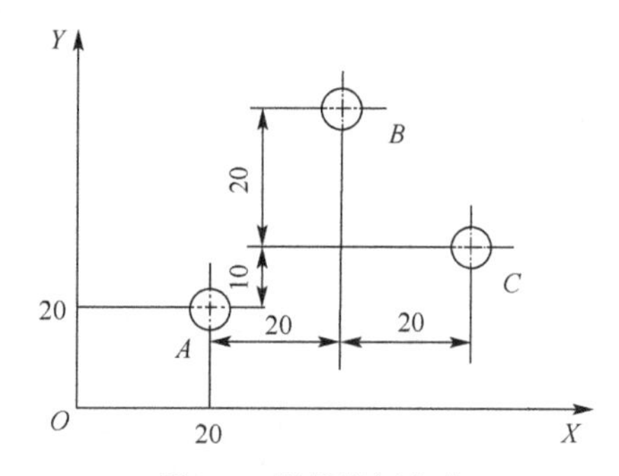

图 5-7　增量坐标方式

（2）某些轴的绝对尺寸“=AC(...)”，某些轴的增量尺寸“=IC(...)”

指令格式如下。在运动坐标轴符号后写入等号。坐标值置于圆括号中。

```
某轴的绝对尺寸：（坐标轴）=AC（值）；非模态指令。
某轴的增量尺寸：（坐标轴）=IC（值）；非模态指令。
```

例如：X=AC(20)；*X* 轴的绝对尺寸 20。

Z=IC（35）；*Z* 轴的增量尺寸 35。

（3）示例

```
N10 G90 X20 Z90        ；绝对尺寸
N20 X75 Z=IC(-32)      ；X 轴保持绝对尺寸、Z 轴为增量尺寸（非模态，只在本程序段有效）
N200 G91 X40 Z20       ；切换到增量尺寸
N210 X-12 Z=AC(17)     ；X 轴仍为增量尺寸，Z 轴为绝对尺寸（非模态，只在本程序段有效）
```

5.1.6 极坐标

西门子系统提供了极坐标功能，即工件点位置可用极坐标指定。使用极坐标需用 G17～G19 激活的极坐标所在平面，如果同时指定垂直于该平面的第三轴，规定为极坐标编程。极坐标由极点、极半径，极角组成，如图 5-8 所示。极坐标程序格式如下。

① 极半径的程序格式：RP=... 。极半径是极点到编程目标点的距离。

② 极角的程序格式：AP=... 。极角是指在平面内极点和编程目标点连线与水平轴的夹角，水平轴即横坐标，例如用 G17 指定平面 ，水平轴是 X 轴。极角有正负角度的规定，正角如图 5-6 所示。

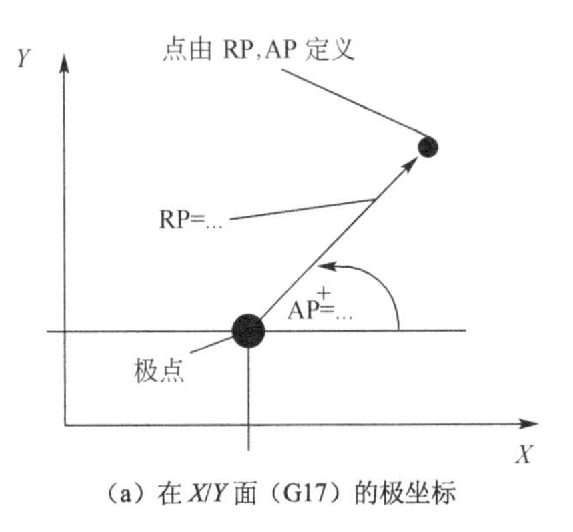

(a) 在 X/Y 面（G17）的极坐标

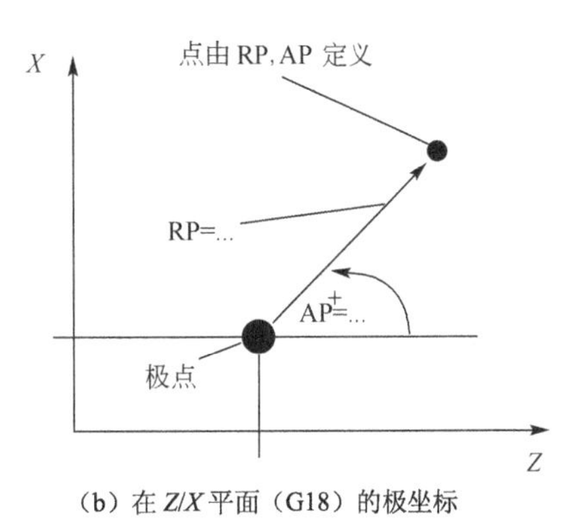

(b) 在 Z/X 平面（G18）的极坐标

图 5-8 极坐标

采用不同坐标系的程序段示例如下。

```
G0 X... Y... Z...       ；直角坐标
G0 AP=... RP=...        ；极坐标
G0 AP=... RP=... Z... ；圆柱坐标（3 维）
```

③ 极点定义 G110, G111, G112。

```
G110  ；极点位置与上次编程的设定位移值相关（在平面上，如用 G17 指定 X/Y 平面）
G111  ；极点位置与当前工件坐标系原点相关（在平面上，如用 G17 指定 X/Y 平面）
G112  ；极点位置与上一个有效极坐标相关
```

编程示例如下。

```
N10 G17                 ；选择 X/Y  平面
N20 G0 X0 Y0
N30 G111 X20 Y10      ；在当前工件坐标系中的极坐标，极点坐标为（X20 Y10）
N40 G1 RP=50 AP=30 F1000
N50 G110 X-10 Y20     ；极点与 N40 段中极坐标相关，极点坐标为（X-10 Y20）
N60 G1 RP=30 AP=45 F1000
N70 G112 X40 Y20      ；新建极，极点与前一有效极相关，极点坐标为（X40 Y20）
N80 G1 RP=30 AP=135 ；极坐标
M30
```

5.2 镗铣刀具位移指令

5.2.1 快速定位指令 G0（模态）

G0 使刀具从所在点快速移动到目标点。程序中不需要指定快速移动速度，用机床操作面板上的快速移动开关可以调整快速倍率，倍率值为 F0%、25%、50%、100%。

G0 指令可以准确控制刀具到达指定点的定位精度，但不控制刀具移动中轨迹，在程序中用于使刀具定位，程序格式为

G0X__Y__Z__

程序段中 *X__Y__Z__* 为目标点坐标。可用绝对坐标方式，也可用增量坐标方式。以绝对值指令编程时 *X__Y__Z__* 是刀具终点的坐标值；以增量值指令编程时，*X*、*Y*、*Z* 是刀具在相应坐标轴上的移动的距离。

图 5-9 中，指令刀具由 *A* 点快速移动定位到 *B* 点，程序如下。

```
G90 G0 X100 Y100     ；(绝对坐标编程，A→B)
G91 G0 X80 Y80       ；(增量坐标编程，A→B)
```

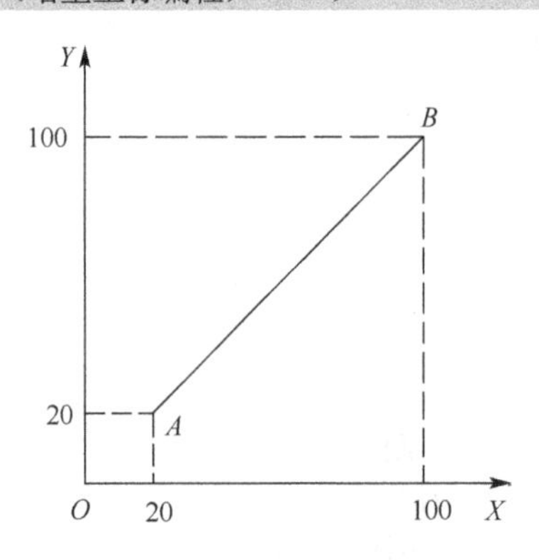

图 5-9　*A*、*B* 点坐标值

5.2.2　直线插补指令 G1（模态）

（1）直线插补 G1 指令

G1 指令是使刀具以 F 指定的进给速度，沿直线移动到指定的位置。一般用于切削加工。指令中的两个坐标轴（或三个坐标轴）以联动的方式，按 F 指定的进给速度，运动到目标点，切削出任意斜率的直线，程序段格式为

```
G1 X__Y__Z__F__;
```

程序段中“X__Y__Z__”：为绝对值指令时是终点的坐标值，为增量值指令时是刀具移动的距离。

“F_”：为刀具在直线运动轨迹上的进给率(进给速度)，铣床默认 G94，单位是 mm/min。

【例 5-2】 直线切削，如图 5-9 所示，刀具从起点 *O* 快速定位于 *A*，然后沿 *AB* 切削至 *B*，程序如下。

绝对坐标方式编程如下。

```
G54 G90 G0 X20 Y20 S800 M03     ；绝对值编程，从 O 快速定位于 A
G1 X100 Y100 F150               ；沿 AB 切削至 B
```

增量坐标方式编程如下。

```
G91 G0 X20 Y20                  ；增量编程，从 O 快速定位于 A
G1 X80 Y80 F150                 ；沿 AB 切削至 B
```

（2）三坐标轴的线性插补切削编程举例，加工窄槽

【例 5-3】 工件材料为 Q235，毛坯尺寸为 75mm×60mm×15mm，加工如图 5-10 所示槽（槽宽 10mm）。

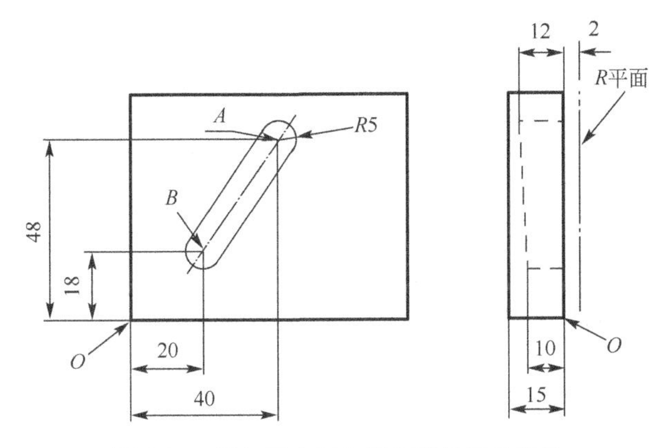

图 5-10　槽加工中三个坐标轴的线性插补

① 加工方案简述如下。

a. 工件坐标系原点。编写程序前需要根据工件的情况选择工件原点，为便于编程尺寸的计算，工件编程原点一般选择在工件的设计基准，如图 5-10 所示槽位置的设计基准在工件左下角，所以工件原点定在毛坯左下角的上表面，图 5-10 中的 *O* 点。

b. 工件装夹。采用平口虎钳装夹工件。

c. 刀具选择。采用ϕ10 的中心切削立铣刀，刀具能够径向切削和轴向钻削。

立铣刀也称为圆柱铣刀，每个刀齿的主切削刃分布在圆柱面上，加工侧面；副切削刃分布在端面上，加工与侧面垂直的底平面。立铣刀的主切削刃和副切削刃可以同时进行切削，也可以分别单独进行切削。

立铣刀端面刃有两种，一种是端部有过中心的切削刃，可以用于钻入式切削，即本身可以钻孔，因而也被称为中心切削立铣刀，如图 5-11 所示。另一种立铣刀端部有中心孔，不能钻削孔，如图 5-12 所示。

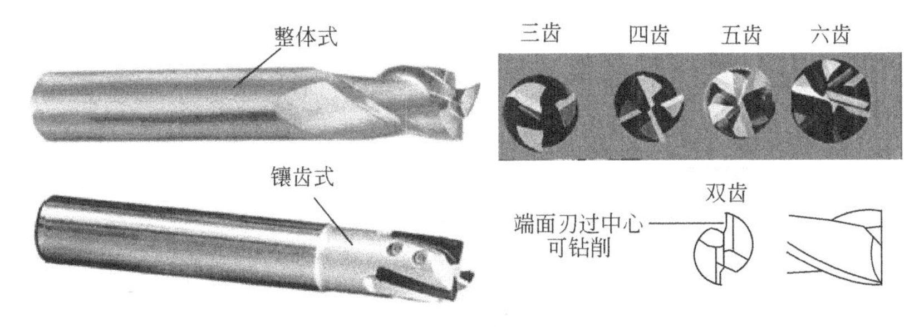

图 5-11　中心切削立铣刀（刀端部有过中心的切削刃）

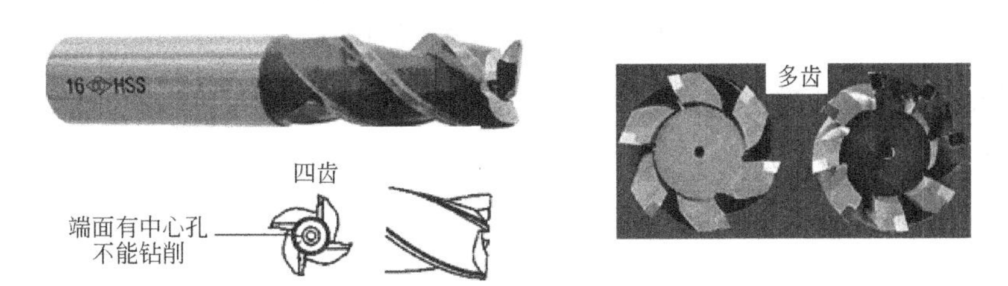

图 5-12　刀端面有中心孔的立铣刀（不能钻削）

② 加工程序。

程序	解释
N01 G55 G90 S500 M3	；建立工件坐标系。主轴正旋，转速 500mm/min
N05 G0 G90 X40 Y48 Z2	；刀具定位到 *P*1 点上方，*R* 平面处，三个轴同时移动
N10 G1 Z-12 F100	；*Z* 向下刀切削，到 *Z*=-12mm，进给速度 100mm/min
N15 X20 Y18 Z-10	；刀具以三个坐标轴的直线插补切削
N20 G1 Z2	；*Z* 向主轴抬刀，到 *R* 平面处（*Z*=2mm）
N25 G0 X0 Y0 Z100	；回到刀具起点
N30 M2	；程序结束

5.2.3 圆弧插补 G2/G3（模态）

（1）顺圆弧插补指令 G02、逆圆弧插补指令 G03

刀具切削圆弧表面，用圆弧插补指令 G02、G03，其中 G02 为顺时针方向圆弧插补，G03 为逆时针方向圆弧插补。圆弧的顺、逆方向的判别方法是：在直角坐标系中，朝着垂直于圆弧平面坐标轴的负方向看，刀具沿顺时针方向进给运动为 G02，沿逆时针方向圆弧运动为 G03，如图 5-13 所示。

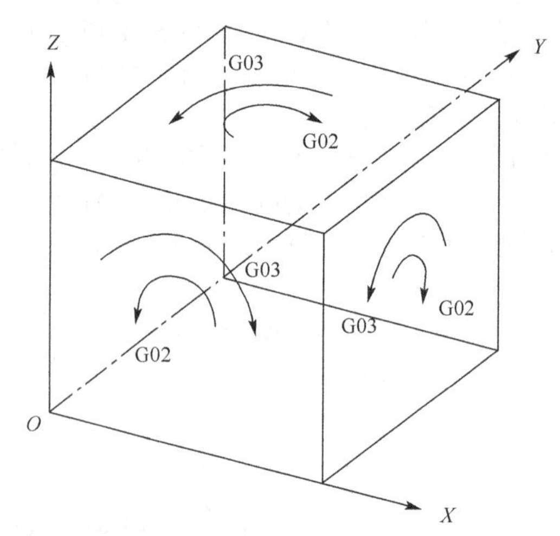

图 5-13 圆弧插补的顺、逆方向的判别

圆弧插补程序段格式如下。

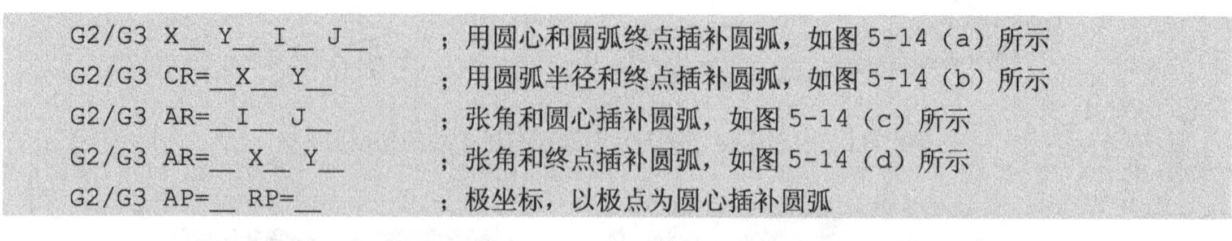

G2/G3 X__ Y__ I__ J__	；用圆心和圆弧终点插补圆弧，如图 5-14（a）所示
G2/G3 CR=__X__ Y__	；用圆弧半径和终点插补圆弧，如图 5-14（b）所示
G2/G3 AR=__I__ J__	；张角和圆心插补圆弧，如图 5-14（c）所示
G2/G3 AR=__ X__ Y__	；张角和终点插补圆弧，如图 5-14（d）所示
G2/G3 AP=__ RP=__	；极坐标，以极点为圆心插补圆弧

（2）圆心和圆弧终点插补圆弧

程序段格式如下。

在 *XY* 平面上的圆弧： G17 $\left\{\begin{matrix}G02\\G03\end{matrix}\right\}$ X__Y__I__J__F__

在 *ZX* 平面上的圆弧： G18 $\left\{\begin{matrix}G02\\G03\end{matrix}\right\}$ X__Z__I__K__F__

在 YZ 平面上的圆弧：　G19 $\begin{Bmatrix}G02\\G03\end{Bmatrix}$ Y__Z__J__K__F__

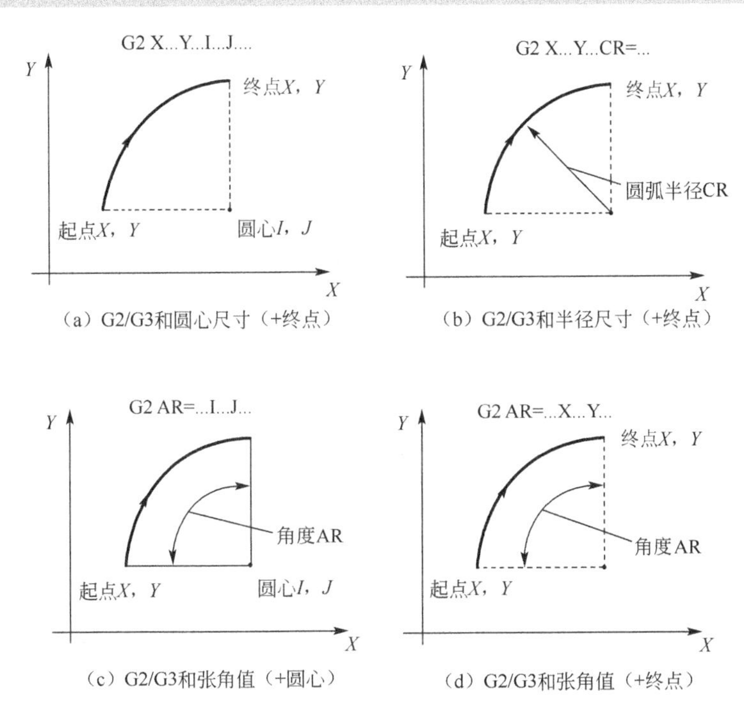

（a）G2/G3和圆心尺寸（+终点）　（b）G2/G3和半径尺寸（+终点）

（c）G2/G3和张角值（+圆心）　（d）G2/G3和张角值（+终点）

图 5-14　用 G2/G3 进行圆弧编程的方法（图例为在 XY 平面的 G2）

圆弧插补程序段中 G17、G18、G19 确定被加工圆弧面所在平面。地址 X、Y、Z 指出圆弧终点，用 G90 绝对值编程时，X、Y、Z 是终点绝对坐标值。用 G91 增量坐标编程时，X、Y、Z 是圆弧起点到圆弧终点的距离（增量值）。圆心坐标以圆弧起点为基准，用 I、J、K 给定圆心相对圆弧起点坐标，注意圆心在圆弧起点负向为负值（例如图 5-15 中的 J 值）。

示例：如图 5-15 所示，程序原点在 O，刀具位于圆弧起点（40，20），圆弧终点（20，40），写出插补圆弧段轨迹的程序。

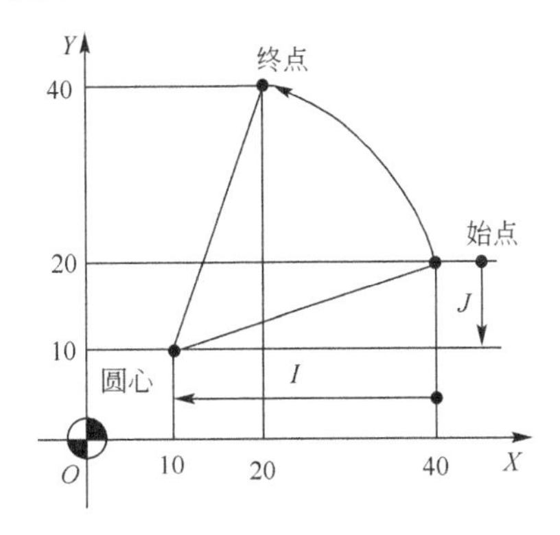

图 5-15　圆心和圆弧终点插补圆弧

① 绝对值编程（G90）时：

```
G17 G90 G03 X20 Y40 I-30 J-10 F100
```

② 增量值编程（G91）时：

```
G17 G91 G03 X-20 Y20 I-30 J-10 F100
```

（3）使用圆弧终点和半径插补圆弧

在 *XY* 面用圆弧半径和终点插补圆弧程序段格式：

```
G2/G3 CR=__X__ Y__
```

如图 5-16 所示，采用半径插补顺时针圆弧 *AB*。CR 用于给定圆弧半径，在起点 *A* 和终点 *B* 之间相同半径的圆弧有两个，一个是圆心角小于 180° 的圆弧①，另一个是圆心角大于 180° 的圆弧②，为区分这种情况，程序格式规定，当从圆弧起点到终点所移动的角度小于 180° 时，半径 *R* 用正值；圆弧超过 180° 时，半径 *R* 用负值，圆弧角正好等于 180° 时，*R* 取正、负值均可。

示例：如图 5-16 所示，刀具定位与 *A* 点，写出插补圆弧 *AB* 的程序段。

```
G91 G2 X60 Y20 CR=50        ；插补圆弧 A①B，圆心角小于 180° （R 为正值）
G91 G2 X60 Y20 CR=-50       ；插补圆弧 A②B，圆心角大于 180° （R 为负值）
```

插补整圆轨迹不能使用 CR 地址，只能用 I、J、K 地址。当插补接近 180° 中心角的圆弧时，计算圆心坐标可能包含误差，在这种情况下应该用 I、J 和 K 指令插补圆弧。

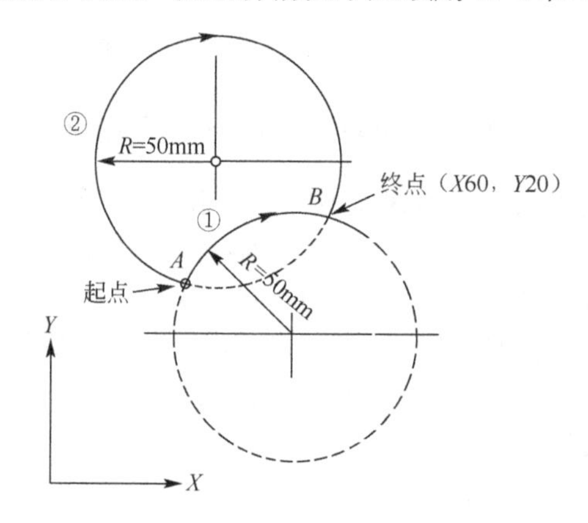

图 5-16　CR 取正、负值的规定

【例 5-4】 图 5-17 刀具位于起点，编写图中从起点到终点运动轨迹的程序。

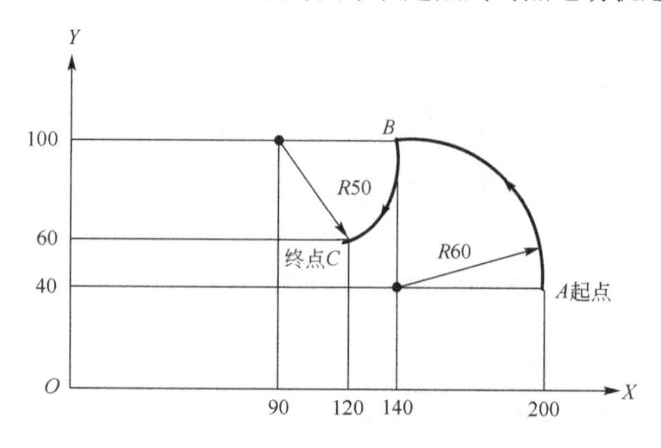

图 5-17　刀具中心轨迹编程

绝对值编程，使用地址 R。

```
N10 G90 G0 X200 Y40 Z0            ；刀具定位于 A 点
N20 G3 X140 Y100 R60 F300         ；切削圆弧 AB（逆圆插补）
N30 G02 X120 Y60 R50              ；切削圆弧 BC（顺圆插补）
```

绝对值编程，使用地址 *I*、*J*、*K*。

```
N10 G90 G0 X200 Y40 Z0            ；刀具位于 A 点
N20 G3 X140 Y100 I-60 F300        ；切削圆弧 AB（逆圆插补）
N30 G02 X120 Y60 I-50             ；切削圆弧 BC（顺圆插补）
```

（4）使用终点和张角插补圆弧

在 *XY* 面终点和张角插补圆弧的程序格式：G2/G3 AR=__ X__ Y__

其中“AR=__”用于给定圆弧的张角，“*X*__*Y*__”用于给定圆弧终点坐标。

如图 5-18 所示，插补圆弧 *AB* 的程序如下。

```
N5 G90 X30 Y40                    ；定位到的圆弧起点 A
N10 G2 X50 Y40 AR=105             ；终点和张角插补圆弧
```

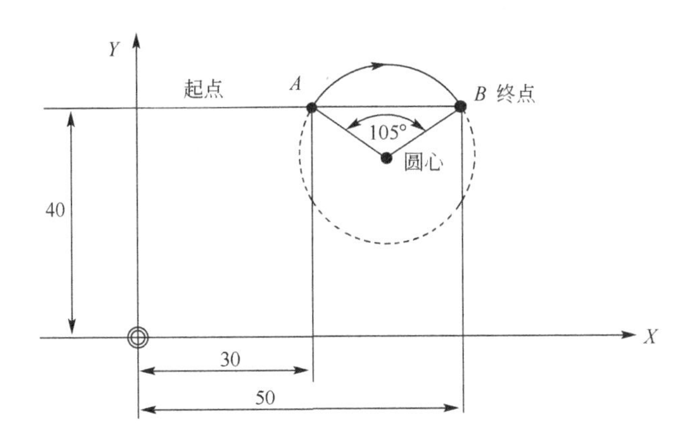

图 5-18 终点和张角插补圆弧 *AB*

（5）圆心和张角插补圆弧

在 *XY* 面用张角和圆心插补圆弧程序格式：G2/G3 AR=__I__ J__

其中，“AR=__”给定圆弧的张角，“*I*__*J*__”给定圆心相对圆弧起点的相对坐标。

如图 5-19 所示，插补圆弧 *AB* 的程序如下。

```
N5 G90 X30 Y40              ；定位到圆弧起点
N10 G2 I10 J-7 AR=105       ；圆心和张角插补圆弧
```

（6）采用极坐标插补圆弧

在 *XY* 面采用极坐标插补圆弧程序格式：G2/G3 AP=__ RP=__

极坐标中以极点为圆心插补圆弧，其中“AP=”是终点的极角，“RP=”是极半径。

如图 5-20 所示，插补圆弧 *AB* 的程序如下。

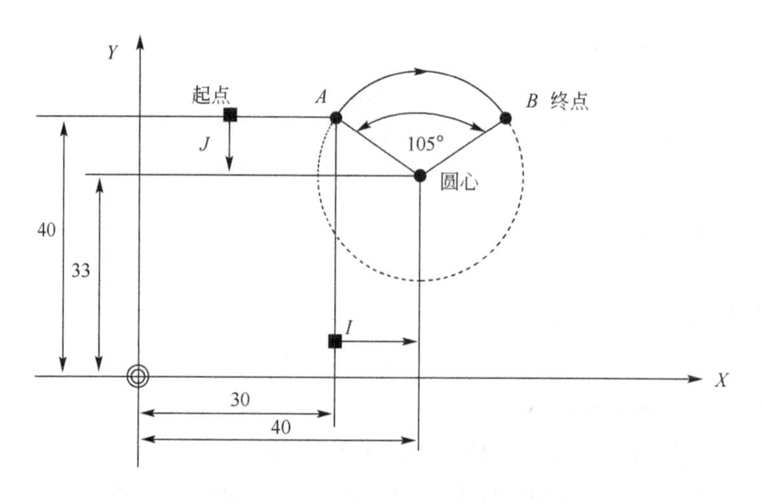

图 5-19　张角和圆心插补圆弧 *AB*

```
N1 G17                      ; 选 XY 平面
N5 G90 G0 X30 Y40           ; 定位于 AB 的圆弧起点
N10 G111 X40 Y33            ; 极点位置(X40,Y33),为圆弧圆心
N20 G2 RP=12.207 AP=21      ; 极坐标，圆弧极半径 12.207mm，终点极角 21°
```

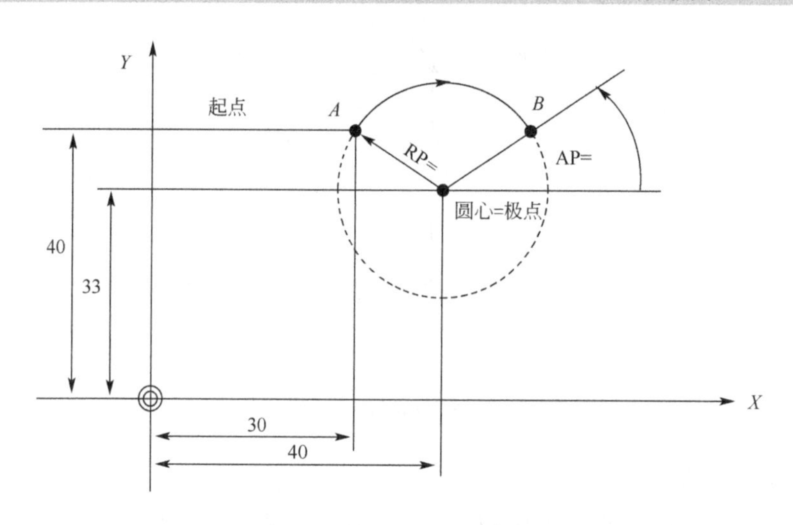

图 5-20　极坐标插补圆弧 *AB*

5.2.4　切线过渡圆弧 CT

在平面 G17 到 G19 中，可使用地址 CT 和圆弧终点坐标编程该平面中与前一轨迹（圆弧或直线）相切的圆弧，无需指定该圆弧的半径和圆心，程序格式为

```
CT X__ Y__        ; 其中“X__ Y__”为圆弧终点坐标
```

如图 5-21 所示，编程与前直线轨迹相切圆弧的程序如下。

```
N10 G1 X20 F300       ; 直线
N20 CT X__ Y__        ; 切线过渡圆弧
```

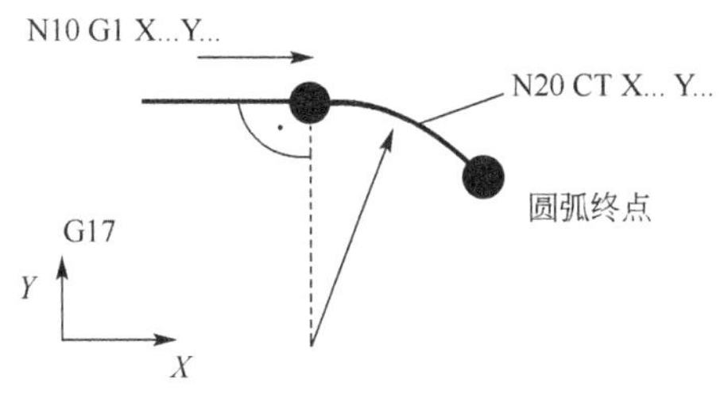

图 5-21　切线过渡圆弧

5.2.5　螺旋线插补 G2/G3 TURN

螺旋线插补尤其适用于铣削螺纹或者在圆柱上铣削润滑槽。螺旋线插补叠加了两种运动：平面 G17/G18/G19 中的圆弧运动和与该平面垂直轴上的直线运动。“TURN= ” 用于指定整圆运行的次数。螺旋线插补程序格式如下。

```
G2/G3 X__ Y__ I__ J__ TURN=__          ；圆心和终点
G2/G3 CR=__ X__ Y__ TURN=__            ；圆弧半径和终点
G2/G3 AR=__ I__ J__ TURN=__            ；张角和圆心
G2/G3 AR=__ X__ Y__ TURN=__            ；张角和终点
G2/G3 AP=__ RP=__ TURN=__              ；极坐标，以极点为圆心的圆弧
```

程序示例如下。

```
N10 G17                                ；XY平面，Z轴垂直于该平面
N20 G0 Z50
N30 G1 X0 Y50 F300                     ；定位到起始点
N40 G3 X0 Y0 Z33 I0 J-25 TURN= 3       ；螺旋线
M30
```

5.2.6　倒圆、倒角

在轮廓角中加入倒角（CHF 或 CHR）或倒圆（RND）。如果对若干轮廓拐角连续进行倒圆，使用“模态倒圆”（RNDM）命令，编程格式如下。

```
CHF=__        ；插入倒角，数值为倒角底长，如图 5-22 所示
CHR=__        ；插入倒角，数值为倒角腰长，如图 5-23 所示
RND=__        ；插入倒圆，数值为倒圆半径
RNDM=__       ；模态倒圆：值 >0 时为倒圆半径，开始模态倒圆功能，自所有后面的轮廓角中插入
              ；倒圆；值=0 时取消模态倒圆
```

倒角编程示例如下。

```
N5 G17 G94 F300 G0 X100 Y100
N10 G1 X85 CHF=5              ；插入倒角，倒角底长为 5mm
N20 X70 Y70
N30 G0 X60 Y60
N100 G1 X50 CHR=7             ；插入倒角，倒角腰长为 7mm
N110 X40 Y40
M30
```

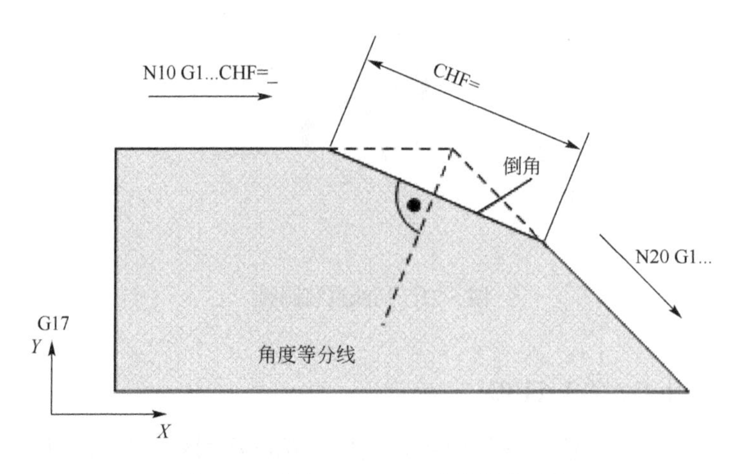

图 5-22　指令 CHF=__，值为倒角底长

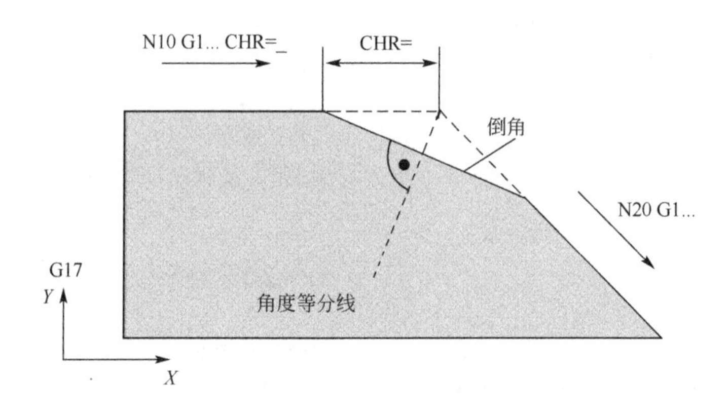

图 5-23　指令 CHR=__，值为倒角腰长

5.2.7　暂停时间 G4

在两个程序段之间插入 G4 单独程序段，使刀具进给运动暂停，或主轴暂停，即加工中断特定的时间，程序格式如下。

```
G4 F__    ；进给暂停，时间单位为 s
G4 S__    ；主轴暂停转数（只有在转速给定值通过 S__ 编程时才生效）
```

指令中的 F、S 字只用于在该程序段中定义时间。在此之前编程的进给率 F 和主轴转速 S 仍然保持有效。

程序示例如下。

```
N5 G1 F200 Z-50 S300 M3        ；进给率 F，主轴转速 S
N10 G4 F2.5                    ；进给暂停，时间 2.5s
N20 Z70
N30 G4 S30          ；主轴暂停 30r，在 S=300r/min 和转速倍率为 100% 时暂停时间 0.1min
N40 X60             ；进给和主轴转速继续生效
M30
```

5.2.8 返回固定点 G75

G75 是刀具逼近机床上的某个固定点，如换刀点。该位置固定保存在机床数据中。每个轴最多可以定义 4 个固定点。固定点不受偏移指令影响。每根轴都以快速移动速度逼近。G75 需要编写在单独的程序段中，并且为程序段方式生效（非模态），编程格式为

```
G75 FP=<n> X1=0 Y1=0 Z1=0
```

其中，G75 表示逼近固定点。

FP=<*n*>表示需要逼近的固定点。固定点编号为<*n*>，<*n*>的取值范围为 1, 2, 3, 4。如果没有给定固定点编号，则自动逼近固定点 1。

*X*1=0，*Y*1=0，*Z*1=0 表示需要运行到固定点的机床轴。“0”为编程的位置值（任意值，此处为 0）没有意义，但必须写入。每根轴以最大轴速度运行。

编程示例如下。

```
N05 G75 FP=1 Z1=0           ；在 Z 轴上逼近固定点 1
N10 G75 FP=2 X1=0 Y1=0      ；在 X 和 Y 上逼近固定点 2，例如进行换刀
N30 M30                     ；程序结束
```

5.2.9 返回参考点指令 G75

什么是参考点？

参考点是机床上的一个固定点，接通机床电源后通过手动回参考点（或称返回零点）在系统中建立机床坐标系。用 G74 在数控程序中执行回参考点运行。每根轴的运行方向和速度保存在机床数据中。G74 需要编写在单独的程序段中，并且为程序段方式生效（模态码）。必须编程机床轴名称。

编程示例如下。

```
N10 G74 X1=0 Y1=0 Z1=0   ；编程的位置值（任意值，此处为 0）没有意义，但必须写入
```

5.3 零件加工程序包含的基本内容

5.3.1 刀具沿 *Z* 轴切入工件

在实际加工中都是有切削深度的，编程时由 *Z* 轴运动指令实现材料深度方向切削。铣削（加工中心）加工零件时，刀具在 *Z* 轴方向相对工件有两个常用位置，这两个位置称为退回平面和安全距离，如图 5-24 所示为钻孔过程中的退回平面和安全距离。

基准面。工件坐标系一般选取工件上表面为基准面，即该平面位置 *Z*=0。

退回平面。在 *Z* 向刀具的起刀和退刀的位置必须离开工件上表面一个安全高度（通常取 20～100mm），以保证刀具在横向运动时，不与工件和夹具发生碰撞，在这一高度上刀尖所在平面称为退回平面。

安全距离。刀具切削工件前的切入距离，一般距工件上表面 1～7mm。刀具从退回平面到安全距离不切削，宜采用快速进给。刀具从安全距离开始采用切削进给切削，直至切到工件最终深度。

【例 5-5】 如图 5-24 所示的钻孔加工，加工分为 5 步。①定位。在退回平面上麻花钻定位在孔上方。②趋近加工表面。从退回平面（*A* 点）快速进给至安全距离（*B* 点）。③切削。从安全距离切削进给至孔底（*C* 点）。④在孔底进给暂停 2s，确保孔底光滑。⑤返回。快速回到退回平面。按绝对方式编程。(用 G54 定工件坐标系，工件上表面设为 *Z*=0。)

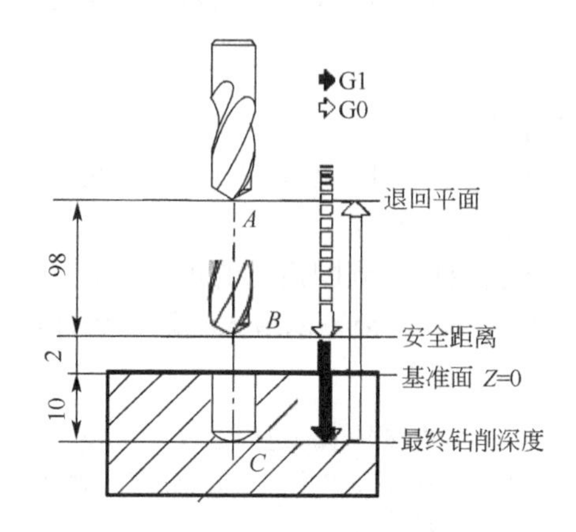

图 5-24 *Z* 轴切削加工中的位置

程序结构示意	程序	解释
程序开头	N05 G54 G90 G0 G17 G71	；程序开头
T,F,S 功能	N10 T1 S500 M03	；确定 T、F、S 功能
几何数据 / 运行	N20 Z100	；刀具快速定位于退回平面
	N30 Z2	；由退回平面快速进给至安全距离，A→B
	N40 G1 Z-10 F100	；由安全距离切削进给到 C 点，进给速度；100mm/min
	N50 G4 F2	；进给暂停 2s，主轴仍旋转，使孔底面表面；光滑
返回换刀	N60 G0 Z100	；快速返回到退回平面，C→A
	N70 M02	；程序停止

【例 5-6】 采用 $\phi 8$ 的中心切削立铣刀，铣削图示宽 8mm、深 5mm 的整圆槽，如图 5-25 所示。

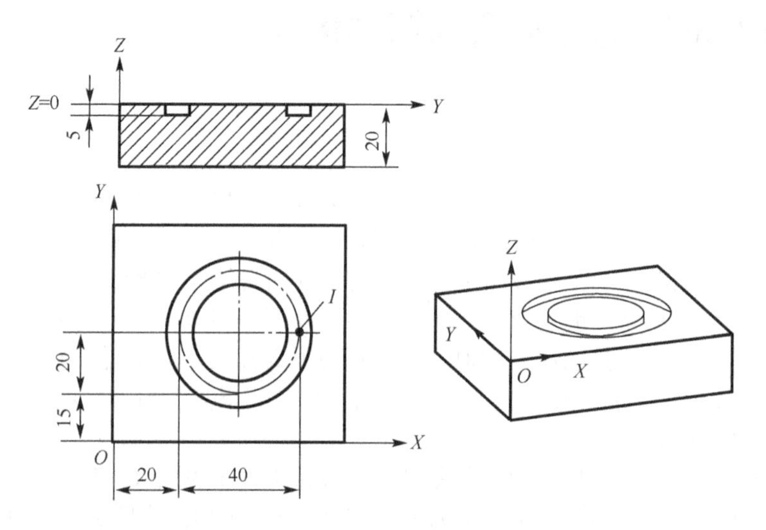

图 5-25 深 5mm 的整圆槽

程序结构	程序	解释
程序开头	N5 G17 G90 G54 G71	；程序开头
T,F,S 功能	N10 S500 M03	；T、F、S 设定
几何数据 / 运行	N15 G0 X0 Y0 Z100	；刀具快速定位于程序始点，启动主轴
	N20 X60.Y35	；在退回平面上，刀具快速到 *I* 点上方
	N30 Z2	；定位到安全距离，切入点
	N40 G1 Z-5 F20	；下切到工件最终深度 *Z*=-5mm
	N50 G4 F2	；进给暂停 2s，以保证槽底部光滑
	N60 G3 I-20	；插补整圆，必须用 I、J、K 地址
	N70 G4 F2	；进给暂停 2s，以保证槽底部光滑
	N80 G1 Z2	；抬刀至安全距离
	N90 G0 Z50	；快速返至退回平面
程序结束	N100 X0Y0 M30	；返回到始点，程序结束

5.3.2 跟我学直线、圆弧切削编程

【例 5-7】 在 45 钢材料上铣削图示宽 10mm、深 5mm 的槽，如图 5-26 所示。

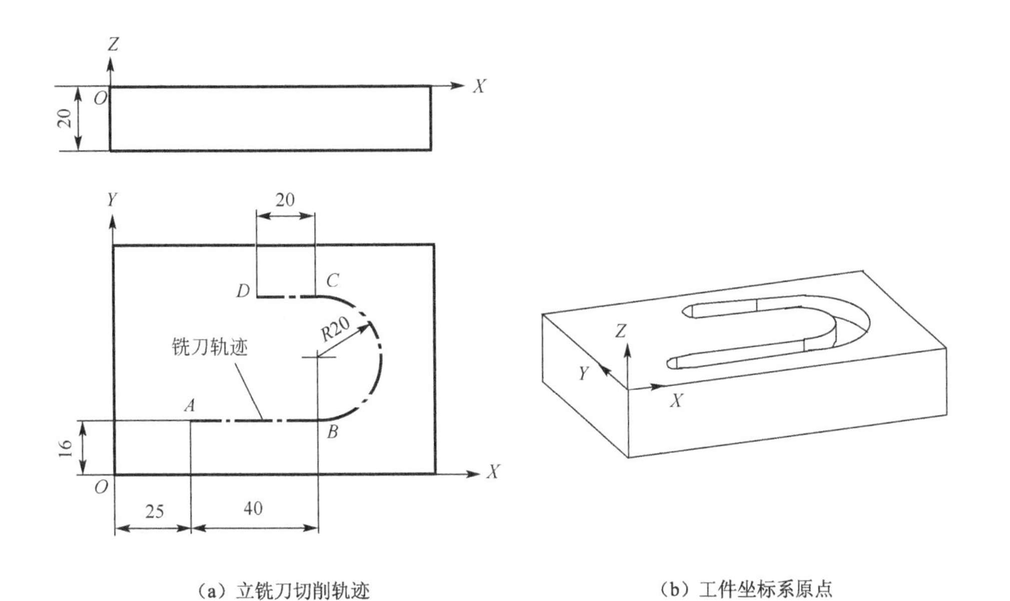

（a）立铣刀切削轨迹　　（b）工件坐标系原点

图 5-26　铣槽工件图

（1）加工方案简述

① 工件坐标系原点。槽位置的设计基准在工件左下角，根据基准重合原则，工件原点定在毛坯左下角的上表面，如图 5-26（b）所示。

② 工件装夹。采用平口虎钳装夹工件。

③ 刀具选择。采用ϕ10 的中心切削立铣刀，刀具能够径向切削和轴向钻削。

④ 立铣刀切削轨迹为 *A*→*B*→*C*→*D*，如图 5-26（a）所示。

（2）加工程序

如表 5-1 所示。

表 5-1　例 5-7 加工程序

程序	解释	图示
TEST27 N5 G54 G90 G40 G94 G17 N10 F100 S500 M3 N15 G0 X0 Y0 Z50	；程序名 ；程序开头，保险程序段 ；设定 T、F、S ；刀具定位于程序始点	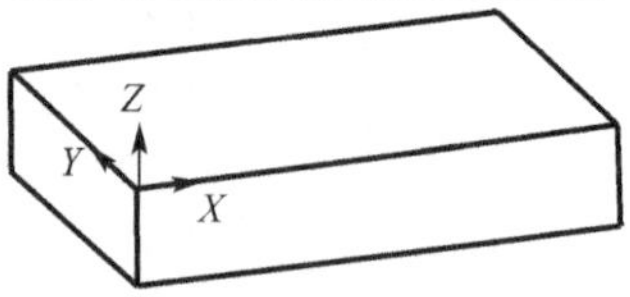
N20 X25 Y16	；刀具在退回平面快速移动到 *A* 点上方	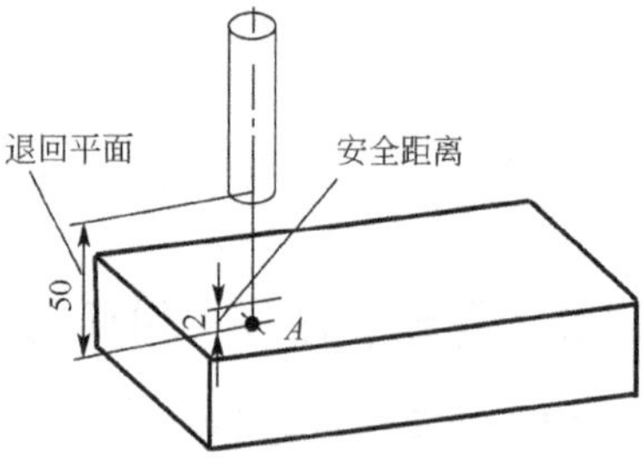
N25 Z2	；刀具快速到安全距离位置	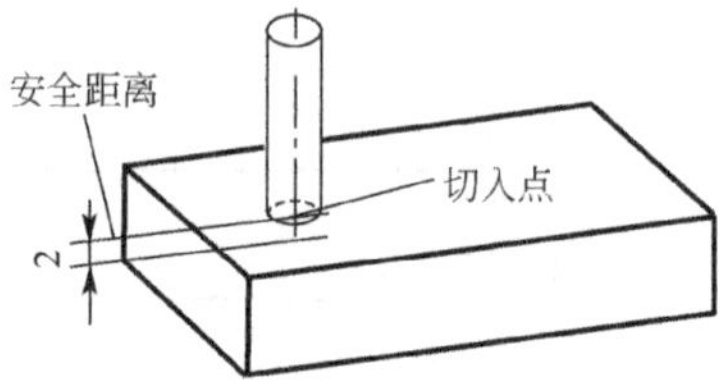
N30 G1 Z-5 N35 G4 F2	；切入，*Z* 向下刀到 *Z*=–5mm，进给 ；速度 100mm/min ；在槽底部暂停进给 2s，确保槽底表 ；面光滑	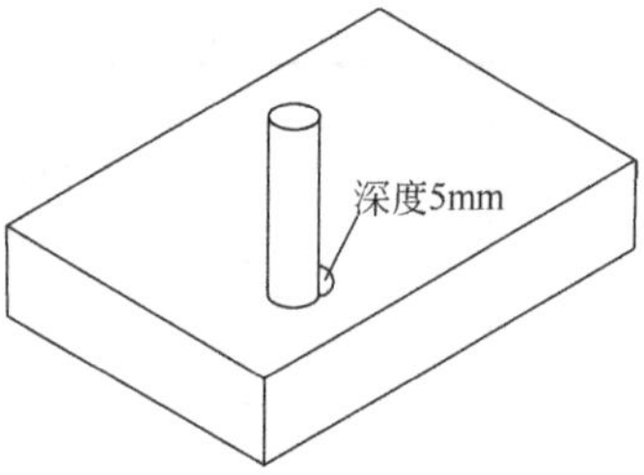
N40 X65	；直线切削，*AB*	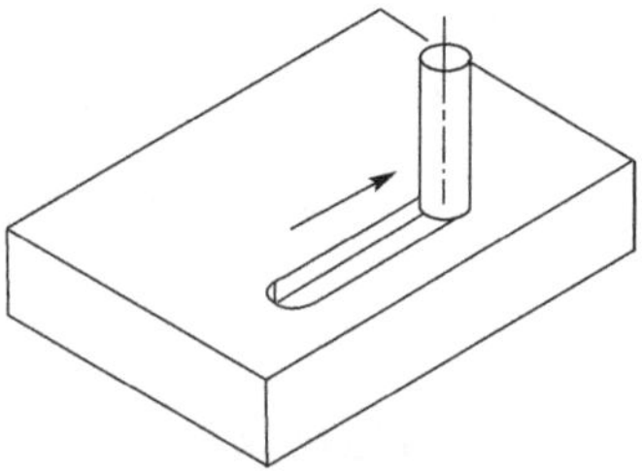
N45 G3 Y56 R20 F100；	；切削圆弧 *BC*	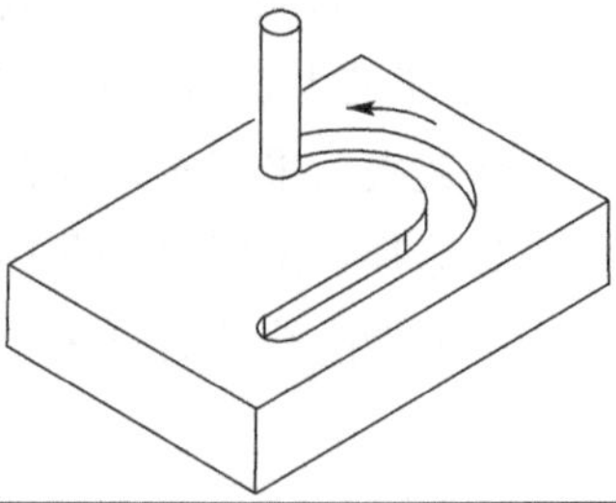

续表

程序	解释	图示
N50 G1 X45 N55 G4 F2	；直线切削，*CD* ；在终点处暂停进给 2s，确保槽面光滑	
N60 G0 Z50	；快速抬刀，到退回平面（*Z*=50mm）	
N65 G0 X0 Y0 N70 M30	；回到程序始点 ；程序结束	

5.3.3　程序结构

程序内容安排顺序称程序结构，为了使机床操作、运行更加清晰，建议使用标准程序结构。西门子推荐程序结构由四部分组成。程序开头→T、F、S 功能→几何数据和刀具运行→返回换刀，如图 5-27 所示为程序结构。

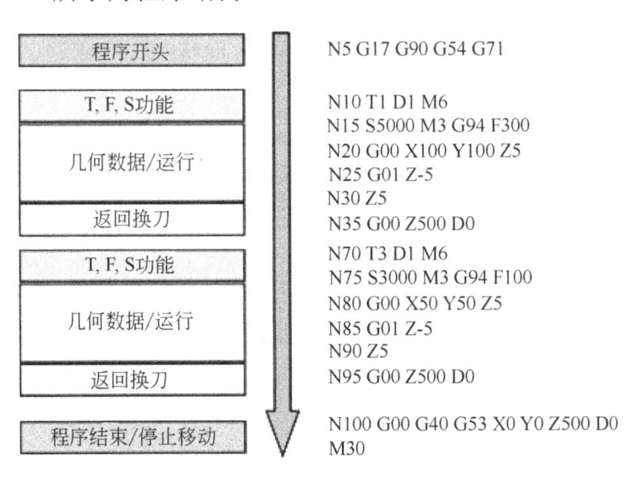

图 5-27　推荐的程序结构

观察表 5-1 程序，铣削程序结构如下。

① 程序开头——保险程序段（N5 段）。

开机时系统缺省 G 代码（如 G54、G90、G40、G17、G95（车床）或 G94(铣床)、G71 等被激活）。由于代码可能通过 MDI 方式或在程序运行中被更改，为了程序运行安全，程序的开始应有设定程序初始状程序段，所示称保险程序段。

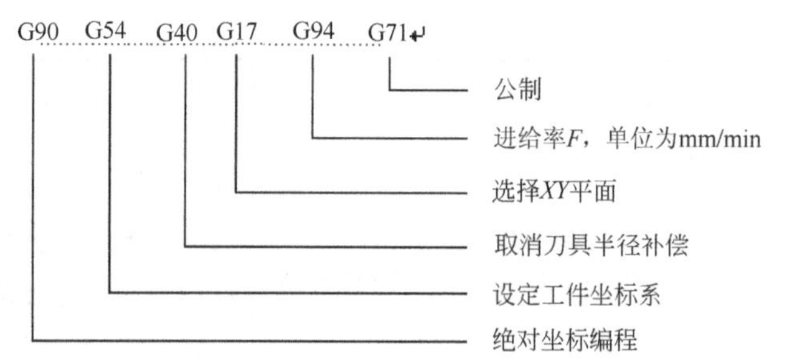

② 设定 T、F、S。

③ 设定几何数据和刀具运行。定位于程序始点（N15 段）→快速定位到切入点（N20～N25 段）→进刀，切入工件（N30 段）→切削（N35～N55 段）→退刀，退出工件（N60 段）→刀具快速返回程序始点（N65 段）。

④ 程序结束（N70 段）。

上述程序结构是编程员分析程序和编制程序的思路。

5.4 刀具偏置

5.4.1 刀具号与刀具补偿号

（1）刀具偏置用途

在编制加工程序时不考虑刀具长度或者刀具半径，直接编程工件尺寸，即根据工件图样编程。把刀具有关尺寸存入到刀沿号（刀补数据区）中。程序中只需调用刀具和刀沿号，需要刀具半径补偿时激活半径补偿，系统自动利用刀补数据补偿刀具轨迹，从而加工出符合技术要求的工件。

（2）刀具号

刀具号 T 用于指定刀具，可以使用 T 字直接换刀（刀具调用），或者通过 T 字进行预选，然后使用 M6 指令进行换刀，指令格式如下。

```
T__  ；刀具号，取值：1～32000，T0 为没有刀具
```

在控制系统中最多可存储 64 个刀具。如果激活了某个刀具，则在关闭/打开操作系统后，该刀具仍作为生效刀具被保存。换刀程序示例如下。

① 不通过 M6 换刀。

```
N10 T1          ；换刀具 T1
N70 T8          ；换刀具 T8
```

② 通过 M6 换刀。

```
N10 T14         ；预选刀具 T14
N15 M6          ；换刀 T14
```

（3）刀具补偿号 D

① 刀具补偿号用途。

编程中的刀具位置是刀架参考点，而刀具上切削作用点是刀尖，如图 5-28 所示，图中的刀具 Z 轴偏移量“长度 1”称为刀沿偏移。刀具半径也影响刀具轨迹，半径补偿如图 5-29 所示。刀沿偏移值和刀具半径补偿值都存储在刀具补偿号 D 字，D 字也称刀沿号。

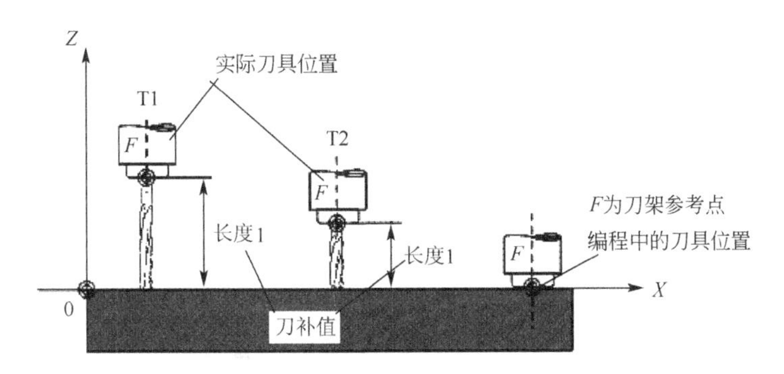

图 5-28　编程刀具位置与实际刀具位置

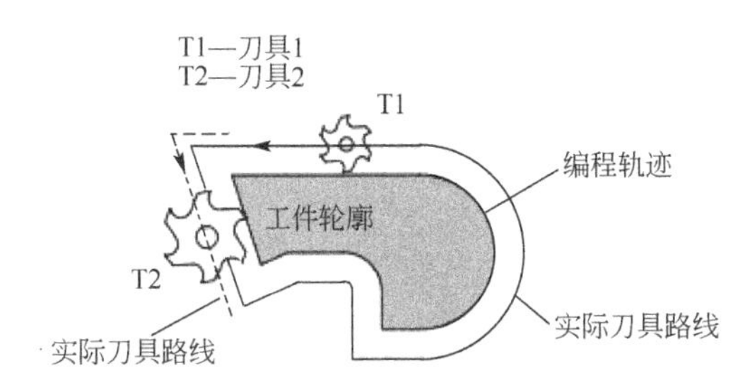

图 5-29　编程轨迹与刀具半径补偿后的走刀路线

② 刀补号指令格式。

刀补号指令格式：D__　；刀补号取值为 1～9 的整数
D0：无刀具补偿生效。

D 字有 9 个数组：D1～D9。刀具及其刀沿号窗口如图 5-30 所示。特殊刀具可以有多个刀沿，需要在不同的程序段中采用不同的刀补值，刀具通过采用不同的 D 字数组，获得相应的刀补值。一旦刀具（T 字）指令有效，刀具号（D 字）随之生效。如果含有 T 字的程序段没写入 D 字，系统默认 D1 生效。

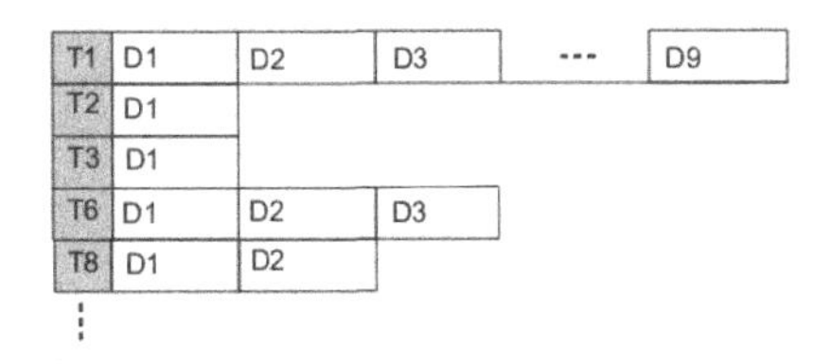

图 5-30　刀具及其刀沿号存储窗口

③ 在刀具补偿号 D 中存储的数据。

a. 刀具几何尺寸，包括长度和半径。尺寸中含多个分量（几何量，磨损量）。控制系统通过这些分量再计算出最后的尺寸，即总长度 1 和总半径。

b. 刀具类型。刀具类型（钻头、铣刀）用于确定刀具补偿需要哪些几何数据以及如何计算这些数据。刀具半径补偿只限于在两维平面内进行，所以在调用刀具号之前，还须由指令

G17～G19 选定工作平面（如果没指定平面，铣床默认是 G17 平面），以确保了刀具补偿正确地分配给各轴，如图 5-31、图 5-32 所示。

④ 激活刀具补偿值

选刀具和激活补偿号的程序格式为

```
T__ D__。
```

补偿号 D 激活时，相应的长度总尺寸生效。使用刀具半径补偿，除给出 D 之外，还须通过指令 G41/G42 激活半径补偿。

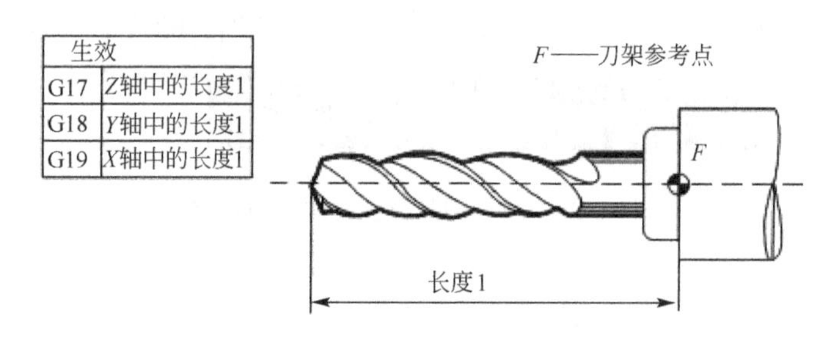

图 5-31　钻头的补偿

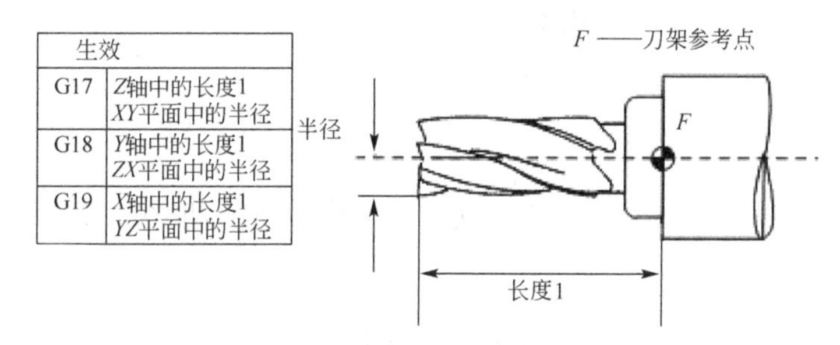

图 5-32　铣刀的补偿

（4）换刀程序示例（默认选择 G17 平面）

① 不使用 M6 指令换刀（仅使用 T）。

```
N5 G17              ；确定长度补偿轴（此处为 Z 轴）
N10 T1              ；激活刀具 1 和相应的 D1
N11 G0 Z...         ； G17 中，Z 轴为长度补偿轴，长度补偿叠加
N50 T4 D2           ；换入刀具 T4，T4 的 D2 生效
...
N70 G0 Z... D1      ；刀具 T4 的 D1 生效，只更换刀沿
```

② 通过 M6 换刀。

```
N5 G17          ；确定长度补偿轴（此处为 Z 轴）
N10 T1          ；刀具预选
...
N15 M6          ；换刀，T1 和相应的 D1 生效
N16 G0 Z...     ； G17 中，Z 轴为长度补偿轴，长度补偿叠加
...
N20 G0 Z... D2  ；刀具 T1 的 D2 生效；G17 中 Z 轴为长度补偿轴，长度补偿是 D1-D2 的差值叠加
```

```
N50 T4        ; 刀具预选 T4，T1 D2 仍有效
...
N55 D3 M6     ; 换刀，T4 和相应的 D3 生效
...
```

5.4.2 刀具半径补偿 G40、G41、G42

（1）半径补偿指令 G41/G42

对于具有相应 D 号的生效刀具，刀具半径补偿通过 G41/G42 激活。控制系统自动计算出当前刀具半径所需的与编程轮廓等距的刀具轨迹，编程格式如下。

```
G41 X__ Y__      ; 刀具半径左补偿，沿轮廓行进方向左侧补偿，如图 5-33 所示。
G42 X__ Y__      ; 刀具半径右补偿，沿轮廓行进方向右侧补偿，如图 5-33 所示。
```

程序段中 *X*、*Y* 是程序段中的运动终点坐标。

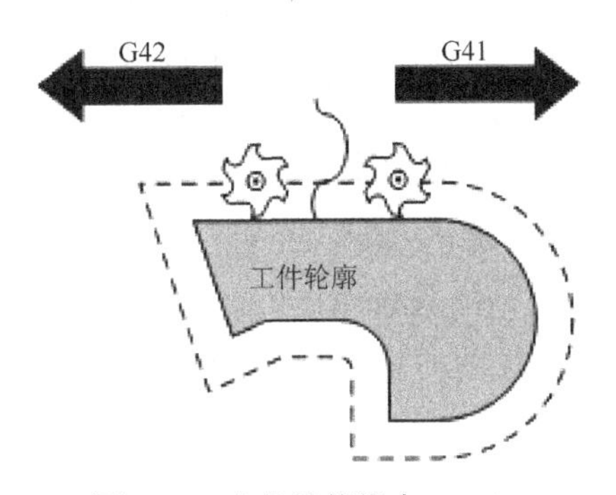

图 5-33　半径补偿指令 G41/G42

（2）建立刀具半径补偿

只有在直线插补（G0，G1）情况下才可以建立半径补偿。刀具直接直线运行到轮廓，且最终垂直于在轮廓起始点处的正切路径。选择该起始点，从而确保无碰撞运行。例如使用 G42 使得在刀具顺时针运行时刀中心环绕工件右侧，如图 5-34 所示。

使用 G41 使得在刀具顺时针运行时刀尖环绕工件左侧。

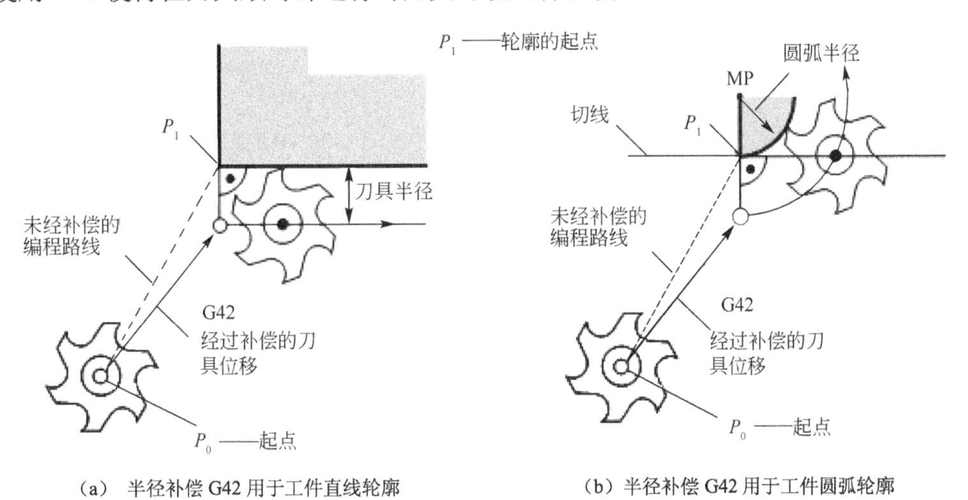

（a）半径补偿 G42 用于工件直线轮廓　　（b）半径补偿 G42 用于工件圆弧轮廓

图 5-34　G42 建立刀具半径补偿过程

编程示例如下。

```
N10 T1
N20 G17 D2 F300            ；刀补矫正号D2，进给率为300 mm/min
N25 X0 Y0                  ；P0起点
N30 G1 G42 X11 Y11         ；工件轮廓右边补偿，P1
N31 X20 Y20                ；起始轮廓，圆弧或直线
M30
```

选择后，亦可执行包含进刀运动或M输出的程序段如下。

```
N20 G1 G41 X11 Y11         ；选择轮廓的左侧
N21 Z20                    ；进刀运动
N22 X20 Y20                ；起始轮廓，圆弧或直线
```

（3）取消刀具半径补偿G40

G40表示取消刀具半径补偿。G40常用于程序开头保险程序段中。

刀具在G40之前的程序段中，刀补偿矢量垂直于轮廓的正切路径，若G40激活，则由刀具中心点代表刀具位置，激活G40后刀中心点运行到编程点的位置，如图5-35所示的P_2点。在运行G40程序段时要确保刀具不会与工件发生碰撞。

```
G40编程格式：G40 X__ Y__    ；取消刀具半径补偿
```

程序段中X、Y是程序段中的刀具终点坐标。只有在直线插补（G0，G1）下才可以运行G40取消半径补偿，即G40只能与G0、G1一起使用，不能与G3/G4圆弧插补一起使用。

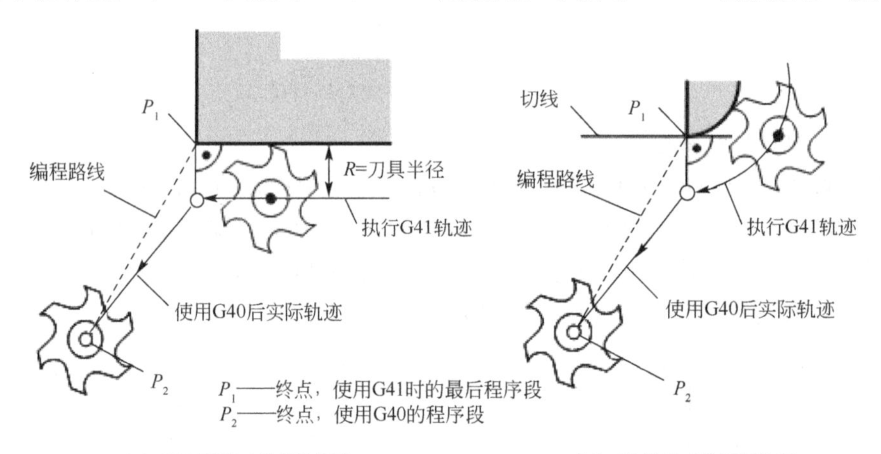

（a）G40用于工件直线轮廓　　（b）G4用于工件圆弧轮廓

图5-35　G40取消刀具半径补偿过程

图5-35（b）编程示例如下。

```
N10 G0 X20 Y20 T1 D1 M3 S500     ；刀具T1，补偿D1，进行长度补偿
N20 G41 G1 X10 Y10 F100          ；建立半径左补偿
N30 G2 X20 Y20 CR=20             ；圆弧插补，到轮廓圆弧上的最后点P1
N40 G40 G1 X10 Y10               ；取消刀具半径补偿，刀运行到终点P2
N50 M30
```

（4）刀具半径补偿的特殊情况

① 重复补偿。可以再次编程相同的补偿，例如G41到G41，不用在其中写入G40。在

调用新的补偿前，最后一个程序段结束，刀具矢量为终点的正常位置，然后开始进行新的补偿。

② 补偿方向的转换。用 G41 和 G42 可以切换半径补偿方向，不用在其中写入 G40。带旧补偿方向的最后程序段以终点处刀具矢量的正常位置结束，然后按新的补偿方向开始进行补偿（在起点处以正常状态）。

③ 补偿号的更换。补偿号 D 可以在补偿运行时更换。刀具半径改变后，自新 D 号所在的程序段开始处生效。但整个变化需等到程序段结束才能完成，即这些修改值由整个程序段连续执行，在圆弧插补时也一样。

5.4.3 拐角特性 G450、G451

在 G41/G42 有效的情况下，一段轮廓到另一段轮廓以不连续的拐角过渡时可以通过 G450 和 G451 功能调节拐角特性。轮廓拐角分为内角和外角，控制系统可自动识别，外角如图 5-36 所示，内角如图 5-37 所示。编程格式如下。

```
G450    ；过渡圆弧
G451    ；交点，图 5-36 (b) 所示
```

过渡圆弧 G450。刀具中心点以圆弧形状绕行工件外拐角，刀具半径为离开距离，如图 5-36（a）所示。

交点 G451。在刀具中心轨迹（圆弧或直线）形成等距交点 G451 时返回该点（交点），如图 5-36（b）所示。轮廓角比较尖锐并且交点生效时，会根据刀具半径产生多余的刀具空行程。如果在 G451 交点有效时出现尖角，则会自动转换到过渡圆弧。这可以避免较长的空行程，如图 5-38 所示。

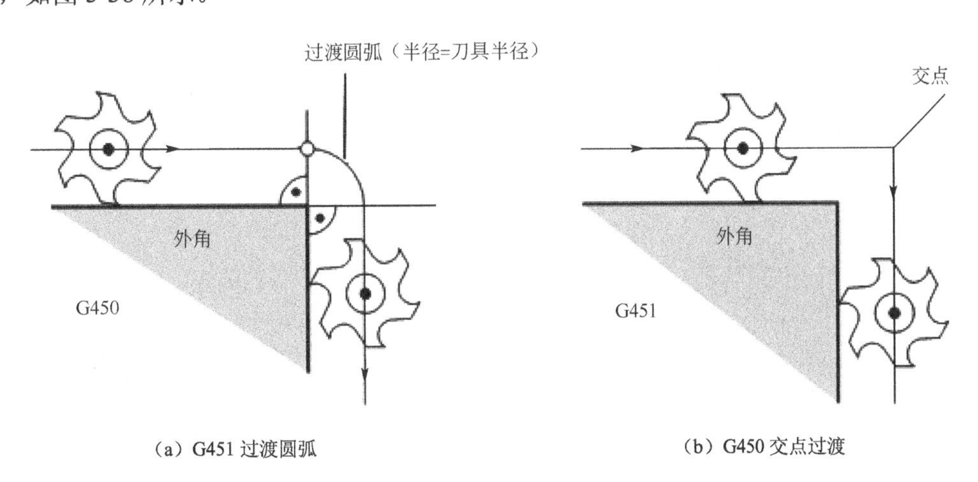

（a）G451 过渡圆弧　　（b）G450 交点过渡

图 5-36　拐角特性 G450,G451

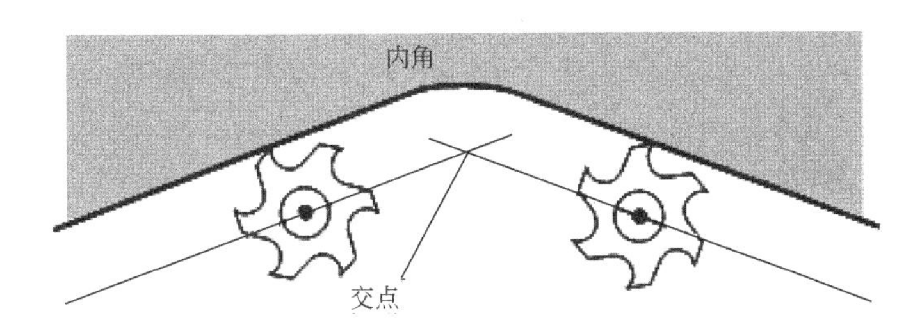

图 5-37　内角拐角特性

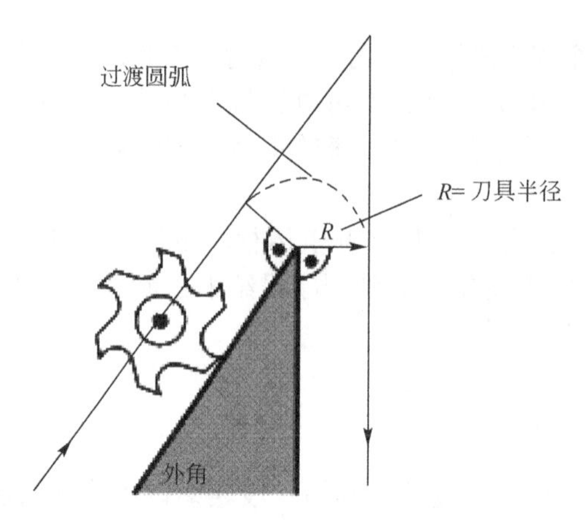

图 5-38　尖锐的轮廓角和过渡圆弧转换

5.4.4　执行半径补偿程序刀具动作过程

图 5-39 中实线所示为工件轮廓，工件轮廓是编程路线，即立铣刀中心（刀位点）轨迹，为避免过切，采用刀具半径补偿，刀具实际轨迹如图 5-39 中虚线所示。

刀具执行半径补偿过程，由图 5-39 中①～③三部分组成，即①起刀，②在偏置方式中，③偏置取消。CNC 系统在处理半径补偿程序段时预读两个程序段。

① 起刀。在半径偏置取消方式下由刀具半径补偿指令(G41/G42)，建立刀具半径补偿，称为起刀。起刀过程必须在直线运动中完成，即 G41/G42 指令应与 G00 或 G01 指令组合，不能与圆弧插补 G02、G03 指令组合。

② 在偏置方式中。起刀后刀具处在偏置方式中，此时定位 G00、直线插补 G01 或圆弧插补 G02、G03 都可实现半径补偿。

③ 偏置取消。切削工件后执行 G40，取消刀具半径补偿。

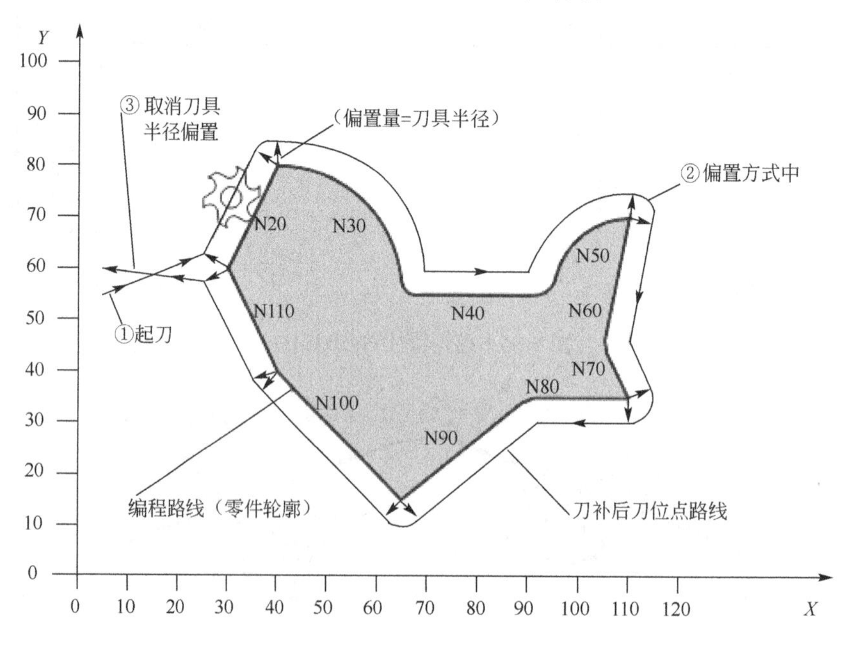

图 5-39　刀具半径补偿执行过程

图 5-39 编程示例如下。

```
N1 T1                              ；刀具 1，补偿号 D1
N5 G0 G17 G90 X5 Y55 Z50           ；逼近起始点
N6 G1 Z0 F200 S80 M3
N10 G41 G450 X30 Y60 F400          ； 轮廓左边补偿，圆弧过渡
N20 X40 Y80
N30 G2 X65 Y55 I0 J-25
N40 G1 X95
N50 G2 X110 Y70 I15 J0
N60 G1 X105 Y45
N70 X110 Y35
N80 X90
N90 X65 Y15
N100 X40 Y40
N110 X30 Y60
N120 G40 X5 Y60                    ；结束补偿运行
N130 G0 Z50 M2
```

5.4.5 半径补偿编程举例

【例 5-8】 采用立铣刀，编写走刀一次，精铣图 5-40 零件外形轮廓的程序。

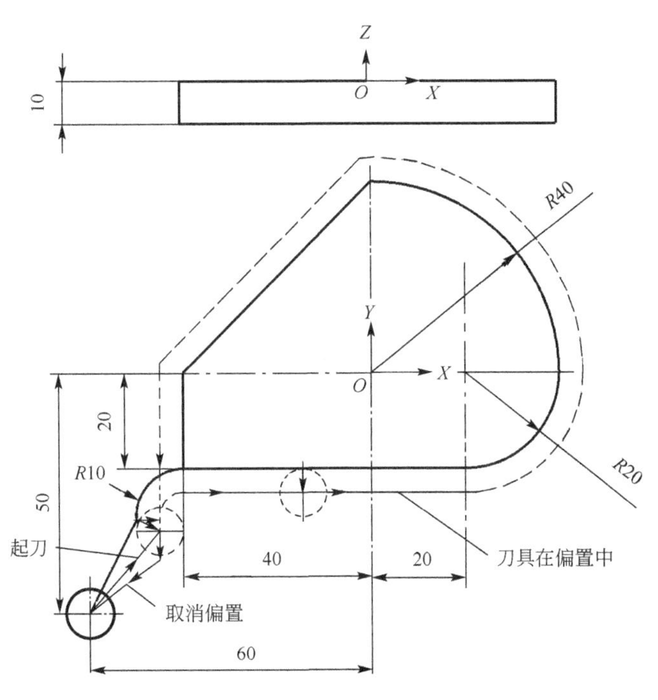

图 5-40 零件图（Z 轴程序原点位于工件上表面）

工艺方案如下。

① 刀具。ϕ10mm 立铣刀。

② 退回平面。退刀距离 50mm，工件厚度为 10mm。

③ 进刀/退刀方式。进刀时，半径为 10mm 的四分之一圆弧轨迹切入工件，沿加工表面切向进刀。直线轨迹退刀，退刀距离 20mm，如图 5-40 所示。

④ 刀具补偿。刀具半径右补偿方式。

⑤ 编程路线。如图 5-40 中实线所示为工件轮廓，以工件轮廓为编程路线，采用刀具半径补偿后，刀具实际轨迹如图 5-40 中虚线所示。

加工程序	解释
TESTA30	；程序名
N1 G54 G90 G40 G17	；程序开头，保险程序段
N2 T1 D1 F80 S800 M3	；设定 T、F、S
N4 G0 X0 Y0 Z50	；快速定位于原点上方退回平面
N6 X-60 Y-50	；在退回平面上，刀具定位到工件边界外
N8 Z5 M08	；到安全距离，开冷却液
N10 G1 Z-11	；以切削进给速度下刀
N12 G42 X-50 Y-30	；起刀，建立刀具半径右补偿
N14 G2 X-40 Y-20 I10	；沿半径为 10mm，四分之一圆弧轨迹切入工件
N16 G1 X20	；切削直线轮廓
N18 G03 X40 Y0 I0 J20	；逆时针圆弧切削
N20 X0 Y40 I-40	；逆时针圆弧切削
N22 G01 X-40 Y0	；切削直线轮廓
N24 Y-35	；切削直线轮廓并沿直线切出（切出距离为 15mm）
N26 G00 G40 X-60 Y-50	；取消刀具半径补偿
N28 G00 Z50.	；抬刀至退回平面
N30 M30	；程序结束并返回

5.4.6 刀具半径补偿功能的应用

（1）方便编程，直接按零件图样所给尺寸编程

如图 5-41，在编程时不考虑刀具的半径，直接按图样所给尺寸编程。在程序中加入刀具半径指令，可满足加工尺寸要求。

（2）用于改变刀具位置，调整加工尺寸

利用同一把刀具、同一个加工程序完成粗、精两次走刀切削，方法是利用两个刀补号，例如 D1、D2，手动存入不同的刀具偏移补偿值，分别采用 D1、D2 运行同一程序，可以实现粗、精两次铣加工外廓形。如图 5-41 所示，刀具半径值为 r，精加工余量为 Δ。两次走刀，切削外轮廓。

① 粗加工时，采用补偿后号 D1，D1 中存入补偿值 $r+\Delta$，切削时刀具中心位置见图 5-41 左侧所示，刀具加工出虚线轮廓，留下精切余量为 Δ。

② 精加工时，程序和刀具均不变，采用补偿后号 D2，D2 中存入补偿值 r，切削时刀具中心位置如图 5-41 右侧所示，运行程序后将余量 Δ 切除，加工出实线轮廓。

（3）采用正/负刀具半径补偿加工公和母两个形状

如果偏置量是负值，则 G41 和 G42 互换，即如果刀具中心正围绕工件的外轮廓移动，它将绕着内侧移动，相反亦然。如图 5-42 所示，按工件轮廓编程，加工外轮廓时 *D*1 中输入的半径偏移值是正值，刀具中心轨迹如图 5-42（a）所示。当 *D*1 中输入的偏移值是负值时刀具中心移动变成如图 5-42（b）所示。所以同一个程序，能够加工零件公和母两个形状，并且它们之间的间隙可以通过改变偏置值的大小，进行调整。

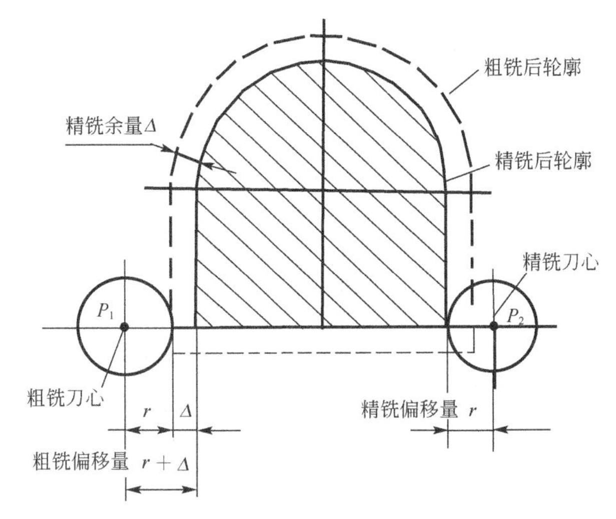

图 5-41　改变刀具半径补偿值进行粗、精加工

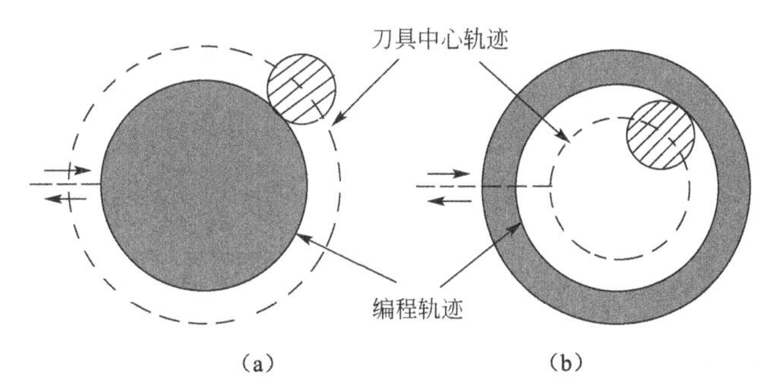

图 5-42　当指定正和负刀具半径补偿值时的刀具中心轨迹

5.5　钻削循环

程序跳转参见本书 2.4 节，子程序参见本书 2.5 节。

5.5.1　钻削循环概述

（1）钻削循环指令种类

例 5-5 中钻一个孔，需要多个工步，即孔定位、快速趋近、钻孔、快速返回等，所以在例 5-5 钻孔中，编写了多个程序段。同样是例 5-5，采用固定循环只要一个循环 CYCLE81 指令就可完成钻孔加工。一个循环指令可以完成多工步加工，简化了编程。

打开定义钻削循环窗口操作步骤：按 PPU 上的“程序编辑”键（ ）→按软键“钻削”，打开钻削循环窗口如图 5-43 所示，图中垂直软键及其子菜单中的软键可打开各种钻削循环定义窗口，包括 CYCLE81（中心钻），CYCLE82（钻削沉孔），CYCLE83（深孔钻），CYCLE84（刚性攻螺纹），CYCLE840（带补偿夹具攻螺纹），CYCLE85（铰孔 1），CYCLE86（镗孔），CYCLE87（带停止的钻孔 1），CYCLE88（带停止的钻孔 2），CYCLE89（铰孔 2）。

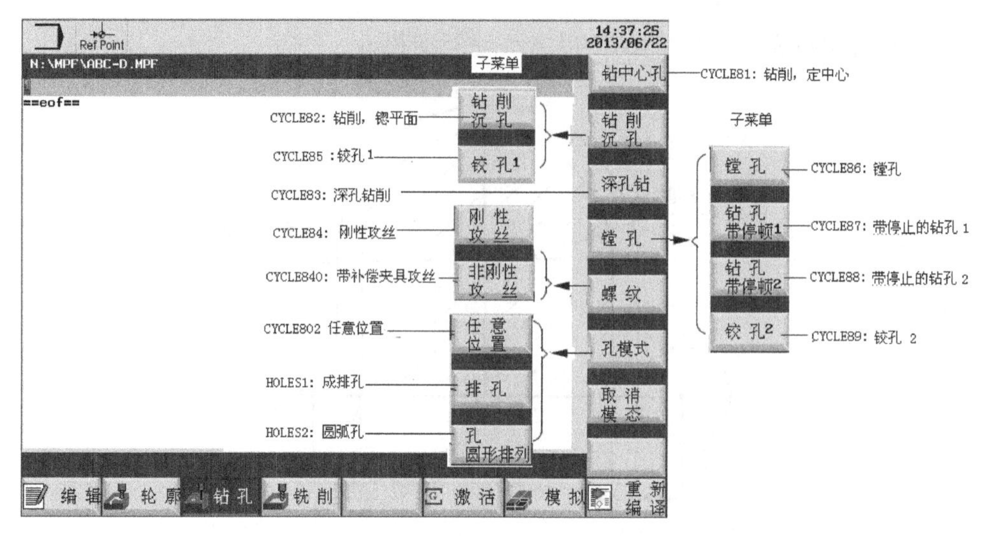

图 5-43 定义钻削循环窗口

（2）钻削循环参数

钻削循环参数分为两种：几何参数和加工参数。

几何参数指基准面、退回平面、安全距离以及最终钻削深度，如图 5-44 所示，其中，

① 基准面和退回平面。在循环中通常假设退回平面位于基准面之前，退回平面到钻孔底部的距离也大于基准面到钻孔底部的距离。

② 安全距离。基准面前移相应的安全距离，即刀具切入工件前的导入距离，安全距离生效的方向由循环自动确定。

③ 最终钻削深度。可以通过到基准面的绝对尺寸设定，也可以通过相对尺寸设定，相对尺寸设定时循环自行计算所产生的深度。

加工参数在各循环指令中单独给定。

（3）调用钻削循环前程序状态

调用钻削循环前需要选择平面和刀具补偿。 用 G17、G18 或者 G19 选择平面，在该平面上确定孔的位置，钻削轴垂直于该平面。在调用循环前还须选择刀具长度补偿，长度补偿始终垂直作用于所选的平面并在循环结束后仍有效，如图 5-45 所示。

（4）调用钻削循环前刀具位置

循环开始之前刀具需要到达加工孔在所选平面上的位置。

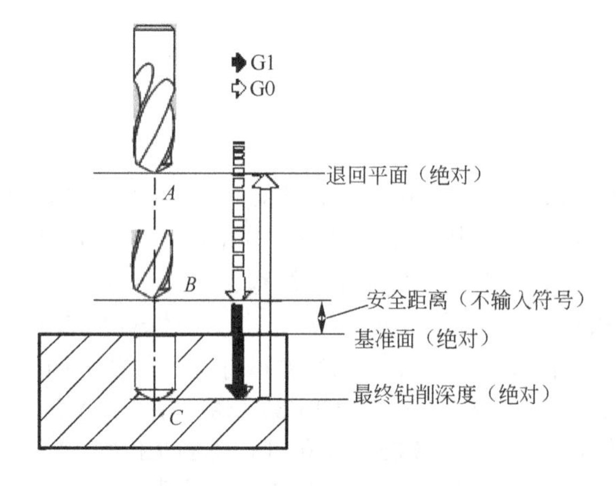

图 5-44 钻削循环的几何参数

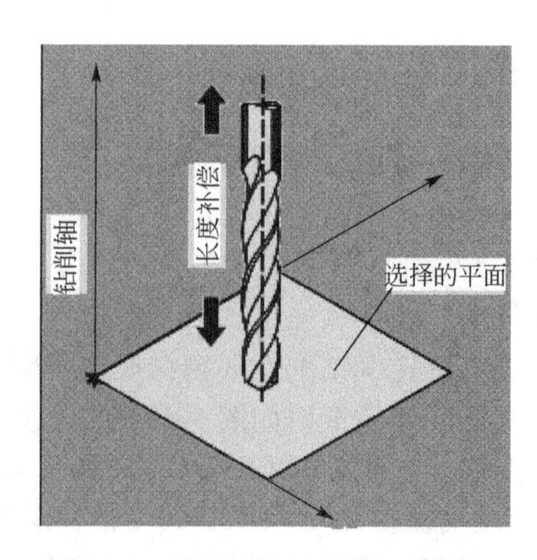

图 5-45 平面选择与刀具长度补偿

5.5.2 定中心钻削循环 CYCLE81

循环指令由循环名和参数表组成。

编程格式：CYCLE81 (RTP, RFP, SDIS, DP, DPR)

式中：CYCLE81——循环名；

RTP, RFP, SDIS, DP, DPR——加工参数表，其含义如表 5-2 所示。

表 5-2 循环 CYCLE81 加工参数

参数	数据类型	说明
RTP	实数	退回平面（绝对尺寸）
RFP	实数	基准面（绝对尺寸）
SDIS	实数	安全距离（不输入符号），即刀具的导入距离
DP	实数	最终钻削深度（绝对尺寸）
DPR	实数	相对于基准面的最终钻削深度（不输入符号），由循环执行计算最终深度

打开循环 CYCLE81 窗口操作步骤，参见图 5-43。按程序编辑键→软键“钻削”→软键“钻中心孔”，打开窗口如图 5-46 所示，在该窗口中填写参数，填写完毕按软键“确认”。

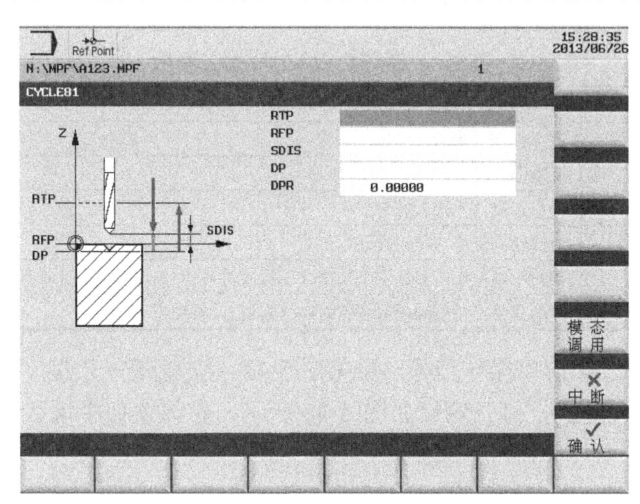

图 5-46 钻削循环 CYCLE81 参数设置窗口

钻削循环 CYCLE81 功能：在循环开始之前刀具需要到达加工孔在选择平面上的位置。循环的运动过程如图 5-44 所示。

①使用 G0 快速前移到安全距离，$A \to B$（相对基准面）。

②以编程的进给率（G1）运行到最终钻削深度，$B \to C$。

③使用 G0 返回到退回平面，$C \to A$。

【例 5-9】 在图 5-47 中钻削三个孔，钻削轴为 Z 轴。程序如下。

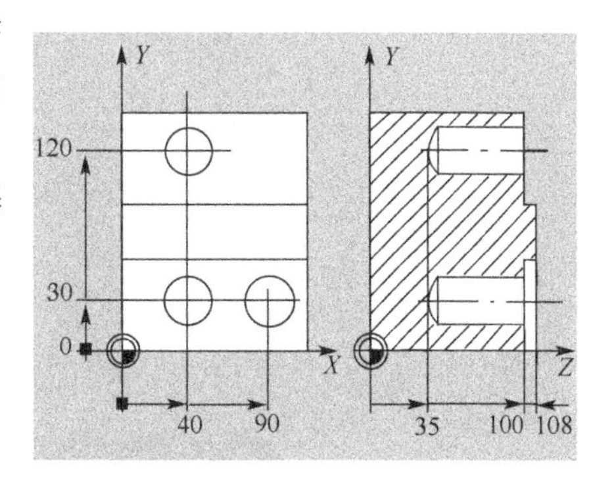

图 5-47 用 CYCLE81 指令钻三孔工件

```
N10 G0 G17 G90 F200 S300 M3      ；确定工艺数值
```

```
N20 D3 T3 Z110                        ; 返回退回平面
N30 X40 Y120                          ; 定位到第一个钻削位置
N40 CYCLE81(110, 100, 2, 35)          ; 循环调用，使用绝对钻削深度，安全距离和不完全的参数表
N50 Y30                               ; 定位到下一个钻削位置
N60 CYCLE81 (110, 102, , 35)          ; 循环调用，不设定安全距离
N70 G0 G90 F180 S300 M03              ; 确定工艺数值
N80 X90                               ; 定位到下一个位置
N90 CYCLE81 (110, 100, 2, , 65)       ; 循环调用，使用相对钻削深度和安全距离
N100 M02                              ; 程序结束
```

5.5.3 钻削、锪平面钻削循环 CYCLE82

编程格式：

```
CYCLE82 (RTP, RFP, SDIS, DP, DPR, DTB)
```

式中：CYCLE82——循环名；

RTP, RFP, SDIS, DP, DPR，DTB——加工参数，其含义如表 5-3 所示。

表 5-3　循环 CYCLE82 加工参数

参数	数据类型	说　明
RTP	实数	退回平面（绝对尺寸）
RFP	实数	基准面（绝对尺寸）
SDIS	实数	安全距离（不输入符号）
DP	实数	最终钻削深度（绝对尺寸）
DPR	实数	相对于基准面的最终钻削深度（不输入符号），由循环执行计算最终深度
DTB	实数	在达到最终钻削深度时停留时间（断屑），单位为 s

打开循环 CYCLE82 窗口操作步骤，参见图 5-43。按程序编辑键→软键“钻削”→软键“钻削沉孔”→软键“钻削沉孔”，打开窗口如图 5-48 所示，在该窗口中填写参数，填写完毕按软键“确认”。

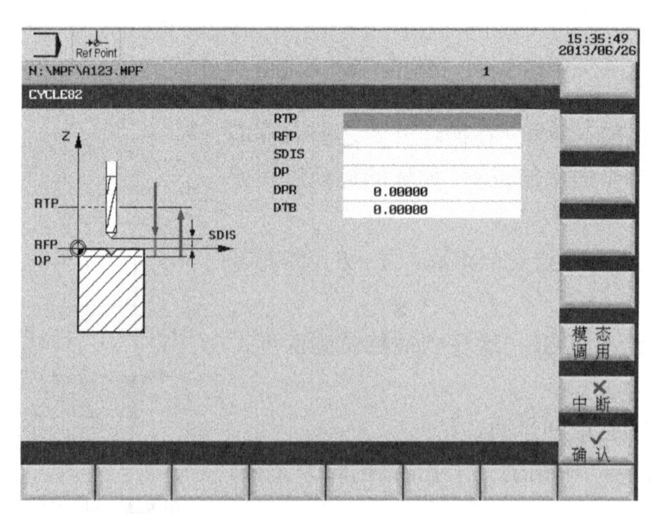

图 5-48　钻削循环 CYCLE82 参数设置窗口

钻削循环 CYCLE82 功能：刀具以编程的主轴转速和进给速度钻削，直至最终钻削深度。在最终钻削深度进给暂停，断屑并使加工端面光滑。

钻削循环 CYCLE82 运行过程：在循环开始之前刀具需要到达加工孔在选择平面上的位置。循环的运动过程如图 5-49 所示。

① 使用 G0 逼近前移了安全距离的基准面。

② 使用循环调用前编程的进给率(G1)运行到最终钻削深度。

③ 在最终钻削深度的停留时间。

④ 使用 G0 返回到退回平面。

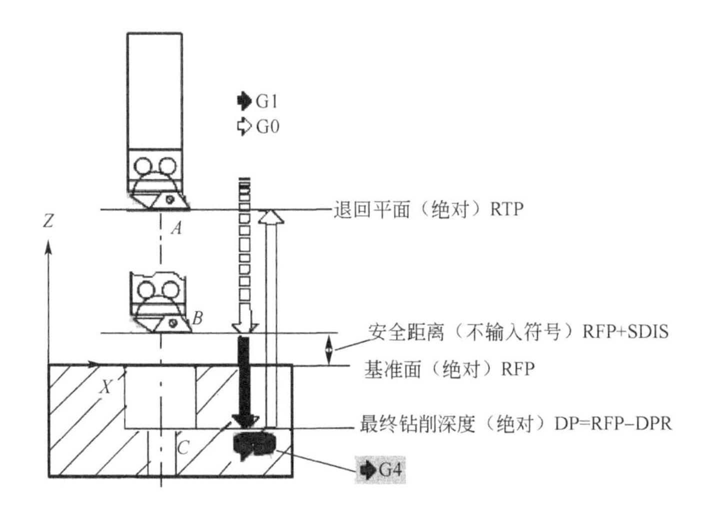

图 5-49 钻削循环 CYCLE82 过程

编程示例：如图 5-50 所示，在 *XY* 平面上用循环 CYCLE82 钻削深度为 27 mm 的孔。孔底停留时间为 2 s，*Z* 轴上的安全距离为 4 mm。

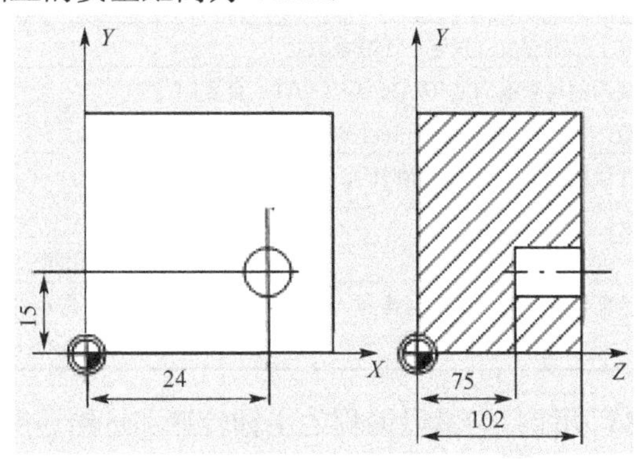

图 5-50 用 CYCLE82 指令钻孔工件

```
N10 G0 G17 G90 F200 S300 M3              ；确定工艺数值
N20 D1 T10 Z110                          ；返回退回平面
N30 X24 Y15                              ；逼近钻削位置
N40 CYCLE82 (110, 102, 4, 75, , 2)       ；循环调用，以绝对值设定最终钻削深度和安全距离
N50 M02                                  ；程序结束
```

5.5.4 深孔钻削循环 CYCLE83

（1）CYCLE83 指令格式

为解决深孔加工中排屑难的问题，CYCLE83 钻孔过程中每钻削一段孔深距离，就回退一定距离，用于断屑和排屑。深孔钻削 CYCLE83 编程格式：

CYCLE83(RTP, RFP, SDIS, DP, DPR , FDEP, FDPR, DAM, DTB, DTS, FRF , VARI, AXN, MDEP, VRT, DTD, DIS1)

指令中的参数如表 5-4 所示。

表 5-4 循环 CYCLE83 加工参数

参数	数据类型	说　明
RTP	实数	退回平面（绝对尺寸）
RFP	实数	基准面（绝对尺寸）
SDIS	实数	安全距离（不输入符号）
DP	实数	最终钻削深度（绝对尺寸）
DPR	实数	相对于基准面的最终钻削深度（不输入符号），由循环执行计算最终深度
FDEP	实数	第一次钻削深度（绝对）
FDPR	实数	相对于基准面的第一个钻削深度（不输入符号）
DAM	实数	递减数量（不输入符号）,值： >0 时，以数值形式递减； <0 时，递减系数； =0 时，不递减
DTB	实数	暂停进给时间（断屑）,值： >0 时，以 s 为单位； <0 时，以 r 为单位
FRF	实数	第一钻削深度的进给率系数（不输入符号），值范围为 0.001~1
VARI	整数	加工方式，断屑=0，排屑=1
AXN	整数	工具轴，值：1 表示第 1 根几何轴；2 表示第 2 根几何轴；否则为第 3 根几何轴
MDEP	实数	最小钻削深度（仅连同递减系数）
VRT	实数	断屑的可变退回值 (VARI=0) VRT 实数 值： >0 时，表示退回值情况
DTD	实数	在最终钻削深度的停留时间，值：>0 时，以 s 为单位 ； <0 时，以 r 为单位 ； =0 时，值与 DTB 相同
DIS1	实数	重新钻孔的限制距离（排屑 VARI=1 ），值： >0 时，应用可编程值 =0 时，自动计算

钻削循环 CYCLE83 功能：刀具以编程的主轴转速和进给速度钻孔，在最大钻孔深度中多次走刀，分步钻削，直至达到最终钻削深度。在达到每次钻深后，钻头退回到“基准面＋安全距离”的位置以便排屑，或在各种情况下均退回 1mm 。

钻削循环 CYCLE83 运行过程：循环开始之前刀具需要到达加工孔在选择平面上的位置。深孔钻削 CYCLE83 的加工顺序如图 5-51 所示。其中分为排屑和断屑两种钻削方式，分述如下。

（2）带排屑 (VARI=1)深孔钻削的加工顺序

① 由退回平面用 G0 移到安全距离位置。

② 用 G1 运行到第一次钻削深度，进给率由参数 FRF（进给率系数）定义。

③ 在最终钻削深度暂停进给，时间由参数 DTB 给定。

④ 用 G0 退回到安全距离，进行排屑。

⑤ 在起始点的暂停进给，时间由参数 DTS 给定

⑥ 用 G0 达到第一次的钻削深度。

⑦ 用 G1 运行到下一个钻削深度（继续运动顺序直到达到最终钻削深度为止）

⑧ 用 G0 返回到退回平面。

（3）带断屑 (VARI=0)深孔钻削的加工顺序

① 从退回平面用 G0 移动到安全距离。

② 用 G1 运行到第一次钻削深度，进给率由参数 FRF（进给率系数）定义。

③ 在到达第一次钻削深度后暂停进给，时间由参数 DTB 给定。

④ 用 G1 从当前钻削深度退回 1 mm，进行断屑。

⑤ 用 G1 运行到下一次钻削深度（继续运动顺序直到达到最终钻削深度为止）。

⑥ 用 G0 返回到退回平面。

（4）深孔钻削编程示例

【例 5-10】 如图 5-52 所示，在 *XY* 平面上的执行循环 CYCLE83 钻削 *A*、*B* 两个孔。*A* 孔采用带断屑 (VARI=0)深孔钻削，在第一次钻削深度上刀具的停留时间为零，并带断屑。最终钻削深度和第一个钻削深度用绝对坐标值输入。*B* 孔采用带排屑 (VARI=1)深孔钻削，停留时间为 1s。最终的钻削深度与参考平面相关。

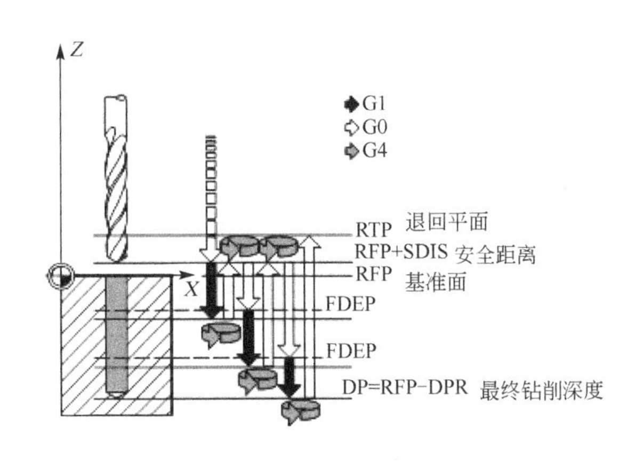

图 5-51 钻削循环 CYCLE83 运行过程

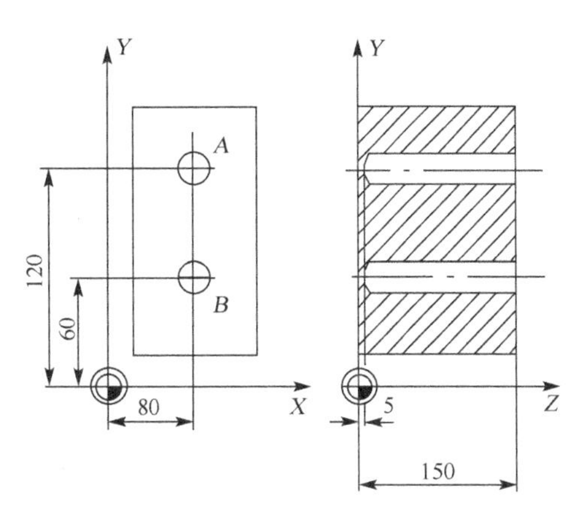

图 5-52 钻削循环 CYCLE83 应用

程序如下。

```
N10 G0 G17 G90 F50 S500 M4                          ；确定工艺数值
N20 D1 T12                                          ；返回退回平面
N30 Z155
N40 X80 Y120                                        ；定位于 A 孔钻削位置
N50 CYCLE83(155, 150, 1, 5, 0 , 100, , 20, 0, 0, 1, 0)  ；循环调用，带断屑
(VARI=0)，绝对坐标的深度参数
N60 X80 Y60                                         ；定位于 B 孔钻削位置
N70 CYCLE83(155, 150, 1, , 145, , 50, 20, 1, 1,0.5, 1)  ；循环调用，带排屑
```

N80 M02	(VARI=1)，给定最后钻削深度和首次钻削深度，安全距离为 1mm，进给率系数为 0.5 ；程序结束

（5）应用钻削循环窗口定义循环参数

钻孔的最简便编程方法是使用钻孔循环指令，CYCLE81 在钻孔过程中刀具没有进给暂停；CYCLE82 有进给暂停，在钻深孔需要排屑时使用 CYCLE83 。

通过软键“钻孔”可以找到该循环并设置其参数，可使用垂直软键找到相关循环。

对于上述（例 5-10）程序中的 N50 段，可以利用循环定义窗口设置参数，即在程序编辑器窗口中，打开“CYCLE83 循环”界面，根据需求设置循环参数， 步骤如表 5-5 所示。

表 5-5 程序输入（CYCLE83 参数输入）步骤

步骤	操作说明	屏幕显示窗口
①	在程序编辑器窗口中，按下“钻孔”，如右图所示	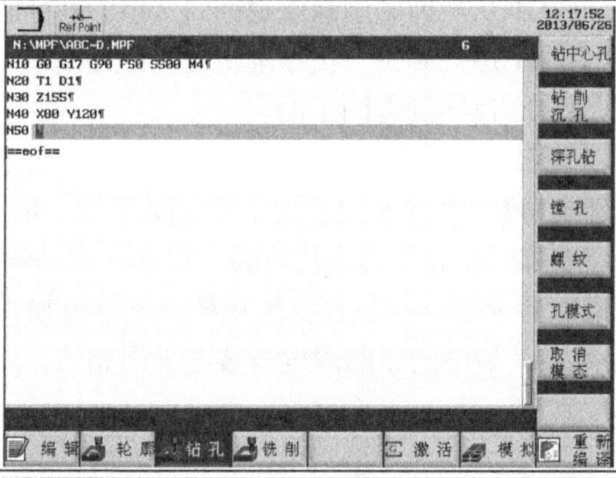 N:\MPF\ABC-D.MPF N10 G0 G17 G90 F50 S500 M4¶ N20 T1 D1¶ N30 Z155¶ N40 X80 Y120¶ N50 ==eof== 钻中心孔 钻削沉孔 深孔钻 镗孔 螺纹 孔模式 取消模态 编辑 轮廓 钻孔 铣削 激活 模拟 重新编译
②	输入到 N50 段时，在右图窗口的垂直软键中选择“深孔钻”	
③	打开 CYCLE 83 参数设置窗口，如右图所示	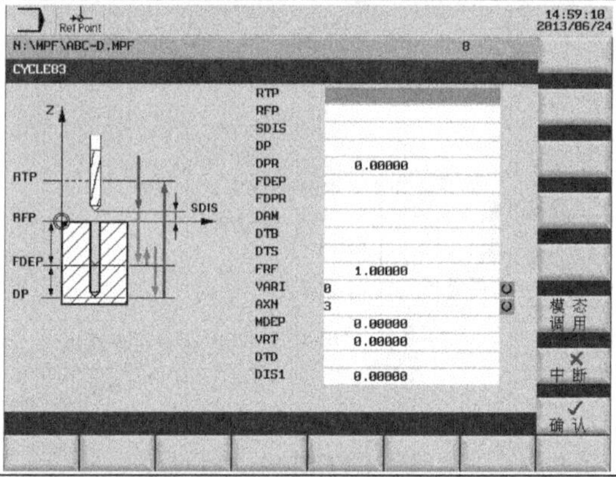 N:\MPF\ABC-D.MPF CYCLE83 RTP RFP SDIS DP DPR 0.00000 FDEP FDPR DAM DTB DTS FRF 1.00000 VARI 0 AXN 3 MDEP 0.00000 VRT 0.00000 DTD DIS1 0.00000 模态调用 中断 确认
	根据要求在窗口中逐项输入循环参数。参数输入完毕，按下“确认”软键	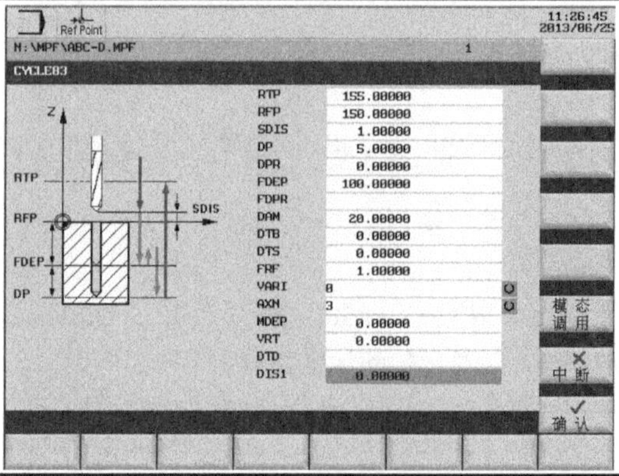 N:\MPF\ABC-D.MPF CYCLE83 RTP 155.00000 RFP 150.00000 SDIS 1.00000 DP 5.00000 DPR 0.00000 FDEP 100.00000 FDPR DAM 20.00000 DTB 0.00000 DTS 0.00000 FRF 1.00000 VARI 0 AXN 3 MDEP 0.00000 VRT 0.00000 DTD DIS1 0.00000 模态调用 中断 确认

续表

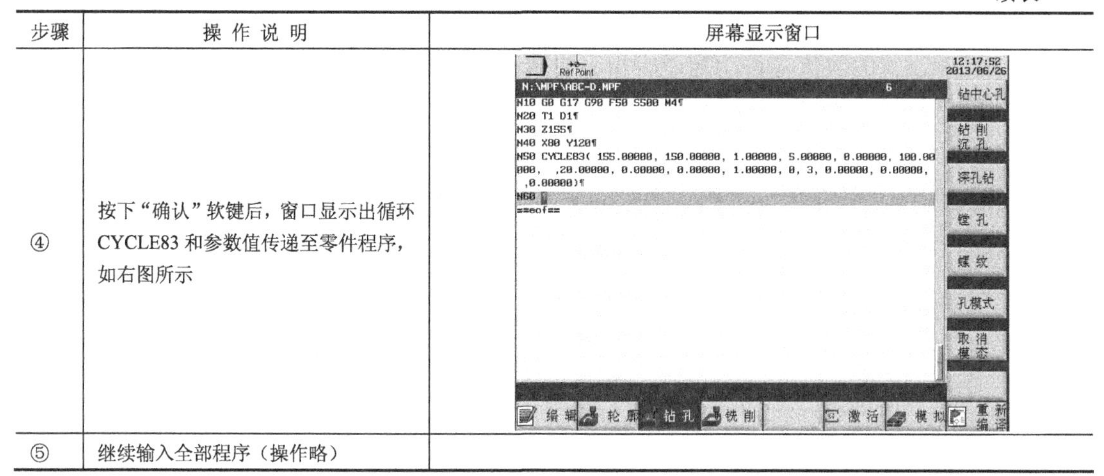

步骤	操作说明	屏幕显示窗口
④	按下“确认”软键后，窗口显示出循环CYCLE83和参数值传递至零件程序，如右图所示	
⑤	继续输入全部程序（操作略）	

5.5.5 “模态调用”的应用

如选择“模态调用”（指令:MCALL），循环指令成为模态指令，直至用取消模态（指令：MCALL）取消这一循环。模态调用和取消均用“MCALL”指令，程序中先出现的“MCALL”是模态调用，后出现的“MCALL”是取消模态。循环指令变为模态后，会在随后的已编程位置处钻孔，直至使用零件程序中的 MCALL 指令将其取消。

【例 5-11】 采用带断屑 (VARI=0)深孔钻削循环，钻图 5-52 中的 *A*、*B* 两个孔，试编程。

程序如下。

```
N10 G0 G17 G90 F50 S500 M4                     ；确定工艺数值
N20 D1 T12                                     ；返回退回平面
N30 Z155
N40 X80 Y120                                   ；定位于 A 孔钻削位置
N50 MCALL CYCLE83(155,150,1,5,0,100, ,20,0,0,1,0) ；模态调用，钻 A 孔，带断屑(VARI=0)
N60 X80 Y60                                    ；钻 B 孔
B70 MCALL                                      ；取消模态
N80 X80 Y100                                   ；定位（因已经取消模态，所以不钻孔）
N90 M02                                        ；程序结束
```

5.5.6 其他钻削循环指令

限于篇幅，其他钻削循环，请读者参照表 5-5 所述操作方法，学习循环参数设置方法。

例如攻螺纹循环指令有两种：使用固体攻螺纹夹头的 CYCLE84（刚性攻螺纹）和带浮动攻螺纹夹头的 CYCLE840（非刚性攻螺纹）。 通过软键“钻孔”可以找到该循环并设置其参数。

进入 CYCLE84 循环操作步骤，参见图 5-43。按“程序编辑”键→软键“钻削”→软键“螺纹” →软键“刚性攻螺纹”，打开窗口如图 5-53 所示。

进入 CYCLE840 循环操作步骤，参见图 5-43。按“程序编辑”键→软键“钻削”→软键“螺纹” →

软键“非刚性攻螺纹”，打开窗口如图 5-54 所示。

在攻螺纹循环窗口中设置相关的参数值，然后使用“确认”软键使参数设置生效，所选择的循环和设置的数值将自动翻译成相应的循环加工程序。如无其他操作，机床将会在当前位置攻螺纹。

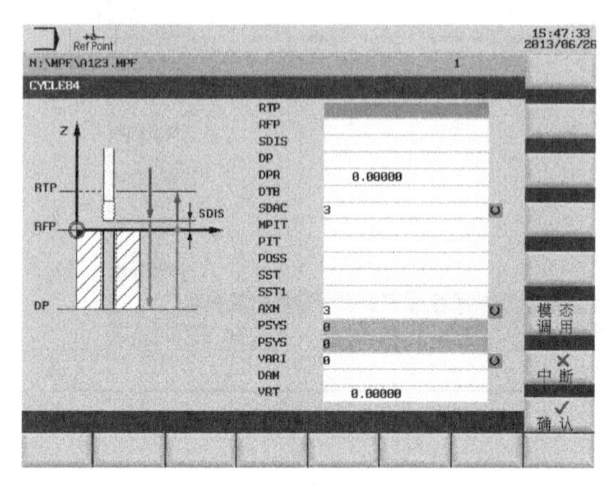

图 5-53　CYCLE84（刚性攻螺纹）参数设置窗口

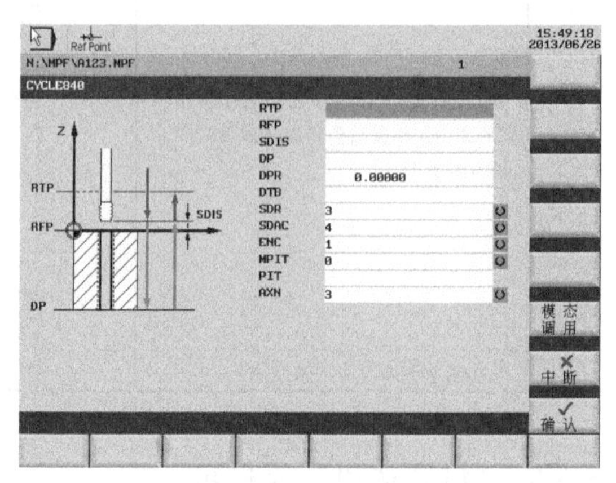

图 5-54　CYCLE840（非刚性攻螺纹）参数设置窗口

5.6　加工孔的图循环

孔的图循环仅用于定义平面中孔的位置和数量，钻削这些孔需要在编程图循环之前模态调用相应的钻削循环指令。

5.6.1　成排孔图循环 HOLES1

成排孔指排列于一条直线上的多个孔，或者孔格网，如果对孔加工在图循环之前需模态选择钻削循环，成排孔编程格式如下。

HOLES1 (SPCA, SPCO, STA1, FDIS, DBH, NUM)

式中参数含义如表 5-6 所示。

进入 HOLES1 图循环操作步骤，参见图 5-43。按 [程序编辑] 键→软键“钻削”→软键“孔模式”→软键“排孔”，打开窗口如图 5-55 所示。

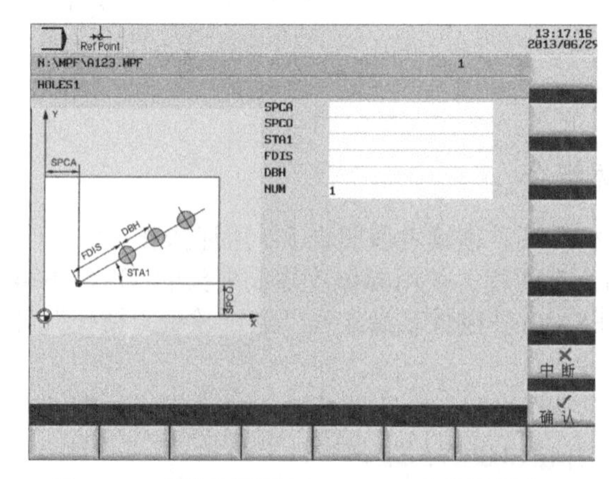

图 5-55　成排孔图循环 HOLES1 参数设置窗口

表 5-6　成排孔图循环 HOLES1 参数

参数	数据类型	说　明
SPCA	实数	直线上参考点平面内的第 1 根轴（横坐标）位置（绝对坐标）
SPCO	实数	参考点的平面内的第 2 根轴位置（纵坐标）（绝对）
STA1	实数	和平面中第 1 根轴（横坐标）所成的角度，值范围：－180° <STA1≤180°
FDIS	实数	第一个钻孔与参考点的距离（不输入符号）
DBH	实数	两个钻孔之间的距离（不输入符号）
NUM	整数	钻孔数量

编程示例：成排孔加工。

试编程加工一排螺纹孔，如图 5-56 所示。这排螺纹孔与 *ZX* 平面上的 *Z* 轴平行，相互之间的距离为 20 mm。这排孔的起始点位于（Z20，X30），而第一个孔距离该起始点 10 mm 。通过循环 HOLES1 定义成排孔的几何特性。首先使用循环 CYCLE82 进行钻削，然后用 CYCLE84 进行攻螺纹（刚性攻螺纹）。钻孔深度为 80mm （基准面和最终钻削深度之间的差值）。

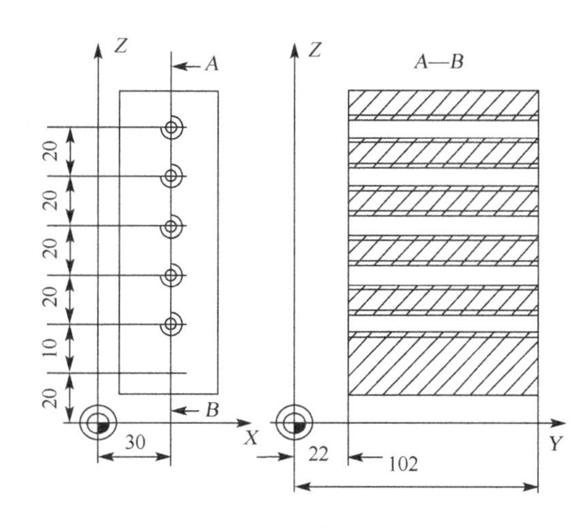

图 5-56　成排孔工件图

程序如下。

```
N10 G90 F30 S500 M3 T10 D1              ; 规定加工的工艺数值
N20 G17 G90 X20 Z105 Y30                ; 逼近起始位置
N30 MCALL CYCLE82(105,102,2,22,0,1)     ; 模态调用钻削循环
N40 HOLES1(20, 30, 0, 10, 20, 5)        ; 排孔循环，从第一个孔开始循环
N50 MCALL                               ; 撤销模态调用
…                                       ; 换刀（丝锥）
N60 G90 G0 X30 Z110 Y105                ; 逼近第五个孔旁边的位置
N70 MCALL CYCLE84(105,102,2,22,0,       ; 模态调用攻螺纹循环
,3, ,4.2, ,300, )
N80 HOLES1(20, 30, 0, 10, 20, 5)        ; 调用从第五个孔起始的排孔循环
N90 MCALL                               ; 撤销模态调用
N100 M02                                ; 程序结束
```

5.6.2 圆弧排孔图循环 HOLES2

图循环 HOLES2 用于定义排列于一个圆弧上的多个孔，如果加工这些孔，必须在调用图循环之前确定加工平面，且模态选择的钻削循环，编程格式如下。

HOLES2 (CPA, CPO, RAD, STA1, INDA, NUM)

式中参数含义如表 5-7 所示。

进入 HOLES2 图循环操作步骤，参见图 5-43。按 键→软键“钻削”→软键“孔模式” →软键“孔圆弧排列”，打开窗口如图 5-57 所示。

表 5-7 圆弧排孔图循环 HOLES2 参数

参数	数据类型	说 明
CPA	实数	圆弧孔圆心（绝对），平面的第一轴
CPO	实数	圆弧孔圆心（绝对），平面的第二轴
RAD	实数	起始角
STA1	实数	起始角，值范围为 - 180° <STA1≤180°
INDA	实数	增量角
NUM	整数	钻孔数量

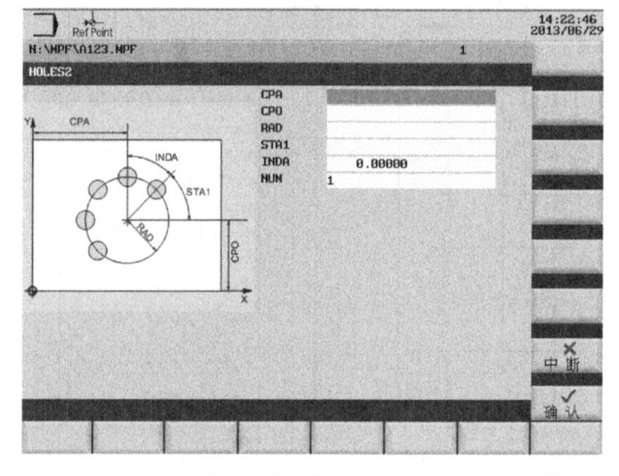

图 5-57 圆弧排孔图循环 HOLES2 参数设置窗口

编程示例：圆弧排孔图循环。

试编程加工 4 个深度为 30mm 的孔，如图 5-58 所示。排孔在 *XY* 平面中通过圆心（X70，Y60）和半径 42mm 的确定圆弧。起始角为 33°，*Z* 轴上的安全距离为 2mm。

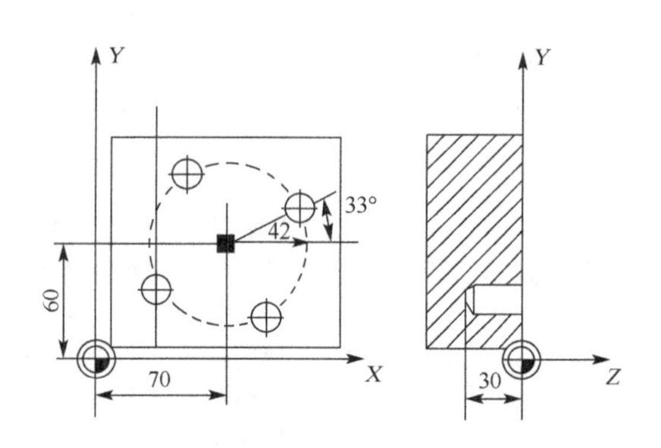

图 5-58 圆弧排孔工件图

程序如下。

```
N10 G90 F140 S170 M3 T10 D1        ; 确定工艺数值
N20 G17 G0 X50 Y45 Z2              ; 逼近起始位置
N30 MCALL CYCLE82(2, 0, 2, ,30,0)    ; 模态调用钻削循环，不设定停留时间，不编程
                                       DP
N40 HOLES2 (70, 60, 42, 33, 0, 4); 圆弧排孔，没有设定 INDA，增量角在循环中计算
N50 MCALL                          ; 撤销模态调用
N60 M02                            ; 程序结束
```

5.6.3 任意位置孔图循环 CYCLE802

图循环 CYCLE802 可以使用直角坐标或极坐标自由地编写孔位置，编程格式为

CYCLE802 (111111111, 111111111, X0 , Y0, X1, Y1, X2, Y2, X3, Y3, X4, Y4)

式中参数含义如表 5-8 所示。

进入 CYCLE802 图循环操作步骤，参见图 5-43。按 [程序编辑] 键→软键“钻削”→软键“孔模式” →软键“孔圆弧排列”，打开窗口如图 5-59 所示。

表 5-8 图循环 CYCLE802 参数

参数	数据类型	说 明
PSYS	整数	内部参数，只允许默认值 111111111
PSYS	整数	内部参数，只允许默认值 111111111
X0	实数	*X* 轴上的第一个位置
Y0	实数	*Y* 轴上的第一个位置
X1	实数	*X* 轴上的第二个位置
Y1	实数	*Y* 轴上的第二个位置
X2	实数	*X* 轴上的第三个位置
Y2	实数	*Y* 轴上的第三个位置
X3	实数	*X* 轴上的第四个位置
Y3	实数	*Y* 轴上的第四个位置
X4	实数	*X* 轴上的第五个位置
Y4	实数	*Y* 轴上的第五个位置

注：表中 X0,Y0 … X4,Y4 均采用绝对坐标编程。

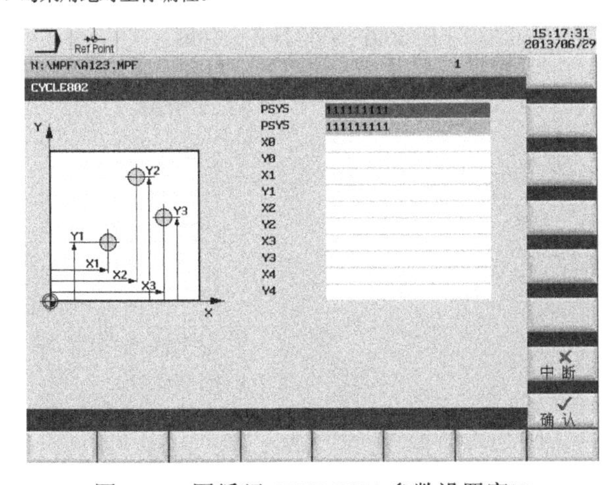

图 5-59 图循环 CYCLE802 参数设置窗口

编程示例：选择 G17 平面，在 *A*、*B*、*C* 三个位置钻孔，*A*(X20 Y20),*B*(X40 Y25),*C*(X30 Y40)。程序如下。

```
N10 G90 G17                                            ；绝对尺寸数据 XY 平面
N20 T10                                                ；选择刀具
N30 M06                                                ；换刀
S800 M3                                                ；主轴转速，主轴顺时针旋转
M08 F140                                               ；进给率，冷却液开
G0 X0 Y0 Z20                                           ；逼近起始位置
MCALL CYCLE82 (2, 0, 2, -5, 5, 0)                      ；钻削模态子程序调用
N40 CYCLE802 (111111111, 111111111,20,20,40,25,30,40) ；调用图循环
N50 MCALL                                              ；撤销模态子程序调用
N60 M30                                                ；程序结束
```

5.6.4 在图循环中参数 R 应用

R 参数可以作为图循环的传送参数。

【例 5-12】 编程加工如图 5-60 所示网格排孔孔。总计 5 行，每行 5 个孔，这些孔均位于 *XY* 平面并且相互之间间距 10mm。钻孔网格的起始点位于（*X*30 *Y*20）。

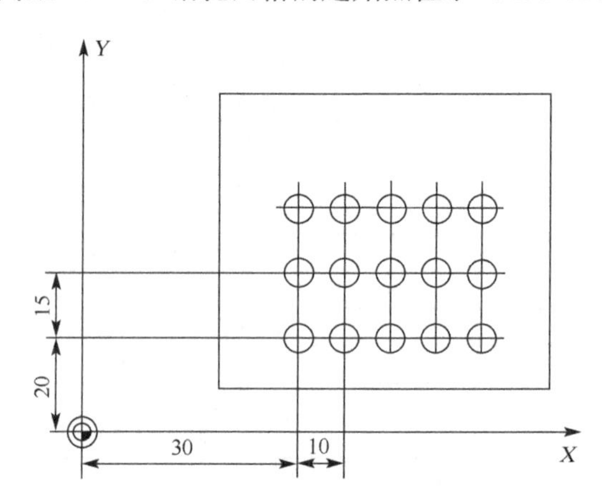

图 5-60 网格排孔工件图

例 5-12 程序 解释

```
R10=102        ；基准面
R11=105        ；退回平面
R12=2          ；安全距离
R13=75         ；钻孔深度
R14=30         ；平面内第 1 轴上孔行的基准点
R15=20         ；平面内第 2 轴上孔行的基准点
R16=0          ；起始角
R17=10         ；第一个孔道基准点的距离
R18=10         ；孔距
R19=5          ；每行的孔数
```

```
R20=5                                    ；行数
R21=0                                    ；行数计数
R22=10                                   ；行距
N10 G90 F300 S500 M3 T10 D1              ；规定工艺数值
N20 G17 G0 X=R14 Y=R15 Z105              ；逼近起始位置
N30 MCALL CYCLE82(R11, R10, R12, R13,    ；模态调用钻削循环
0, 1)
N40 LABEL1:                              ；调用排孔循环
N45 HOLES1(R14, R15, R16, R17, R18,
R19)
N50 R15=R15+R22                          ；计算下一行的Y值
N60 R21=R21+1                            ；增量行计数器
N70 IF R21<R20 GOTOB LABEL1              ；如果满足该条件就返回到 LABEL1
N80 MCALL                                ；撤销模态调用
N90 G90 G0 X30 Y20 Z105                  ；逼近起始位置
N100 M02                                 ；程序结束
```

5.7 铣削循环

5.7.1 铣削循环概述

（1）铣削循环指令种类

打开定义铣削循环窗口操作步骤：按 PPU 上的“程序编辑”键（程序编辑）→软键“铣削”，打开铣削循环窗口如图 5-61 所示，图中垂直软键及其子菜单中的软键可打开各种铣削循环定义窗口，包括 CYCLE71（平面铣削），CYCLE72（轮廓铣削），CYCLE76（铣削矩形凸台），CYCLE77（铣削圆形凸台），LONGHOLE（长孔形），SLOT1（铣槽，槽位于一个圆弧上），SLOT2(用任意铣削刀铣削环形槽),POCKET3(用任意铣削刀铣削矩形腔),POCKET4(铣削圆形),CYCLE90(螺纹铣削),CYCLE832(快速设置)。

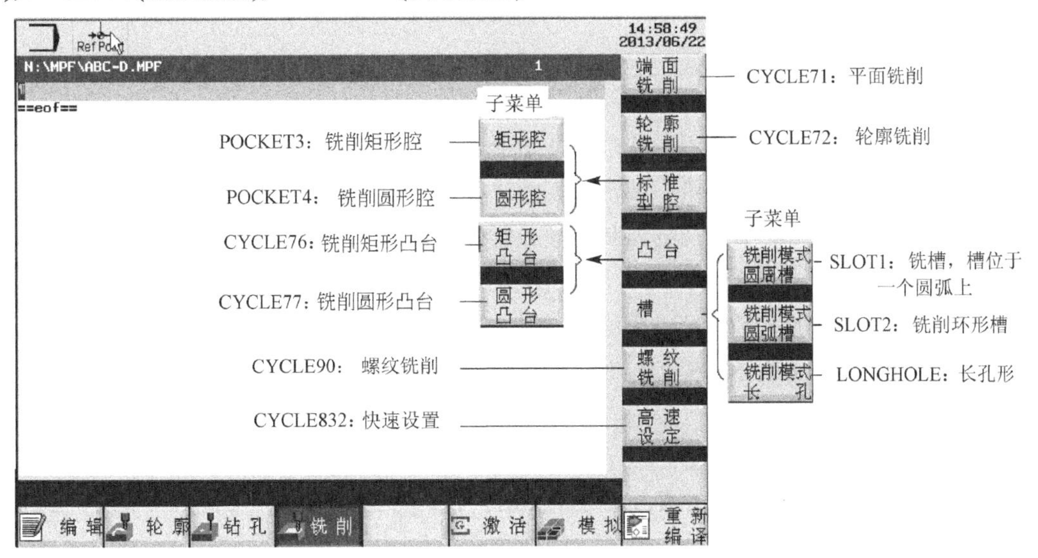

图 5-61　定义铣削循环窗口

（2）调用和返回铣削循环前提条件

在调用铣削循环之前必须激活刀具补偿。如果在铣削循环中没有提供适当的参数，则须在零件程序中设置进给率、主轴转速和主轴旋转方向。在矩形坐标系统中对加工的铣削图形或腔的中心点坐标进行编程。循环调用之前的有效 G 功能和当前可编程框架在循环调用之后仍有效。

（3）平面定义

一般情况下，在铣削循环中，在选择了一个平面(G17、G18 或 G19)并激活了一个可编程框架后，可视为已经定义了当前工件坐标系。进给轴始终为该坐标系的第 3 轴，如图 5-62 所示。

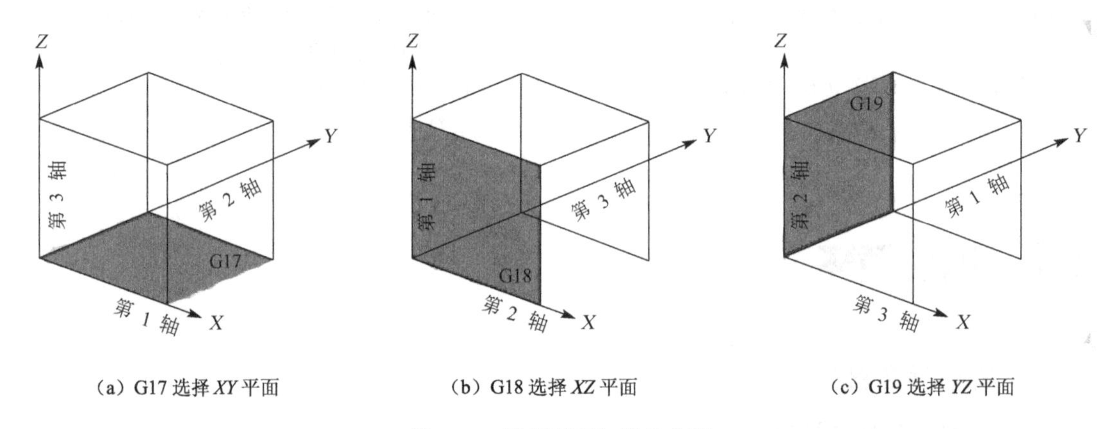

（a）G17 选择 XY 平面　　（b）G18 选择 XZ 平面　　（c）G19 选择 YZ 平面

图 5-62　选择平面与轴的分配

（4）与加工状态相关的信息

在执行铣削循环的过程中，屏幕上会显示各种与加工状态相关的信息，可能显示的信息：“正被加工的长孔形<编号>(第一幅图)”、“正被加工的槽<编号>(另一幅图)”、“正被加工的环形槽<编号>(最后一幅图)” 等。在信息文本部分，均有一个正在加工形状的序号。这些信息不中断程序执行，并且一直保持直至显示下一个信息或循环结束。

5.7.2 平面铣削 CYCLE71

平面 CYCLE71 铣削循环用于铣削任意矩形表面。对表面加工分为粗铣和精铣，粗铣可分几步加工，直至达到精铣余量，精铣对表面进行一次切削，铣除精铣余量，可以规定最大进刀宽度和深度。该循环不与切削刀具半径补偿配合作用。在开放式轮廓中执行深度进刀。

（1）CYCLE71 循环指令

平面（端面）铣削 CYCLE71 编程格式：

CYCLE71(_RTP,_RFP,_SDIS,_DP,_PA,_PO,_LENG,_WID,_STA,_MID,_MIDA,_FDP,_FALD,_FFP1,_VARI,_FDP1)

式中参数含义如表 5-9 所述。

进入 CYCLE71 循环操作步骤，参见图 5-61。按 [程序编辑] 键→软键“铣削”→软键“端面铣削”，打开窗口如图 5-63 所示。

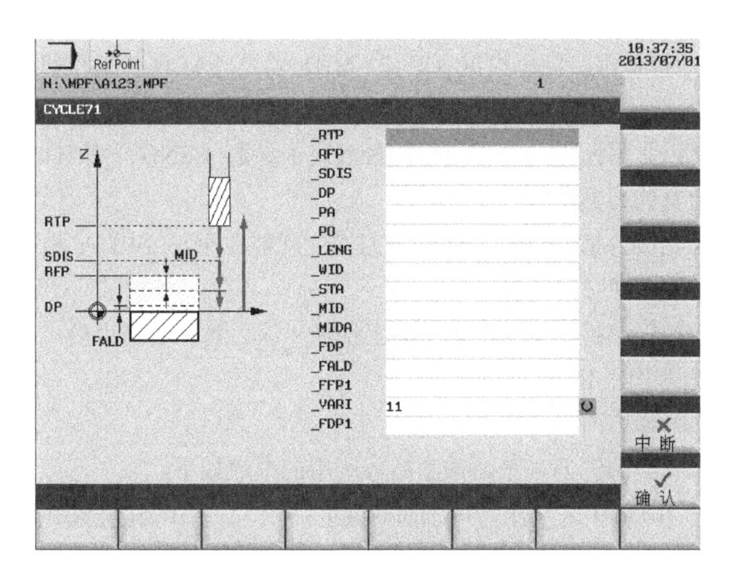

图 5-63 端面铣削 CYCLE71 参数定义窗口

表 5-9 循环 CYCLE71 参数

参数	数据类型	说 明
_RTP	实数	退回平面（绝对坐标）
_RFP	实数	基准面（绝对坐标）
_SDIS	实数	安全距离（加到基准面，不输入符号）
_DP	实数	深度（绝对坐标）
_PA	实数	腔圆心（绝对坐标），平面内的第 1 轴
_PO	实数	腔圆心（绝对），平面内的第 2 轴
_LENG	实数	第 1 轴上的矩形长度，增量坐标。尺寸起始的拐角由符号决定
_WID	实数	第 2 轴上的矩形长度，增量坐标。尺寸起始的拐角由符号决定
_STA	实数	矩形纵向轴与平面第 1 轴（横坐标，不输入符号）之间的夹角，值范围：0° ≤STA<180°
_MID	实数	最大进刀深度（不输入符号）
_MIDA	实数	以数值设定平面加工时的最大进刀宽度（不输入符号）
_FDP	实数	精加工方向上的退回行程（增量，不输入符号）
_FALD	实数	深度方向上的精加工量（增量，不输入符号）
_FFP1	实数	表面加工进给速度
_VARI	整数	加工方式（不输入符号） 个位值：1—粗加工；2—精加工 十位值：1—与平面中的第 1 轴平行，在一个方向上； 2—与平面中的第 2 轴平行，在一个方向上； 3—与平面中的第 1 轴平行，在交替方向上； 4—与平面中的第 2 轴平行，在交替方向上
_FDP1	实数	平面进刀方向上的超程（增量，不输入符号）

（2）CYCLE71 循环加工过程

循环开始之前到达的位置：循环起始位置在退回平面的高度不碰撞逼近进刀点的任意位置。循环运动过程如下。

① 定位到切入进刀点。平面铣削在开放式轮廓中加工，所以进刀使用 G0 指令，首先用 G0 在水平方向逼近进刀点，然后进刀通过安全距离、基准面，直至加工平面。

② 粗加工的运行过程。可以根据_DP 、_MID 以及_FALD 的编程值，在多个平面中执行平面铣削。从顶部开始，向下加工，即依次去掉每个平面，在开放式轮廓中执行下一次深度进刀（_FDP 参数）。平面中的加工运行路径取决于参数_LENG、_WID、_MIDA、_FDP、_FDP1 以及有效刀具的刀具半径。

首个铣削路径始终为横向路径，这样进刀深度就能完全与_MIDA 相符，从而确保了进刀宽度均不超过最大允许进刀宽度。

③精加工运行过程。精加工在整个平面上铣削一次。精加工结束后，从最终位置上退回刀具，并定位到退回平面_RTP。

（3）平面铣削编程示例

使用直径为 20mm 的铣刀，平面铣削循环所用的参数如下。

_RTP（退回平面）:10 mm　_RFP(基准面): 0 mm　_SDIS(安全距离):2 mm

_DP(铣削深度):–11 mm　_PA(矩形的起始点):*X*=100 mm　_PO(矩形的起始点):*Y*=100 mm

_LENG(矩形尺寸): *X* =+60mm　_WID(矩形尺寸):*Y*=+40 mm　_STA(平面中的旋转角):10°

_MID（最大进刀深度）: 6mm　_MIDA（最大进刀宽度）: 10mm　_FDP（在铣削路径终点退回）: 5mm

_FALD（深度中的精加工公差）：无精加工余量　_FFP1（平面上的进给率）: 4 mm/min

_VARI（加工方式）：31（在交替方向上，以平行于 *X* 轴的方式粗加工）

_FDP1（刀沿的几何尺寸决定最后切削的超程）：2mm

程序如下。

```
N10 T2 D2
N20 G17 G0 G90 G54 G94 F2000 X0 Y0 Z20                          ；逼近起始位置
N30 CYCLE71(10,0,2,-11,100,100,60,40,10,6,10,5,0,4000,31,2)；循环调用
N40 G0 G90 X0 Y0
N50 M02                                                          ；程序结束
```

5.7.3 轮廓铣削 CYCLE72

（1）轮廓铣削循环 CYCLE72

CYCLE72 循环用于铣削由子程序定义的轮廓，加工的轮廓不一定封闭。该循环可以与刀具半径补偿配合作用，也可以不与刀具半径补偿配合。通过刀具半径补偿，使刀具中心位于轮廓线上、还是偏向轮廓线的左侧或右侧，从而确定加工轮廓线的内圆弧还是外圆弧。由于轮廓子程序在循环内部调用，因此轮廓子程序须包括由起始点出发的开始程序段和到达终点的结束程序段，轮廓程序顺序必须与铣削方向相同。

编程格式为

CYCLE72(,_RTP,_RFP,_SDIS,_DP,_MID,_FAL,_FALD,_FFP1,_FFD,_VARI,_RL,_AS1,_LP1,_FF3,_AS2,_LP2)

式中参数含义如表 5-10 所述。

进入 CYCLE72 循环操作步骤，参见图 5-61。按 [程序编辑] 键→软键“铣削”→软键“轮廓铣削”，打开窗口如图 5-64（a）所示,当输入参数_RTP 时窗口变为如图 5-64（b）所示。

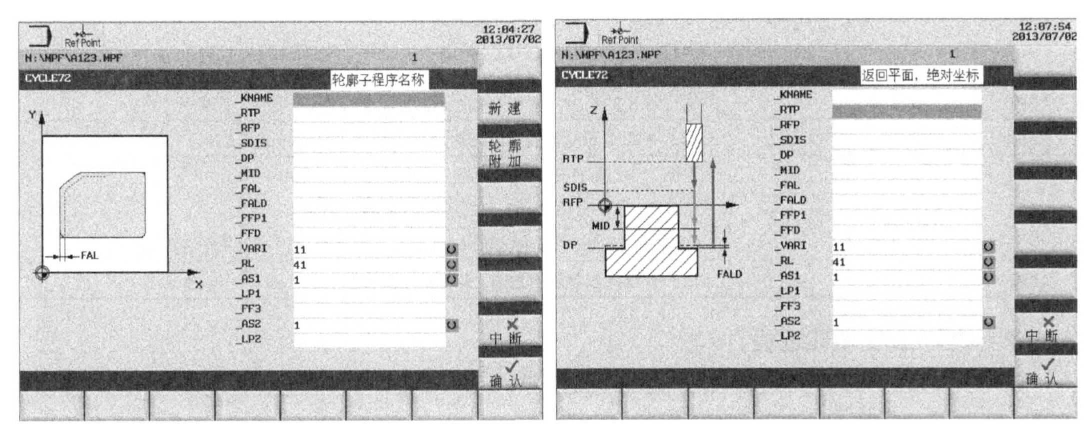

（a）定义_KNAME 等参数窗口　　（b）定义_RFP 等参数窗口

图 5-64　轮廓铣削 CYCLE72 参数定义窗口

表 5-10　循环 CYCLE72 参数

参数	数据类型	说　明
_KNAME	STRING	轮廓子程序名
_RTP	实数	退回平面（绝对坐标）
_RFP	实数	基准面（绝对坐标）
_SDIS	实数	安全距离（加到基准面，不输入符号）
_DP	实数	深度（绝对坐标）
_MID	实数	最大进刀深度（增量，不输入符号）
_FAL	实数	边缘轮廓的精加工余量（不输入符号）
_FALD	实数	底部精加工余量（增量，不输入符号）
_FFP1	实数	表面加工进给率
_FFD	实数	深度进刀的进给率（不输入符号）
_VARI	实数	加工方式（不输入符号） 个位值：1—粗加工；2—精加工； 十位值：0—通过 G0 实现的中间行程；1—通过 G1 实现的中间行程 百位值：0—在铣削路径终点退回，直至达到_RTP； 1—在铣削路径终点退回，直至达到_RFP+_SDIS； 2—在轮廓终点退回，退回行程为_SDIS； 3—轮廓终点处不退回
_RL	整数	沿着轮廓中心线，或偏向左侧，或偏向右侧，值（不输入符号）： 40—G40（逼近和回退，仅走直线），沿轮廓中心线走刀； 41—G41 偏向轮廓中心线左侧走刀； 42—G42 偏向轮廓中心线右侧走刀

参数	数据类型	说　明
_AS1	整数	逼近方向/ 路径规定，值（不输入符号）为 个位值：1—直切线；2—象限；3—半圆 十位值：0—在平面中逼近轮廓；1—在空间路径上逼近轮廓
_LP1	实数	逼近行程的长度（直线），或者逼近弧线的半径（圆）（不输入符号）
_FF3	实数	到达平面中间位置的退回进给率及进给率（在开放式轮廓中）
_AS2	整数	退回方向/ 路径规定为（不输入符号） 个位值：1—直切线；2—象限；3—半圆 十位值：0—在平面中从轮廓处退回；1—在空间路径上从轮廓处退回
_LP2	实数	退回行程的长度（直线），或者退回弧线的半径（圆）（不输入符号）

（2）CYCLE72 循环过程

循环开始之前刀具到达起始位置，在退回平面的高度，无碰撞逼近轮廓起始点的任意位置。

① 粗加工时，该循环产生以下的运动过程。

a. 利用 G0/G1(和 FF3)横移至首次铣削的起始点，由控制系统内部计算这个点。该程序段中，刀具半径补偿被激活。

b. 利用 G0/G1 执行深度进刀，直至达到“首次或下一次加工深度+已编程的安全距离”。首次加工深度由如下数据决定：总深度、精加工余量、最大允许深度进刀。

c. 根据深度进刀参数_FFD，垂直逼近轮廓；然后根据已编程的进给率_FFP1 ，在平面上逼近轮廓，或者根据以平稳逼近的编程方式在_FAD 下设定的进给率，以 3D 方式逼近轮廓。

d. 利用 G40/G41/G42，沿着轮廓铣削循环。

e. 利用 G1，从轮廓处平稳退回，在表面加工过程中以等同于退回量的方式继续进刀。

f. 根据编程情况，利用 G0/G1（并根据中间路径的进给率_FF3），执行退回。

g. 利用 G0/G1(和_FF3)，退回至深度进刀点。

h. 在下一个加工平面中重复上述运动，直至在深度上达到精加工余量。

粗加工结束时，刀具位于与退回平面等高的轮廓退回点（由控制系统中内部计算）上方。

② 精加工时，该循环产生以下的运动过程。

在精加工过程中，沿着轮廓底部以相应进刀方式进行铣削，直至达到最终尺寸。根据现有参数，执行轮廓的平稳逼近和退回。在控制系统内部计算合适的路径。在循环结束时，刀具位于与退回平面等高的轮廓退回点。

（3）立铣刀径向进刀和退刀路线——逼近路径和退回路径

① 逼近路径的进刀量、退回路径的退刀量。圆柱铣刀沿径向切入工件开始时要加速，离开工件时要减速，在加速和减速的过程中，刀具运动不平稳，所以在加速和减速过程中不应切削工件，所以刀具逼近路径和退回路径要分别安排切入量和切出量，即为避开加速和减速过程必须附加一小段行程长度，使刀具在切入过程中完成加速，达到匀速状态，而当刀具离开工件后的切出中减速停止。例如在已加工面上钻孔、镗孔，切入量取 1 ～ 3 mm。在未经加工面上钻孔、镗孔，切入量取 5～8mm，等等。

② 沿直线的逼近路径和退回路径。铣削过程中，用立铣刀侧刃精加工曲面刀具，沿工

件曲面法向逼近路径，则刀具必须在切入点转向，此时进给运动有短暂停顿，使加工表面的切入点处产生明显刀痕。而沿工件加工表面的切向进刀逼近路径，刀具的切入运动与切削进给运动连续，可避免在加工表面产生刀痕。同样原因，退回路径也是如此。

所以精铣削轮廓表面时，逼近路径和退回路径应沿加工表面切向进刀和退刀。这样可以使进给运动连续，能保证加工表面光滑连接。

例如铣削外圆柱面时采用与工件轮廓曲面相切的直线段路线进刀、退刀，刀具轨迹为1→2→3→4→5，如图 5-65 所示。当整圆加工完毕时，不要在切点处直接取消刀补，而应让刀具直线方向运动一段间隔，以免取消刀补时，刀具与工件表面相碰，造成工件报废。

③ 沿圆弧段的逼近路径和退回路径。铣削内圆弧时也要遵循从切向进刀的原则，方法是采用与工件轮廓曲面相切的四分之一或半圆的圆弧段进刀和退刀，使圆弧段与切削轨迹相切，此时要求进、退刀的圆弧段的半径大于铣刀直径的两倍。刀具轨迹为 1→2→3→4→5，如图 5-66 所示。当整圆加工完毕时，不要在切点处直接退刀，而应让刀具运动一段间隔，以免取消刀补时，刀具与工件表面相碰，造成工件报废。

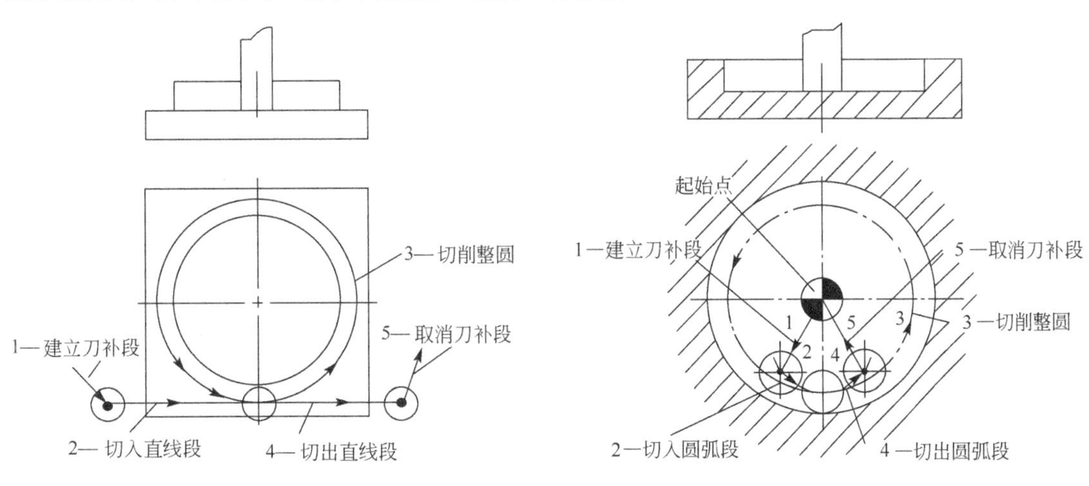

图 5-65 铣削外圆弧面沿直线的逼近和退回路径　　图 5-66 铣削内圆弧面沿圆弧段逼近和退回路径

④ 参数_AS1、_AS2（逼近方向/ 路径、退回方向/ 路径）。

利用参数_AS1 设定逼近路径的规格，参数_AS2 设定退回路径的规格，如图 5-67 所示。如果未设置_AS2，则退回路径与逼近路径相同。刀具执行这种逼近操作时，才能沿着空间路径（螺旋或直线）执行平稳的轮廓逼近。

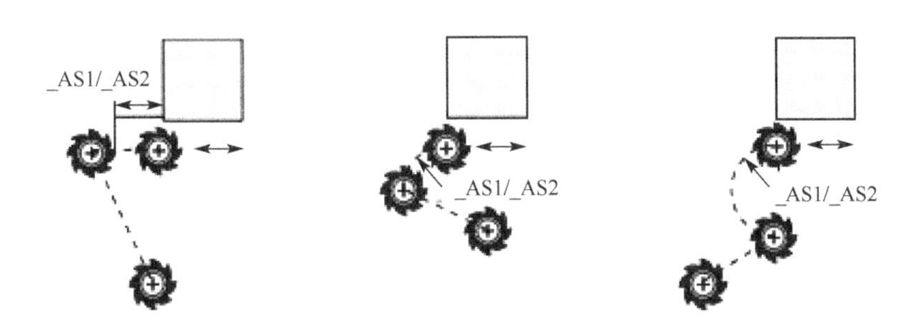

（a）轮廓沿着直线逼近/返回　（b）轮廓沿着四分圆逼近/返回　（c）轮廓沿着半圆逼近/返回

图 5-67 _AS1、_AS2（逼近方向/ 路径、退回方向/ 路径）

（4）轮廓（子程序）编程

轮廓编程时注意如下几点。

① 在达到第一个编程位置之前，不得在子程序中选择可编程偏移。

② 轮廓子程序的第一个程序段是一个包括 G90/G0 或 G90/G1 直线的程序段，用于定义轮廓起点。

③ 轮廓的起始点是加工平面中第一个编程位置，其在轮廓子程序中编程。

④ 在主程序循环中选择使用或取消刀具半径补偿；轮廓子程序中不对 G40、G41、G42 进行编程。

（5）沿着封闭式轮廓的外圆弧铣削编程示例

【例 5-13】 采用立铣刀，编写如图 5-68 零件外形轮廓的程序。

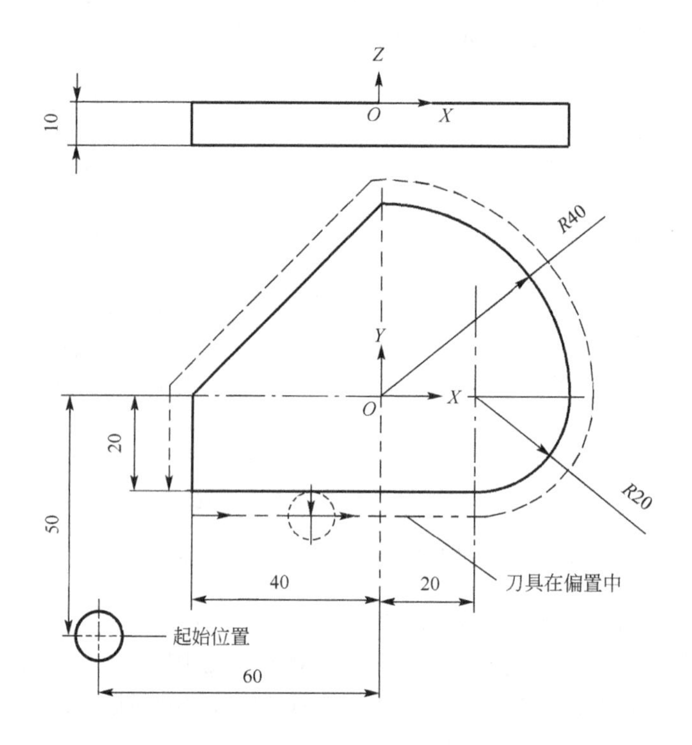

图 5-68　零件图（Z 轴程序原点位于工件上表面）

① 工艺方案。

a．刀具。ϕ15mm 立铣刀。

b．安全高度。50mm，工件厚度为 10mm 。

c．刀具补偿。刀具半径补偿方式。

d．编程路线。如图 5-68 实线所示为工件轮廓，以工件轮廓为编程路线，采用刀具半径补偿后，刀具实际轨迹如图中虚线所示。

② 例 5-13 程序示例 1。

程序	解释
A123.MPF	；程序名
N10 T3 D1	；T3 表示直径为 15mm 的铣刀
N20 S500 M3 F2000	；对进给率和主轴转速进行编程
N30 G17 G94 G90 G0 X-60 Y-50 Z50	；逼近起始位置
CYCLE72(“CNTOUR101”,50,2,3,12,4,1,0,500,300,11,42,1,20,1000,1,20)	；调循环切削
N40 G0 X-60 Y-50	
N60 M2	；程序结束
CONTOUR101.SPF	；轮廓铣削用子程序
N14 G1 X-40 Y-20	；轮廓起始点
N16 X20	；直线轮廓
N18 G3 X40 Y0 CR=20	；圆弧 *R*20mm
N20 X0 Y40 CR=40	；圆弧 *R*40mm
N22 G01 X-40 Y0	；直线
N24 Y-20	；直线
M2	子程序结束

③ 程序输入步骤。

程序输入步骤见表 5-11 所示。

表 5-11 程序输入操作步骤

步骤	操 作 说 明	屏幕显示窗口
1	在程序编辑器窗口中，按下“铣削”，如右图所示	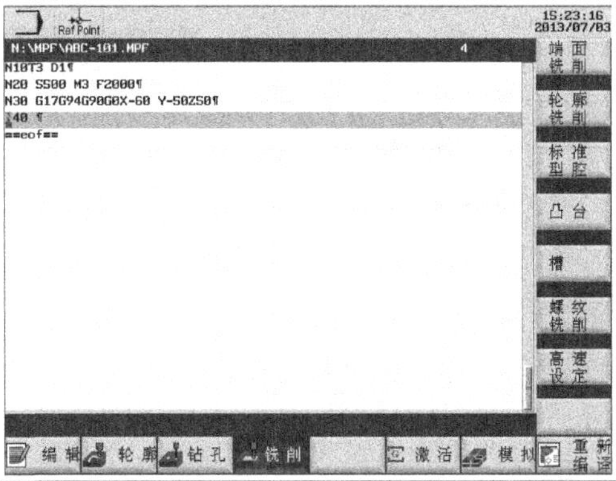
2	输入到 N40 段时，在右图窗口的垂直软键中选择“轮廓铣削”	
3	打开 CYCLE 72 参数设置窗口，如右图所示	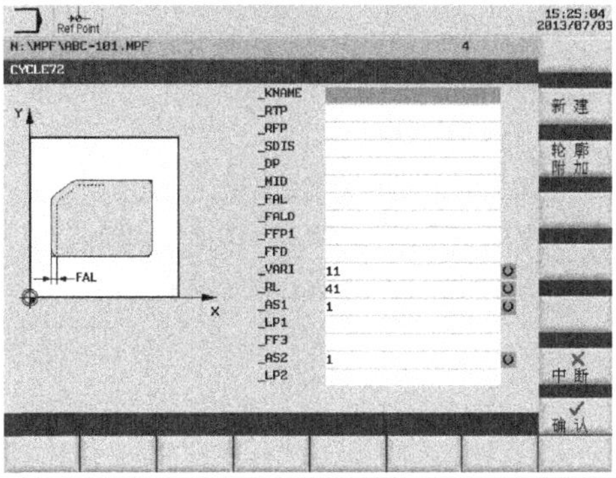

续表

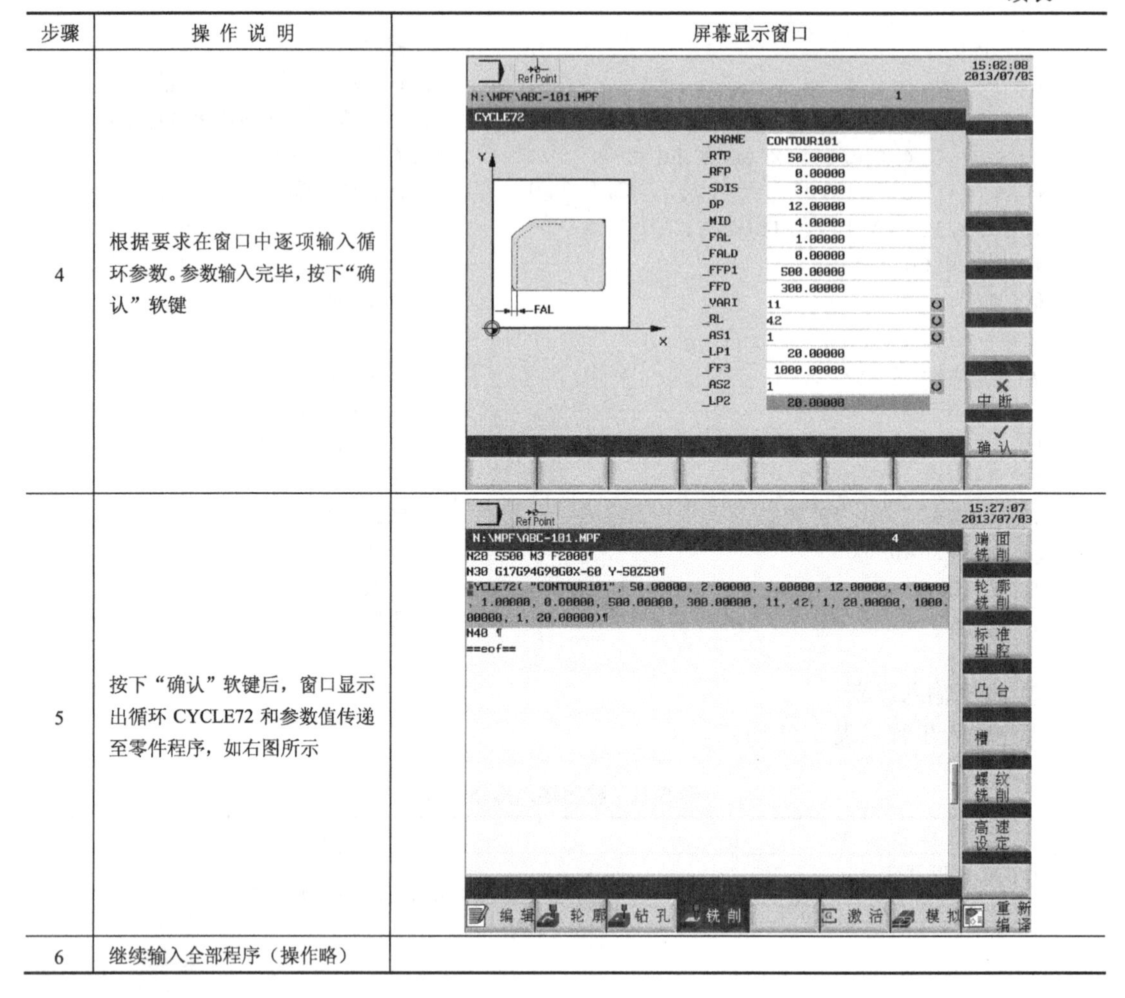

步骤	操 作 说 明	屏幕显示窗口
4	根据要求在窗口中逐项输入循环参数。参数输入完毕，按下“确认”软键	
5	按下“确认”软键后，窗口显示出循环 CYCLE72 和参数值传递至零件程序，如右图所示	
6	继续输入全部程序（操作略）	

④ 例 5-13 程序示例 2。

下述程序也可以铣削例 5-13 中的零件，区别在于轮廓不是用子程序，而是把轮廓编程安排在调用程序中。

例 5-13 程序（轮廓编程在调用程序中）　　　　解释

```
A124.MPF                                       ；程序名
N10 T3 D1                                      ；T3 表示直径为 15mm 的铣刀
N20 S500 M3 F2000                              ；对进给率和主轴转速进行编程
N30 G17 G94 G90 G0 X-60 Y-50 Z50               ；逼近起始位置
CYCLE72(“PIECE102:PIECE102E”,50,2,3,12,4,1,0,  ；调循环切削
500,300,11,42,1,20,1000,1,20)
N40 G0 X-60 Y-50
N60 M2                                         ；程序结束
PIECE102:                                      ；轮廓
N14 G1 X-40 Y-20                               ；轮廓起始点
```

```
N16  X20                          ; 直线轮廓
N18 G3 X40 Y0 CR=20               ; 圆弧 R20mm
N20 X0 Y40  CR=40                 ; 圆弧 R40mm
N22 G01 X-40 Y0                   ; 直线
N24 Y-20                          ; 直线
PIECE102E:                        ; 轮廓终点
M2                                ; 轮廓结束
```

5.7.4 铣削矩形腔（凹槽）循环 POCKET3

（1）铣削矩形腔（凹槽）POCKET3

POCKET3 铣削矩形腔指令。精加工时使用端面铣刀，深度方向进刀设在矩形腔中心点，为方便进刀，可在此位置预钻孔。循环 POCKET3 加工特点如下。

① 铣削方向可通过 G 指令（G2/G3）设定，也可以相对主轴旋转方向设定为顺铣或逆铣。

② 可编程精铣时的最大进刀宽度。

③ 可设置腔底部的精加工余量。

④ 有三种不同类型下刀插入材料深度的方法：垂直于腔中心点；沿围绕腔中心的螺旋线轨迹；在腔中心轴振动。

⑤ 精加工时在平面中的逼近行程较短。

⑥ 可利用平面中的腔型毛坯轮廓和底部的毛坯尺寸，对预成形腔进行最优加工。

（2）铣削矩形腔 POCKET3 程序指令

矩形腔 POCKET3 编程格式：

POCKET3(_RTP,_RFP,_SDIS,_DP,_LENG,_WID,_CRAD,_PA,_PO,_STA,_MID,_FAL,_FALD,_FFP1,_FFD,_CDIR,_VARI,_MIDA,_AP1,_AP2,_AD,_RAD1,_DP1)

式中参数含义如表 5-12 所述。

进入 POCKET3 循环操作步骤，参见图 5-61。按 [程序编辑] 键→软键“铣削”→软键“标准型腔削”→软键“矩形腔”，打开窗口如图 5-69 所示。

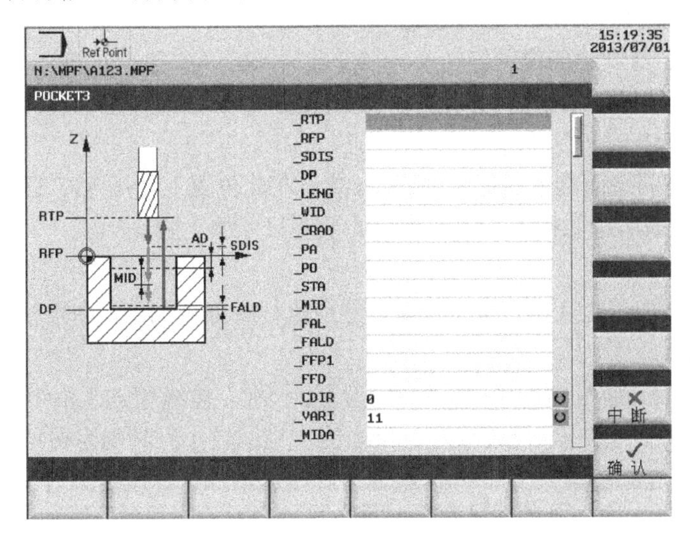

图 5-69　POCKET3 铣削矩形腔参数定义窗口

表 5-12　循环 POCKET3 参数

参数	数据类型	说　明
_RTP	实数	退回平面（绝对坐标）
_RFP	实数	基准面（绝对坐标）
_SDIS	实数	安全距离（不输入符号）
_DP	实数	腔深度（绝对坐标）
_LENG	实数	腔长度，从带符号的角处计算
_WID	实数	腔宽度，从带符号的角处计算
_CRAD	实数	凹槽拐角半径（不输入符号）
_PA	实数	凹槽基准点（绝对），平面内的第 1 轴
_PO	实数	凹槽基准点（绝对），平面内的第 2 轴
_STA	实数	凹槽纵向轴与平面内第 1 轴间角度（不输入符号），值范围：0° ≤STA<180°
_MID	实数	最大进刀深度（不输入符号）
_FAL	实数	腔边缘精加工余量（不输入符号）
_FALD	实数	底部精加工余量（不输入符号）
_FFP1	实数	表面加工进给
_FFD	实数	深度进给
_CDIR	整数	铣削方向（不输入符号），值：0—顺铣（与主轴旋转方向一致）；1—逆铣； 2—使用 G2 （与主轴旋转方向无关）；3—使用 G3
_VARI	整数	加工方式 ，个位值： 1—粗加工；2—精加工 十位值：0—使用 G0 垂直于腔中心点；1—使用 G1 垂直于腔中心点 2—沿螺旋线轨迹；　　　　3—沿着凹槽纵轴振动
其他参数限定粗铣时的插入方案和叠加（不输入符号），可选择设定		
_MIDA	实数	以数值设定平面粗铣时的最大进刀宽度
_AP1	实数	腔长度的毛坯尺寸
_AP2	实数	腔宽度的毛坯尺寸
_AD	实数	毛坯尺寸，相对于基准面的腔深度
_RAD1	实数	插入时的螺旋线轨迹半径（参考刀具中心点轨迹）或往复运行最大插入角度
_DP1	实数	旋转 360° 时的插入深度（以螺旋线轨迹插入）

（3）铣削矩形腔 POCKET3 运行过程

① 循环开始之前到达的位置。

起始位置可为能以退回平面的高度无碰撞逼近腔中心点的任意位置。

② 粗加工的运行过程。

使用 G0 以退回平面高度逼近腔中心点，接着在此位置上使用 G0 逼近前移了安全距离的基准面。之后根据所选的插入方案和编程的毛坯尺寸加工腔。

③ 精加工运行过程。

a．首先在边缘加工至底部精加工余量，然后执行底部精加工。如果精加工余量为零，则不进行精加工操作。

b．边缘精加工。边缘精加工时只绕行腔周边一次。边缘精加工沿半径小于拐角半径的四分之一圆轨迹进行。轨迹半径通常为 2mm，当“空间较小”时则为拐角半径和铣刀半径的差值。如果精加工边缘余量大于 2mm，逼近半径相应增加。深度进刀时使用 G0 向腔中心点空运行，并且使用 G0 运行到逼近轨迹的起始点。

c．底部精加工。执行底部精加工时，使用 G0 向腔中心运行直至腔深度+ 精加工余量+

安全距离，从该位置起使用深度进给率垂直于深度进行加工（使用端面铣刀进行精加工）。腔底部精加工只加工一次。

（4）铣刀插入工件材料设定

① 铣刀插入工件材料切削方法。

采用立铣刀铣削平面轮廓一般采用分层切削，即分层切除加工余量，刀具从工件上一切削层进入下一层时要求铣刀沿轴向切削插入。对于中心切削立铣刀可以沿轴线切入工件；对于刀具端面有中心孔的立铣刀，一次插入深度不得大于 0.5mm。

当工件加工的边界开敞时，应从工件坯料实体界外插入下刀。当加工工件轮廓封闭，立铣刀须沿其轴线方向下插入工件实体，此时要考虑刀具切入工件的下切方式，以及下切位置（下刀点），常用的轴向插入方法如下。

a．在工件上预制孔，沿孔直线插入。在工件上预制一个比立铣刀直径大的孔，立铣刀的轴向从已加工的孔引入工件，然后从刀具径向切入工件。此方法需要多用一把刀具（钻头），不推荐使用。

b．直线插入工件——振动插入。立铣刀分层插入工件，层间深度 a_p 与刀片尺寸有关，一般为 0.5～1.5mm。插入一层后横向移动，接插下一层，横向移动一次插入一层，刀具经多次往复达（振动）到所需插入深度，如图 5-70（a）所示。

c．按螺旋线的路线插入工件。立铣刀沿轴向切入轨迹是螺旋线，从工件的上一层沿螺旋线切入到下一层，螺旋线半径尽量取大一些，这样切入的效果会更好。刀具螺旋线轨迹如图 5-70（b）所示所示。

d．按具有斜度的路线切入工件——坡走下切。沿立铣刀轴向工件的两个切削层之间，立铣刀从上一层的高度沿斜线切入工件到下一层。刀具轨迹如图 5-70（c）所示，背吃刀量应小于刀片尺寸。

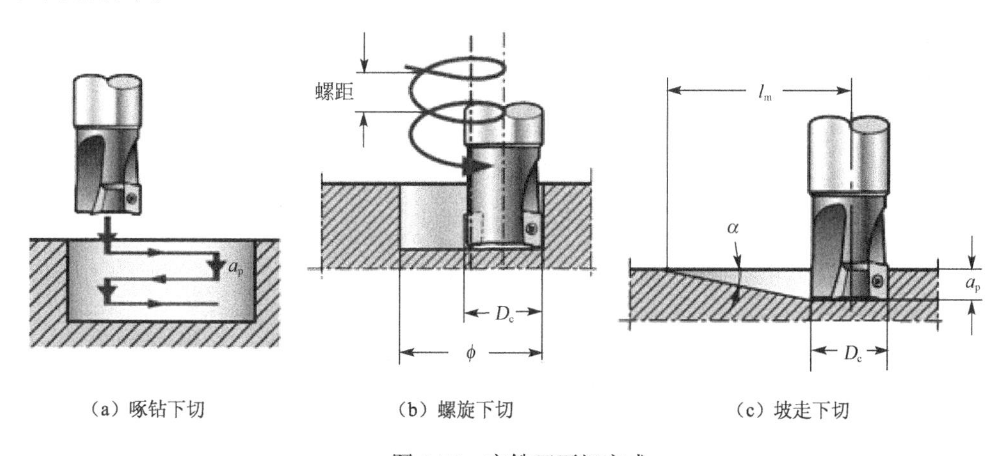

（a）啄钻下切　　（b）螺旋下切　　（c）坡走下切

图 5-70　立铣刀下切方式

② 设定插入方案（参数_RAD1,_DP1）。

a．垂直插入腔材料中心表示，在循环内部计算的当前进刀深度（_MID 中编程设定的最大进刀深度）在程序 G0 或者 G1 中执行。

b．沿着螺旋线轨迹插入表示切削刀具中心点沿着由半径 _RAD1 和每转 _DP1 深度确定的螺旋线轨迹移动。_FFD 中编程设定进给率。螺旋线轨迹的旋转方向即为旋转方向，通过此种方法加工腔。

_DP1 中编程设定的插入深度需参考最大深度和螺旋线轨迹的整数转数。如果达到当前进刀深度（可能沿着螺旋线轨迹转几圈），必须整圆旋转以防止插入路径倾斜。之后腔粗铣从该平面开始，直至达到精加工余量后结束。螺旋线轨迹的起点位于“正向”腔纵轴处，使用 G1 运行。

c. 插入腔中心轴时出现振动表示已插入切削刀具中心点，并沿着直线振动，直至到达下一个当前深度。在 _RAD1 中编程设定最大浸入角，循环中计算振动运行长度。如果达到当前深度，在没有深度进刀的情况下，该运行多执行一次，以防止插入路径倾斜。 _FFD 中编程设定进给速度。

（5）铣削腔编程示例

使用该程序加工 *XY* 平面上的腔，如图 5-71 所示。腔长度为 60mm，宽度为 40mm，拐角半径为 8mm，深度为 17.5mm。相对于 *X* 轴，该腔角度为 0。腔边缘精加工余量是 0.75mm，底部是 0.2 mm，加工到基准面上的 *Z* 轴安全距离是 0.5mm。腔中心点位于点（X60，Y40），最大进刀宽度是 4mm。

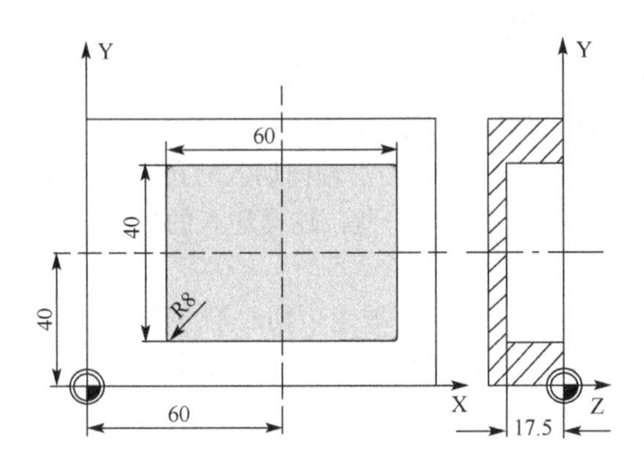

图 5-71　铣削矩形腔零件图

如果顺铣，加工方向取决于主轴的旋转方向，使用直径为ϕ10mm 的铣刀，图 5-71 加工程序如下。

```
N10 G90 T1 D1 S600 M4                       ; 确定工艺数值
N20 G17 G0 X60 Y40 Z5                       ; 逼近起始位置
N30 POCKET3(5,0,0.5,-17.5,60,40,8,60,40,0,4,
0.75,0.2,1000,750,0,11,5, , , , , ) ; 循环调用
N40 M2                                      ; 程序结束
```

5.7.5　铣削圆形腔(环形凹槽)循环 POCKET4

（1）铣削圆形腔（环形凹槽）POCKET4

POCKET4 循环用于在平面上加工圆形腔，精加工时使用端面铣刀，深度方向进刀设在圆形腔中心点，为方便进刀，可在此位置预钻孔。循环 POCKET4 加工特点如下。

① 铣削方向可通过 G 指令（G2/G3）设定，也可以相对主轴旋转方向设定为顺铣或逆铣。

② 可编程精铣时的最大进刀宽度。

③ 也可设置腔底部的精加工余量。

④ 有两种插入方案可供使用：垂直于腔中心点或沿围绕腔中心的螺旋线轨迹。

⑤ 精加工时在平面中的逼近行程较短。

⑥ 可使用平面中的毛坯轮廓和底部的毛坯尺寸（以实现对预成形腔的最优加工）。

⑦ 参数 MIDA 在边缘加工时重新计算。

（2）铣削圆形腔 POCKET4 程序指令

矩形腔 POCKET3 编程格式为：

POCKET4 (_RTP,_RFP, _SDIS,_DP,_PRAD,_PA,_PO,_MID,_FAL,_ FALD,_FFP1,_FFD,_CDIR, _VARI,_MIDA,_AP1,_AD,_RAD1,_DP1)

式中参数含义如表 5-13 所示。

表 5-13 循环 POCKET4 参数

参数	数据类型	说　明
_RTP	实数	退回平面（绝对坐标）
_RFP	实数	基准面（绝对坐标）
_SDIS	实数	安全距离（不输入符号）
_DP	实数	腔深度（绝对坐标）
_PRAD	实数	腔半径
_PA	实数	腔圆心（绝对），平面内的第一轴
_PO	实数	腔圆心（绝对），平面内的第二轴
_MID	实数	最大进刀深度（不输入符号）
_FAL	实数	腔边缘精加工余量（不输入符号）
_FALD	实数	底部精加工余量（不输入符号）
_FFP1	实数	表面加工进给
_FFD	实数	深度进给
_CDIR	整数	铣削方向（不输入符号），值：0—顺铣（与主轴旋转方向一致）；1—逆铣 2—使用 G2 （与主轴旋转方向无关）；3—使用 G3
_VARI	整数	加工方式 ，个位值： 1—粗加工；2—精加工 十位值：0—使用 G0 垂直于腔中心点；1—使用 G1 垂直于腔中心点； 2—沿螺旋线轨迹； 3—沿着凹槽纵轴振动
其他参数限定粗铣时的插入方案和叠加（不输入符号），可选择设定		
_MIDA	实数	以数值设定平面粗铣时的最大进刀宽度
_AP1	实数	腔半径尺寸
_AD	实数	毛坯尺寸，相对于基准面的腔深度
_RAD1	实数	插入时的螺旋线轨迹半径（参考刀具中心点轨迹）或往复运行最大插入角度
_DP1	实数	旋转 360° 时的插入深度（以螺旋线轨迹插入）

（3）铣削循环 POCKET4 运行过程

① 循环开始之前到达的位置。

起始位置在退回平面的高度无碰撞逼近腔中心点的任一位置。

② 粗加工运行过程（VARI=X1）。

使用G0在退回平面高度逼近腔中心点，接着在此位置上使用G0逼近安全距离的基准面。之后根据所选的插入方案和编程的毛坯尺寸加工腔。

③ 精加工运行过程。

精加工的顺序为：首先在边缘加工至底部精加工余量，然后执行底部精加工。如果精加工余量为零，则不进行精加工操作。

a．边缘精加工。边缘精加工时只绕行腔一次。边缘精加工沿半径小于拐角半径的四分圆轨迹进行。轨迹半径最大为 2mm，当“空间较小”时则为拐角半径和铣刀半径的差值。深度进刀时使用 G0 向腔中心点空运行，并且使用 G0 运行到逼近轨迹的起始点。

b．底部精加工。执行底部精加工时，使用 G0 向腔中心运行至：腔深度+精加工余量+安全距离。从该位置起使用深度进给率垂直于深度进行加工，腔底部精加工只加工一次。

（4）铣刀插入方案

同 5.7.4（4）节[“铣削矩形腔（凹槽）循环 POCKET3”]。

（5）铣削圆形腔编程示例

在 *YZ* 平面中加工一个圆形腔，如图 5-72 所示。圆心点为（Y50 Z50）。深度进刀的进给轴为 *X* 轴。不设定精加工余量和安全距离。腔加工时采用逆铣（相对于主轴旋转方向），沿螺旋线轨迹进刀，使用直径为 ϕ20mm 的立铣刀。

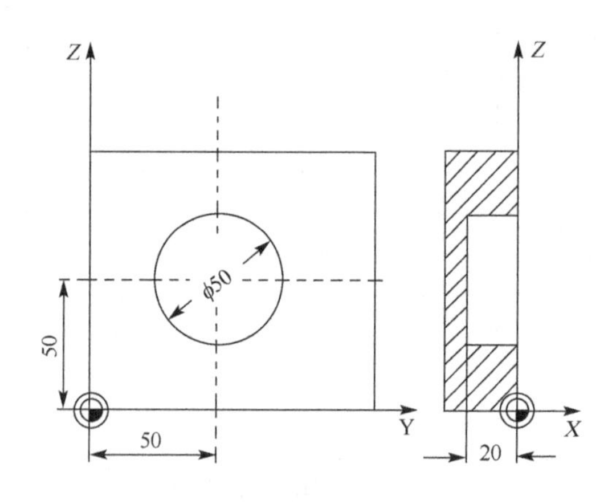

图 5-72　铣削圆形腔零件图

```
N10 G17 G90 G0 S650 M3 T1 D1                                ；确定工艺数值
N20 X50 Y50                                                 ；逼近起始位置
N30 POCKET4(3,0,0,-20,25,50,60,6,0,0,200, 100, 1, 21, 0, 0, 0, 2, 3) ；
循环调用不设置参数 FAL、FALD
N40 M2                                                      ；程序结束
```

第6章

西门子（SINUMERIK）系统数控铣床及加工中心操作

6.1 西门子（SINUMERIK）系统数控铣床操作界面

6.1.1 数控铣床操作部分

数控铣床操作通过操作面板完成，SINUMERIK 808 系统铣床操作面板与车床类似，分为两部分，即数控系统操作面板和机床控制面板。

6.1.2 数控系统操作面板（PPU）

数控系统操作面板简称 PPU 面板，如图 6-1 所示，铣床与车床相同，详见 3.1.2 节。

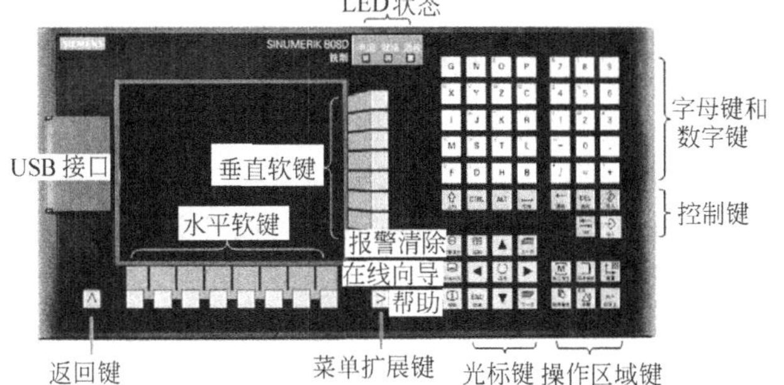

图 6-1 数控系统操作面板（PPU）

6.1.3 数控铣床机床控制面板（MCP）

SINUMERIK 808 铣床机床控制面板（MCP）如图 6-2 所示，面板上开关功能与操作方法大部分与车床相同，读者详见 3.1.3 节。下面仅阐述铣床 MCP 面板与车床不同的部分。

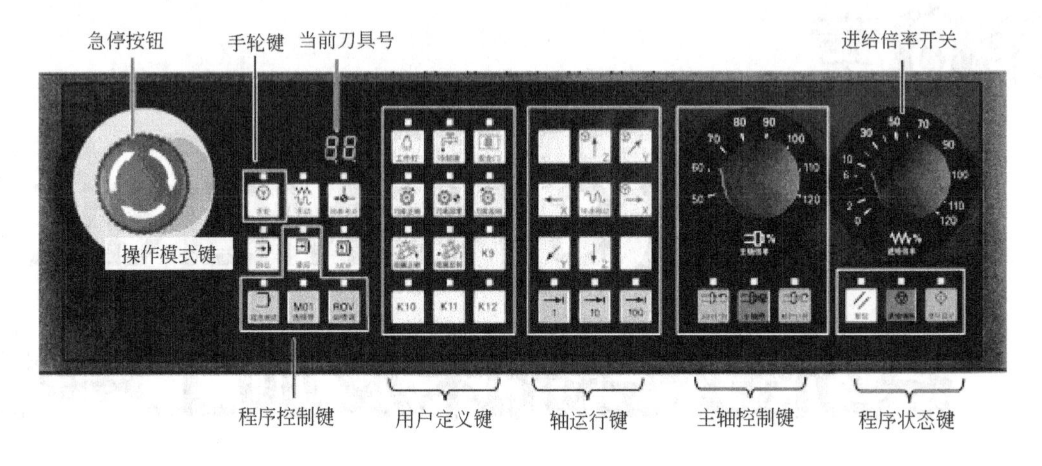

图 6-2 SINUMERIK 808 铣床机床控制面板（MCP）

（1）轴运行键

轴运行键及其在操作面板上的位置如图 6-3 所示，各键用途说明如下。

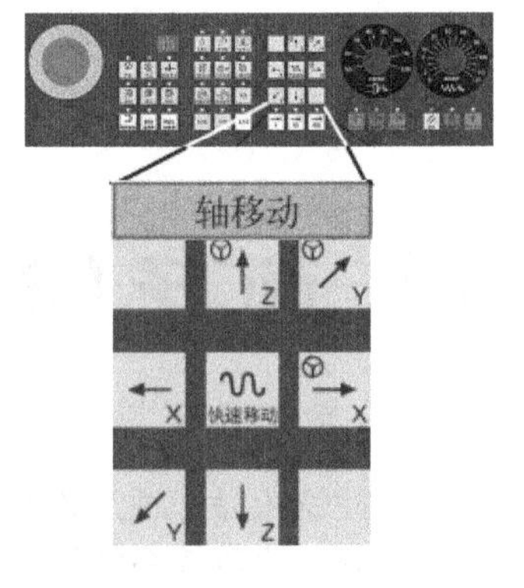

图 6-3 轴运行键

① 为 X 轴键。按下键，轴进给运动，抬起按键运动停止，向正方向运行 X 轴 。

② 为 X 轴键。向负方向运行 X 轴。

③ 为 Z 轴键。向负方向运行 Z 轴。

④ 为 Z 轴键。向正方向运行 Z 轴。

⑤ 为 Y 轴键。向正方向运行 Y 轴。

⑥ 为 Y 轴键。向负方向运行 Y 轴。

⑦ 为快速运行覆盖键。同时按下该键和相应的轴键可以使该轴快速运行。

⑧ 为无效按键。未分配功能给该按键。

⑨ 、 、 为增量进给键（带 LED 状态指示灯）。每按一次轴移动键，相应轴进给一个增量，称做增量进给。该键用于选择增量进给并设置轴的运行增量。

（2）用户定义键

用户定义键及其在操作面板上位置如图 6-4 所示，各键用途如下。

① 为工作灯键。在任何操作模式下按该键用于开关灯光（LED 亮：灯光开；LED 灭：灯光关）。

② 为冷却液键。在任何操作模式下按该键可以开关冷却液供应（LED 亮：冷却液开；LED 灭：冷却液供应关）。

③ 为安全门控制键。当进给轴和主轴全部停止工作时，按下此按键可以解锁安全门（LED 亮：安全门解锁；LED 灭：安全门锁定）。

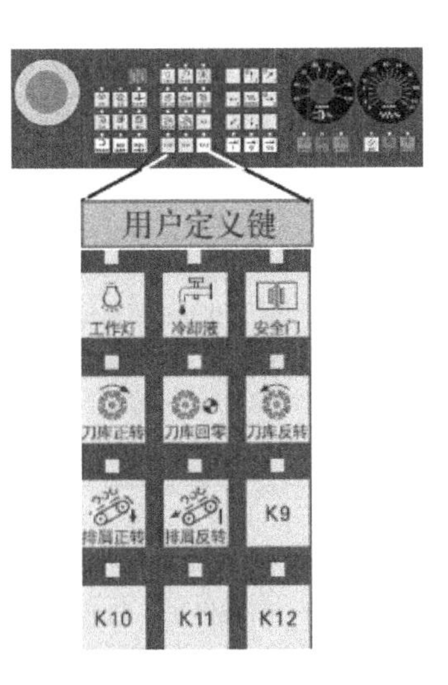

图 6-4　用户定义键（键上带 LED 状态指示灯）

④ 为刀库顺时针转动键，仅在 JOG 模式下有效。按下此按键使刀库顺时针转动（LED 亮：刀库顺时针转动；LED 灭：刀库停止顺时针转动）。

⑤ 为刀库回参考点键，仅在 JOG 模式下有效。按下此按键使刀库回参考点（LED 亮：刀库回到参考点；LED 灭：刀库还未回到参考点）。

⑥ 为刀库逆时针转动键，仅在 JOG 模式下有效。按下此按键使刀库逆时针转动（LED 亮：主轴逆时针转动；LED 灭：刀库停止逆时针转动）。

⑦ 为排屑器向前转动键，仅在 JOG 模式下有效。按下此按键使排屑器开始向前转动（LED 亮：排屑器开始向前转动；LED 灭：排屑器停止转动）。

⑧ 为排屑器反转键，按住此按键可以使排屑器反转。松开此按键则排屑器向前转动或者停止转动（LED 亮：排屑器开始反转；LED 灭：排屑器停止反转）。

⑨ K9 ... K12为由用户定义的键。

6.1.4　屏幕显示内容及屏面切换

数控系统显示屏面切换铣床与车床相同，详见 3.2 节。

6.2　跟我学 SINUMERIK 810 数控铣床操作

6.2.1　开机与回参考点

① 开机与关机操作同 3.3.1 节

② 手动回参考点操作

机床参考点是数控机床上的一个固定基准点，开机后通过回参考点建立机床坐标系，机床上电后，必须先回参考点。回参考点操作步骤如表 6-1 所示。

表 6-1　回参考点操作步骤

顺序	操作说明	屏幕显示
1	机床启动后，系统默认处在回参考点操作模式 如果进给轴未回参考点，窗口中坐标轴旁边显示的符号为“○”，表示该坐标轴未回参考点	操作区域：“加工操作”　操作模式：“Ref Point”（回参考点） SIEMENS X ○ 0.000 Y ○ 0.000 Z ○ 0.000 表示轴没有返回参考点

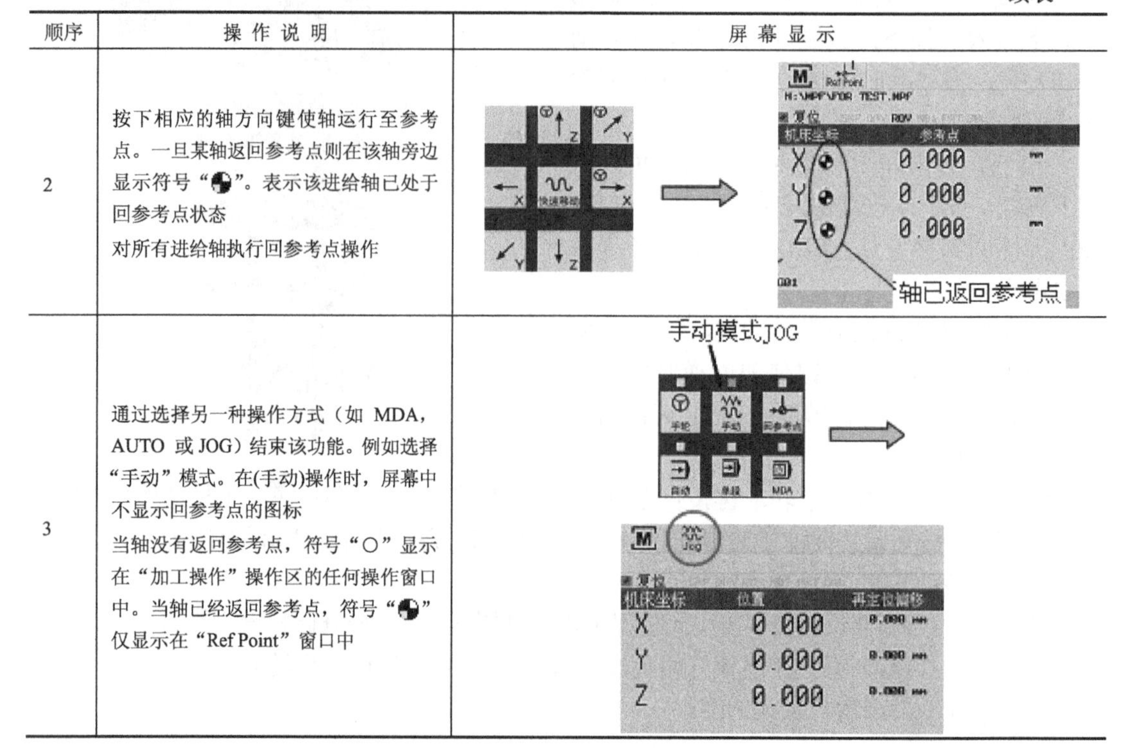

顺序	操作说明	屏幕显示
2	按下相应的轴方向键使轴运行至参考点。一旦某轴返回参考点则在该轴旁边显示符号“◐”。表示该进给轴已处于回参考点状态 对所有进给轴执行回参考点操作	轴已返回参考点
3	通过选择另一种操作方式（如 MDA，AUTO 或 JOG）结束该功能。例如选择“手动”模式。在(手动)操作时，屏幕中不显示回参考点的图标 当轴没有返回参考点，符号“○”显示在“加工操作”操作区的任何操作窗口中。当轴已经返回参考点，符号“◐”仅显示在“Ref Point”窗口中	手动模式JOG

如果机床装备有绝对编码器，因为绝对编码器具有记忆机床参考点功能，开机后可自动建立机床坐标系，不需要进行回零操作。

6.2.2 手动进给

手动进给是按下轴方向键，使 X、Y、Z 中任一坐标轴按调定进给速度或快速运动。手动进给需在操作模式“JOG”，操作区域“加工操作”中进行。

手动进给一次只能移动一个轴，操作步骤如下。

① 在机床控制面板上按下<手动>打开“JOG”窗口，如图 6-5 所示。

② 按下轴方向键，运行轴。持续按着该键，坐标轴就一直连续不断地以设定数据中的速度运行。如果设定数据中此值为“零”，则使用机床数据中所存储的值。

③ 可以手动操作进给速度的倍率旋钮，调整进给速度。

④ 如果按下轴方向键的同时，按下<快速移动>键，该轴快速移动。抬起轴方向键，该轴运动停止。

⑤ 按一下轴方向键，只运行一个增量值便停止（增量值分为 3 档：1μm、10μm、100μm），称为增量运行，增量运行轴需要的按下增量键，然后按下轴方向键运行轴。要取消增量轴运行，再次按下面板上的<手动>键。

6.2.3 手动 JOG 模式可以完成的操作

JOG 窗口（图 6-5）中水平软键为：T,S,M 设相对坐标 测量工件 测量刀具 端面切削 设置。用该水平软键，手动 JOG 模式可以完成的功能如下。

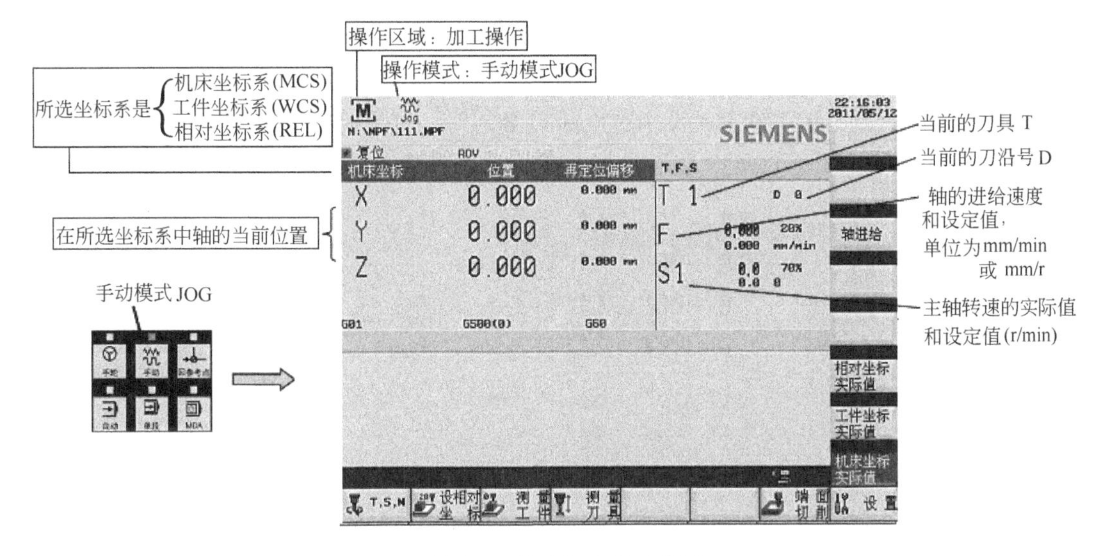

图 6-5 手动模式 JOG 窗口

① 由软键 T,S,M 设定主轴转速和方向、激活其他 M 功能，以及换刀。

② 由软键 设相对坐标 在相对坐标系中设定轴位置。

③ 由软键 测量工件 测量工件。

④ 由软键 测量刀具 测量刀具。

⑤ 由软键 端面切削 设定参数，用于毛坯工件的端面加工。

（1）由软键 T,S,M，操作 T, S, M 窗口

在图 6-5 的窗口中，按下软键 T,S,M，打开 T, S, M 窗口，如图 6-6 所示。T, S, M 窗口用途如下。

① 设定刀具号 T 和刀沿号 D。

② 设置主轴速度。

③ 选择主轴旋转方向。

④ 选择代码（G54 至 G59，以及 G500）。

⑤ 激活其他 M 功能。

例如在该窗口中输入值。①换刀： T1 D1；②主轴转速：800r/min；③主轴旋向：M4；④激活零点偏移：G54；⑤其他 M 功能：M8。输入设定值后，如图 6-7 所示。然后按“循环启动”键，激活输入的数据。

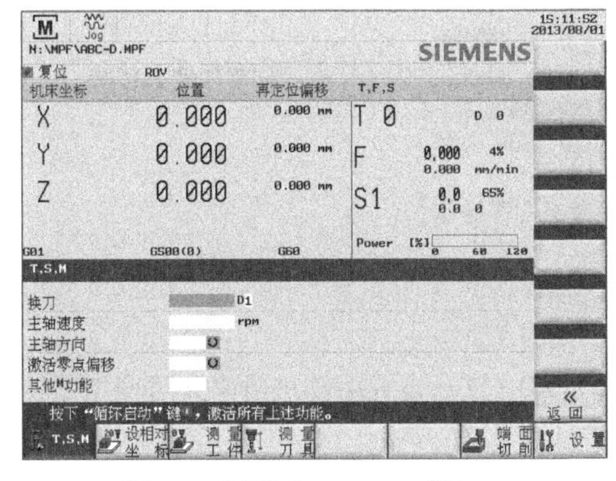

图 6-6 打开“T，S，M”窗口

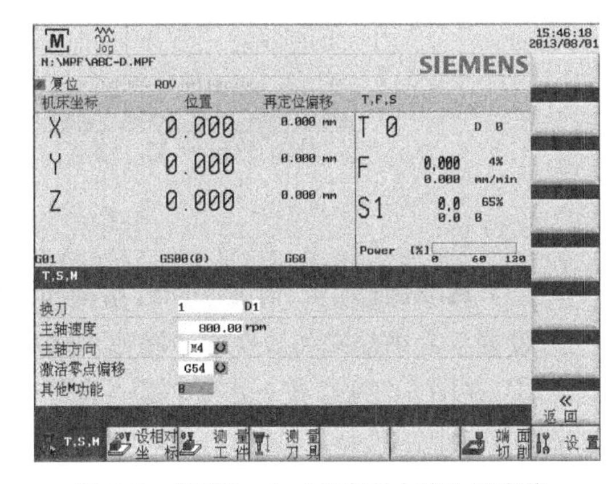

图 6-7 在“T，S，M”窗口中输入设定值

（2）由软键设相对坐标，设定相对坐标系和零点偏移

操作步骤如下。

① 在图6-5窗口中按下软键“设相对坐标” 设相对坐标，显示切换为相对坐标系，如图6-8所示。

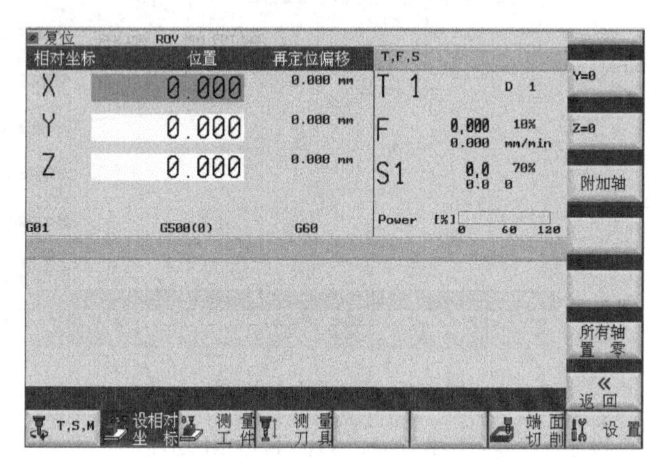

图6-8　操作“设相对坐标系”窗口

② 按光标键选择输入区，然后在相对坐标系中输入参考点新的位置值。按下<输入>键，确认输入，就修改了相对坐标系中的参考点。

③ 把相对坐标值归零也称为设置参考点归零,参考点归零方法，如图6-9所示，说明如下。

a．如上述步骤②，需要清零的轴输入相对坐标值为“0”。

b．按下软键 X=0 或 Z=0，设置单个进给轴归零。

c．按下软键 附加轴，然后按下“SP=0”，主轴归零。

d．按下软键 所有轴置零，设置所有轴归零。

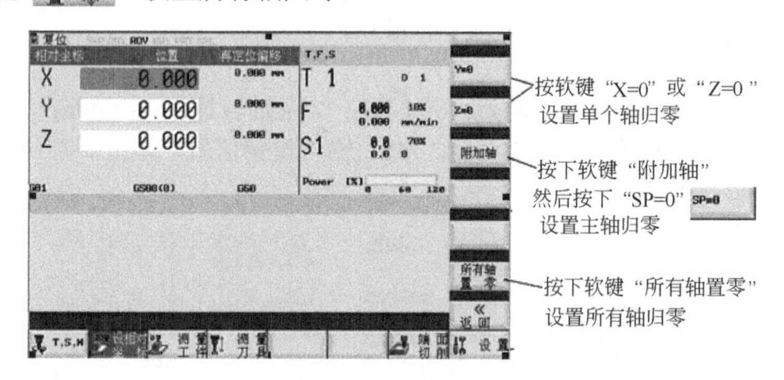

图6-9　设置参考点归零操作

（3）由软键设置，设置手动进给率和可变增量

设置手动进给率和可变增量操作步骤如下。

① 在图6-5窗口按下水平软键“设置”（设置），打开设置手动进给率和可变增量窗口，如图6-10所示。

② 在输入区输入值并按下<输入>，确认输入。

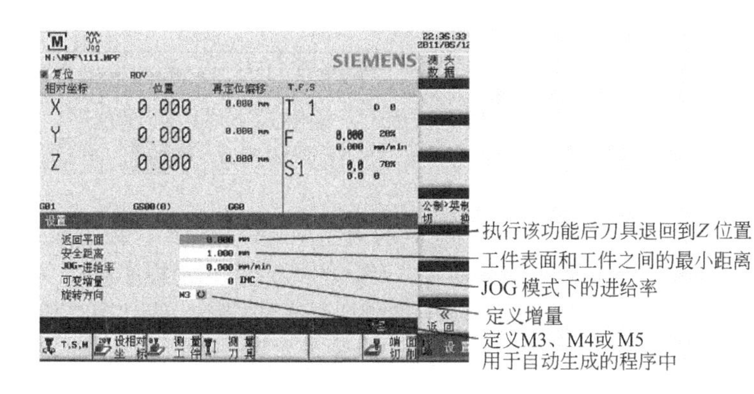

图 6-10　设置手动进给率和可变增量窗口

③ 如在公制和英制尺寸之间切换按下软键“公制英制切换” 公制>英制 切换。

④ 按下软键“返回” « 返回，返回上一级菜单。

6.2.4　用手轮移动刀架（手摇脉冲发生器进给）

手摇脉冲发生器又称为手轮，摇动手轮，使 *X*、*Z* 等任一坐标轴移动，手轮进给操作步骤如表 6-2 所示。

表 6-2　手轮进给操作

顺序	操 作 说 明	窗 口 显 示
1	在 MCP 面板按下键<手轮>，“手轮”软键显示在垂直软键栏上	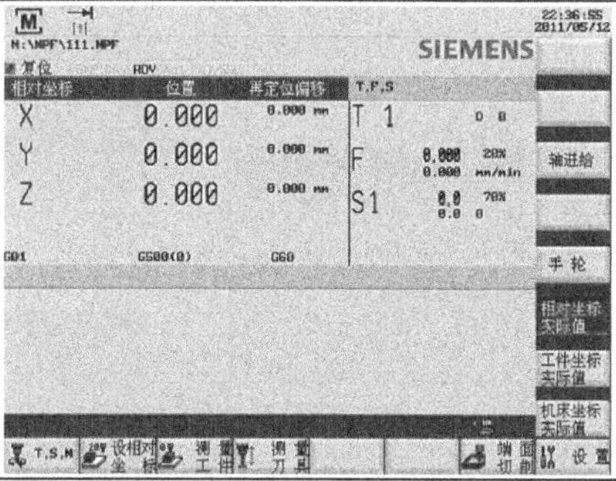
2	在 MCP 上按下需要的增量键 1 10 100。选择手轮旋转一个刻度时，刀架的直线移动距离，可以是 0.001mm、0.01mm 和 0.1mm	
3	可以通过 MCP 面板分配手轮，操作步骤如下 a.在“系统”操作区中，更改通用机床数据 14512[16]＝80 b.按下<手轮>。 c.按下带有手轮图标的轴 X 或 Z，手轮分配成功	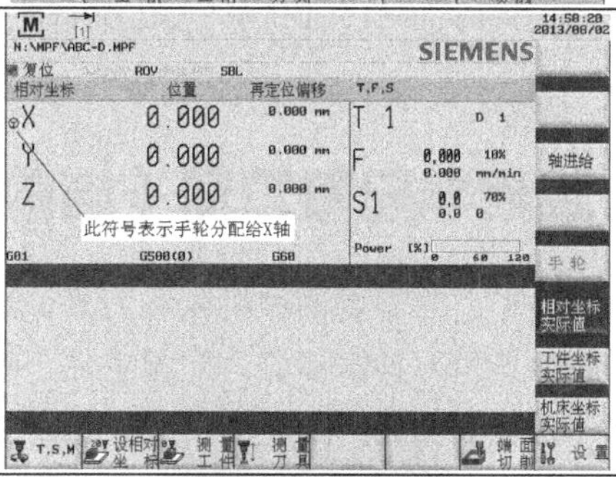
4	旋转手轮使移动刀具。手轮旋转 360°，刀具移动的距离相当于 100 个刻度的对应值。手轮顺时针（CW）旋转，所分配的移动轴向该轴的“+”坐标方向移动，手摇轮逆时针（CCW）旋转，则移动轴向“−”坐标方向移动	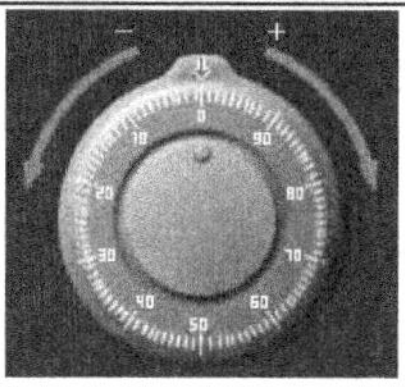

6.2.5 手动输入程序并自动运行（MDA 模式运行）

在“加工操作”操作区中打开 MDA 模式，该模式下可以创建程序，或从“程序管理”的目录中把现有程序加载到 MDA 缓存中。按下<循环启动>键，自动执行缓存中的当前程序，操作步骤如下。

① 在 PPU 面板上按下<MDA>键，打开“MDA”窗口，如图 6-11 所示。

② 在编辑（MDI）窗口创建零件程序，输入一个或者几个程序段。

③ 也从“程序管理”操作区的目录中加载现有零件程序。按软键“加载文件”，打开“打开文件...”窗口，如图 6-11 左下角所示。当光标位于子目录时，按下<输入>返回上一级目录。再次按下<输入>，打开子目录。在目录中选取所需加载程序，按软键“确认”加载选中的程序。按下“中断”，则退回原窗口。

④ 按下<循环启动>，开始执行输入的程序段。在程序执行时不能再对程序段进行编辑。要重复执行该程序段，再次按下<循环启动>。

⑤ 若要将当前程序保存，需按下软键“保存文件”。打开“保存文件...”窗口，如图 6-11 左侧所示。要在输入区和目录/ 程序之间切换，按下<TAB>。要保存程序，可以在输入区输入程序名或者选择已有程序名来覆盖旧程序。按下软键“确认”，保存当前程序。

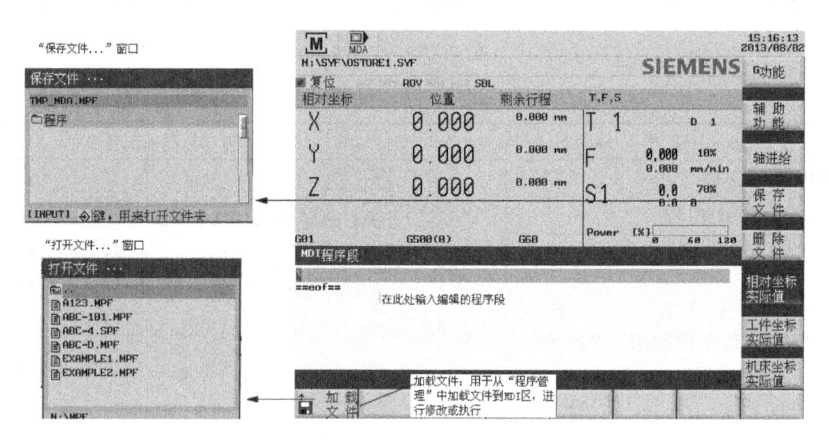

图 6-11 MDA 模式窗口

6.3 跟我学配置刀具（当前操作区为“参数”）

在数控加工之前需要调试机床和刀具，进行参数设置与调整。需要设置的参数有：配置刀具，存储刀具和刀具偏移值。配置工件，设定工件坐标系偏移量及验证对刀结果。

配置刀具包括创建一个新的刀具、输入刀具编号、刀沿位置以及类型，从而确定刀具的参数，如图 6-12 所示。

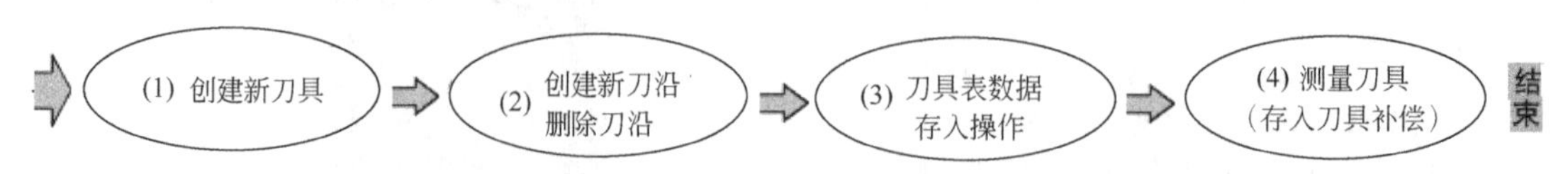

图 6-12 创建刀具过程

6.3.1 创建新刀具

创建新刀具的操作步骤如表 6-3 所示。

表 6-3 在数控系统中创建新刀具操作

步骤	操 作 说 明	显 示 窗 口
1	按下机床控制面板上<偏置>键 偏置，打开刀具列表屏幕	Ref Point 13:57:38 2013/08/03 刀具表 有效刀具号 1 D 1 类型 T D 几何数据 长度 半径 1 1 100.000 36.500 2 1 100.000 7.000 3 1 100.000 2.000 4 1 100.000 2.500 5 1 100.000 0.000 6 1 100.000 4.000 7 1 100.000 6.000 8 1 100.000 2.100 9 1 100.000 0.000 测量刀具 新建刀具 刀沿 删除刀具 搜索 刀具列表 刀具磨损 零点偏移 R R变量 SD 设定数据 GUD 用户数据
2	按下“新建刀具”，刀具列表窗口将会打开	Ref Point 14:18:54 2013/08/03 刀具表 有效刀具号 1 D 1 类型 T D 几何数据 长度 半径 1 1 100.000 36.500 2 1 100.000 7.000 3 1 100.000 2.000 4 1 100.000 2.500 5 1 100.000 0.000 6 1 100.000 4.000 7 1 100.000 6.000 8 1 100.000 2.100 9 1 100.000 0.000 铣刀 钻头 丝锥 球头铣刀 « 返回 刀具列表 刀具磨损 零点偏移 R R变量 SD 设定数据 GUD 用户数据
3	选择所需刀具，例如球头铣刀，新建铣刀窗口打开	Ref Point 14:21:59 2013/08/03 刀具表 有效刀具号 1 D 1 类型 T D 几何数据 长度 半径 新建球头铣刀 刀具号 标识符 U 球头铣刀 中断 确认
4	在空白处输入刀具编号，例如 15（建议刀号范围为 1~100 ）	Ref Point 14:26:04 2013/08/03 刀具表 有效刀具号 1 D 1 类型 T D 几何数据 长度 半径 新建球头铣刀 刀具号 15 标识符 U 球头铣刀 中断 确认

续表

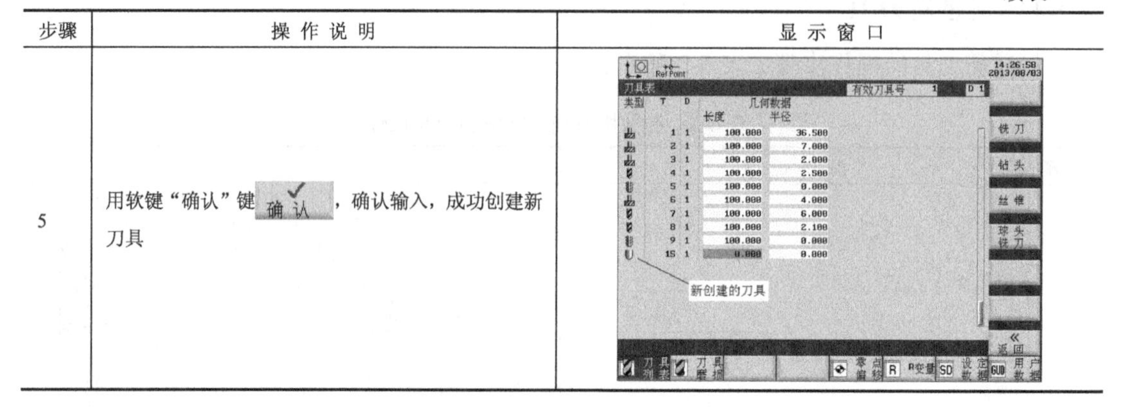

步骤	操 作 说 明	显 示 窗 口
5	用软键“确认”键 确认 ，确认输入，成功创建新刀具	

6.3.2 创建新刀沿，删除刀沿

在已经建立刀具中创建新刀沿，或删除刀沿，操作步骤如表 6-4 所示。

表 6-4 创建新刀沿，删除刀沿操作

步骤	操 作 说 明	显 示 窗 口
1	按下机床控制面板上<偏置>键 ，打开刀具列表屏幕，如图 6-13 所示 在“刀具列表”或“刀具磨损”窗口中，按下“刀沿”，打开刀沿基本画面	
2	在刀沿基本画面上有三个选项：“新刀沿”、“复位刀沿”、“删除刀沿” 按软键 新刀沿 ，建一个新的刀沿，新刀沿出现在刀具列表中 按软键 复位刀沿 ，将刀沿的所有偏移值复位为零	
3	若删除刀沿，用光标将相关刀沿高亮显示，并按 删除刀沿 。按下“确认” 确认 ，删除当前选定的刀沿。按下“中断” 中断 ，可取消删除	

6.3.3 刀具表数据存入操作

刀具偏移值由一系列数据组成，这些数据描述几何尺寸、磨损和刀具类型。按照刀具类型，每个刀具的刀沿参数数量固定。除测量刀具输入参数外，还可以通过在刀具列表中存入数值来确定刀具偏移值。

（1）在刀具表中存入刀具参数和刀具偏移值的操作步骤

① 按下<偏置>键，打开刀具列表屏面，如图 6-13 所示。

② 该窗口中包含已创建的刀具列表，可使用光标键在该列表中进行定位。

③ 将光标定位至需要更改的输入区上，并输入数值。

④ 按下<输入>键，或移开光标，便可对确认输入。

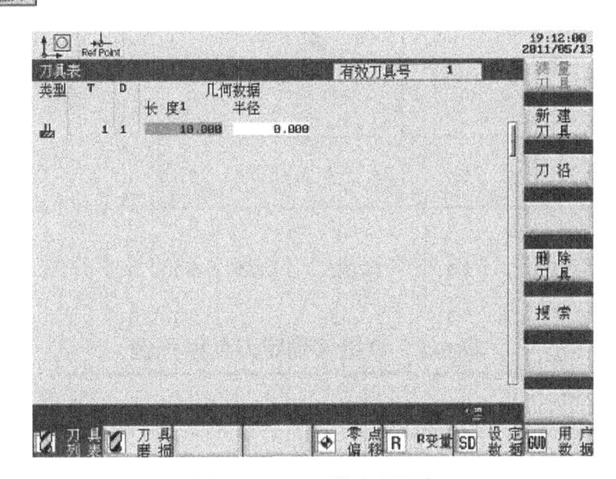

图 6-13 刀具表屏面

（2）在刀具磨损窗口显示并修改刀具磨损数据

刀具磨损数据用于修正刀具表中刀沿的刀具偏移值，显示并修改刀具磨损数据操作步骤如下。

① 在“偏置”操作区中按下软键“刀具磨损”，打开“刀具磨损”窗口，如图 6-14 所示。该窗口中显示在刀具表中存储的刀具号及其刀沿的磨损数据。

② 可以使用光标键在该表中进行定位。

③ 如想要输入或修改数据，将光标定位到输入区上并输入数值。

④ 按下<输入>键，或者移开光标，便可确认输入值。

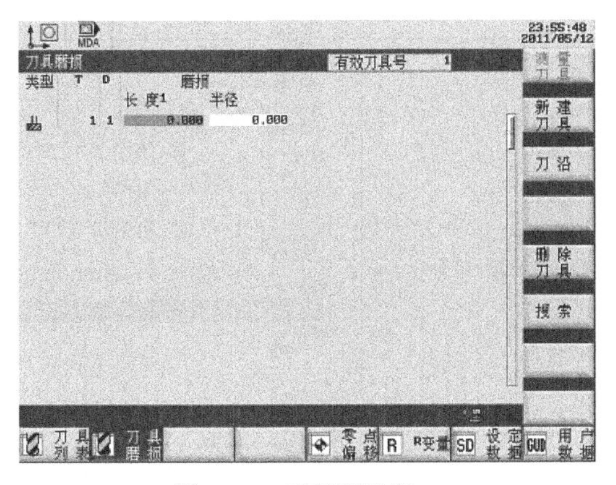

图 6-14 刀具磨损窗口

6.3.4 用“测量刀具”输入刀具偏置值（手动）

在执行零件程序时，必须考虑到刀具的几何尺寸等刀具偏置值，把刀具偏移值储存在刀具表中。铣刀偏移值需确定长度 1 和直径，而钻头偏移值只需要确定长度 1，如图 6-15 所示。可以通过系统的“测量刀具”功能，输入刀具偏置值，即刀具先装载至主轴上→试切刻划刀沿→启动“测量刀具”→确定刀具的偏移值，操作步骤如表 6-5、表 6-6 所示。

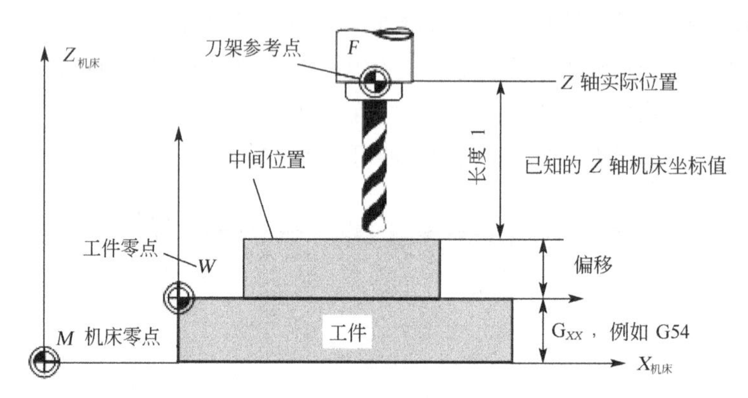

图 6-15　确定钻头长度 1（铣床 Z 轴的长度补偿）

表 6-5　测量法确定刀具偏移值

步骤	说　明	屏 幕 显 示
1	回参考点操作，建立机床坐标系	
2	刀具装载至主轴上，装夹工件	
3	在机床回参考点之后，按下 <MDA> [MDA]，进入 MDA 模式，输入刀具编号和刀沿编号	输入刀具号（T2）和刀沿号（D1）
4	按下<循环启动> [循环启动]，刀具被激活	激活刀具T2

续表

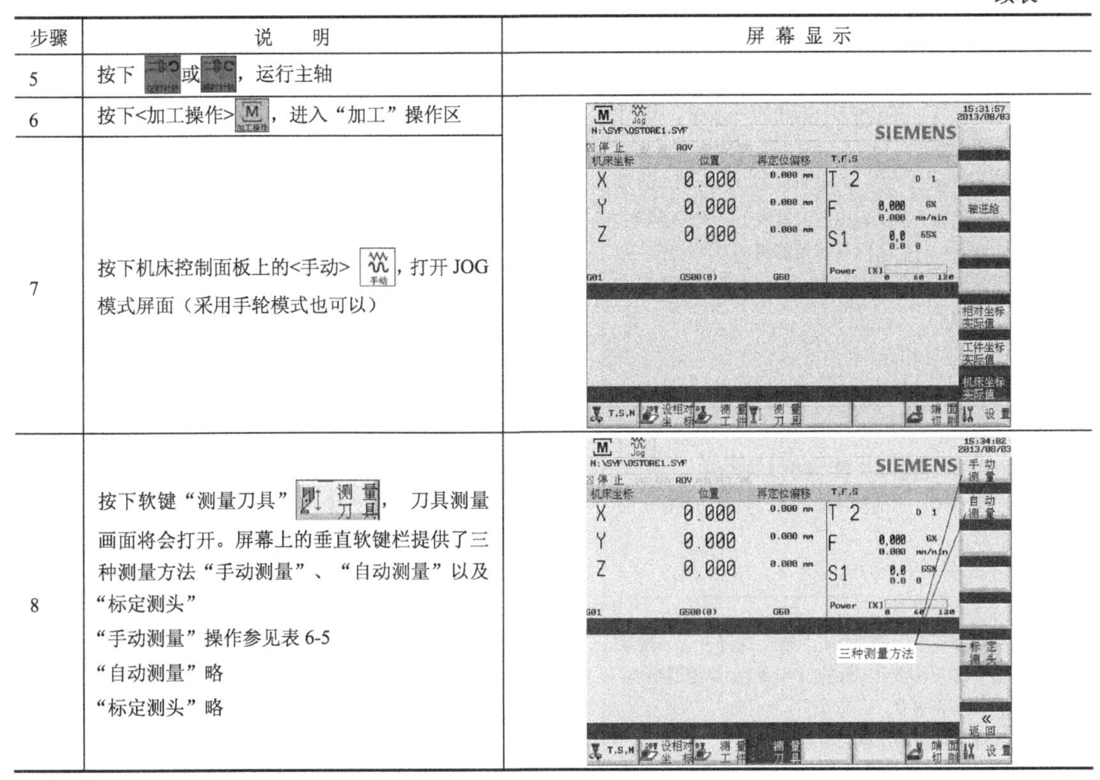

步骤	说　明	屏幕显示
5	按下 或 ，运行主轴	
6	按下<加工操作> ，进入“加工”操作区	
7	按下机床控制面板上的<手动> ，打开 JOG 模式屏面（采用手轮模式也可以）	
8	按下软键“测量刀具” ，刀具测量画面将会打开。屏幕上的垂直软键栏提供了三种测量方法“手动测量”、“自动测量”以及“标定测头” “手动测量”操作参见表 6-5 “自动测量”略 “标定测头”略	

表 6-6　手动测量输入刀具偏置值（表中工件坐标系零点是 *X*0/*Y*0/*Z*0）

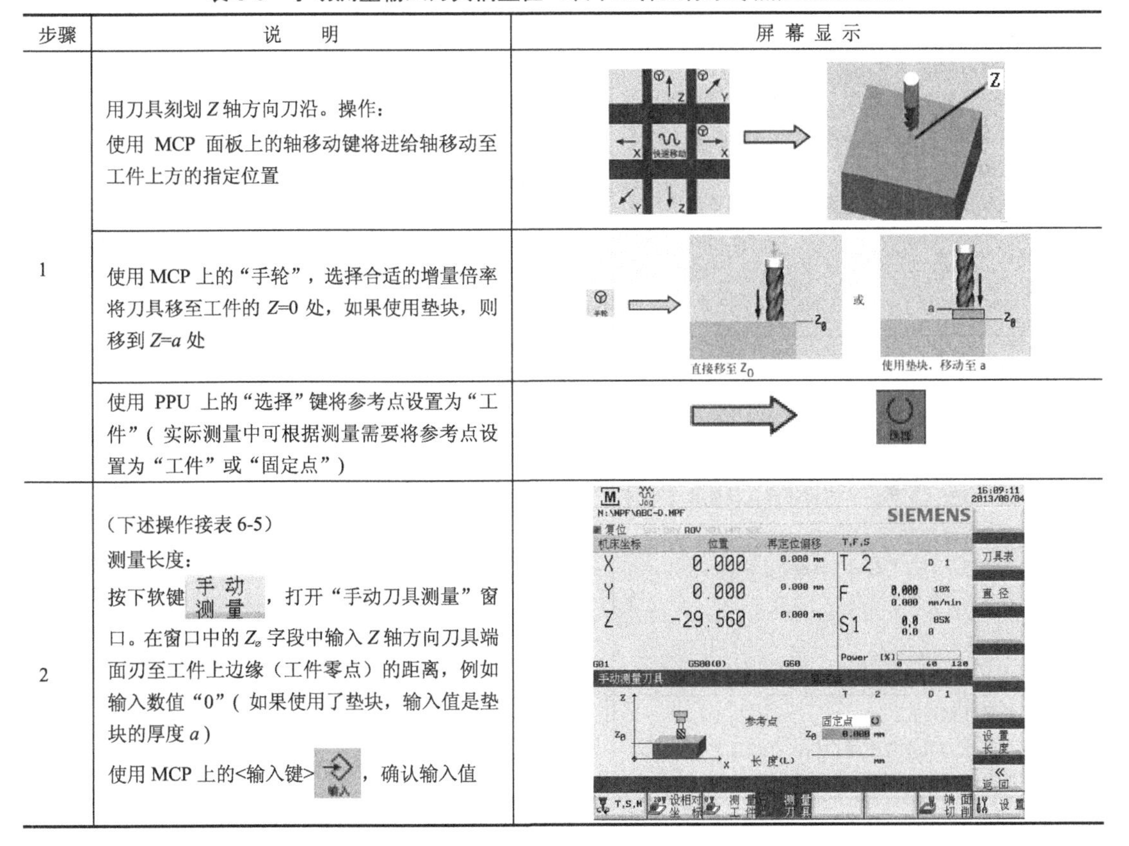

步骤	说　明	屏幕显示
1	用刀具刻划 *Z* 轴方向刀沿。操作： 使用 MCP 面板上的轴移动键将进给轴移动至工件上方的指定位置	
	使用 MCP 上的“手轮”，选择合适的增量倍率将刀具移至工件的 *Z*=0 处，如果使用垫块，则移到 *Z*=*a* 处	直接移至 Z_0　　使用垫块，移动至 a
	使用 PPU 上的“选择”键将参考点设置为“工件”（实际测量中可根据测量需要将参考点设置为“工件”或“固定点”）	
2	（下述操作接表 6-5） 测量长度： 按下软键 ，打开“手动刀具测量”窗口。在窗口中的 $Z_ø$ 字段中输入 *Z* 轴方向刀具端面刃至工件上边缘（工件零点）的距离，例如输入数值“0”（如果使用了垫块，输入值是垫块的厚度 *a*） 使用 MCP 上的<输入键> ，确认输入值	

续表

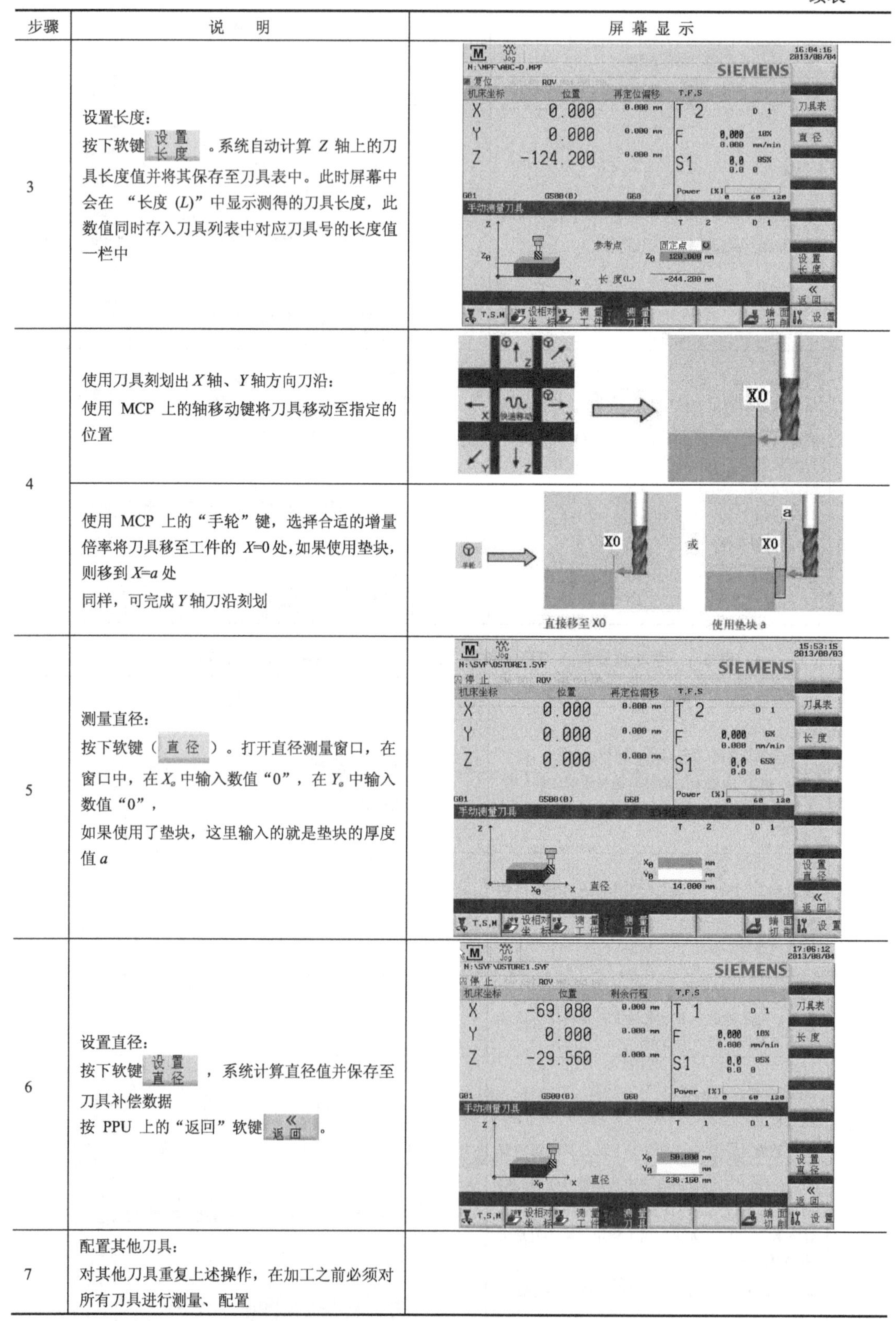

步骤	说明	屏幕显示
3	设置长度： 按下软键 设置长度 。系统自动计算 *Z* 轴上的刀具长度值并将其保存至刀具表中。此时屏幕中会在 “长度 (*L*)” 中显示测得的刀具长度，此数值同时存入刀具列表中对应刀具号的长度值一栏中	
4	使用刀具刻划出 *X* 轴、*Y* 轴方向刀沿： 使用 MCP 上的轴移动键将刀具移动至指定的位置	
	使用 MCP 上的“手轮”键，选择合适的增量倍率将刀具移至工件的 *X*=0 处，如果使用垫块，则移到 *X*=*a* 处 同样，可完成 *Y* 轴刀沿刻划	直接移至 X0　或　使用垫块 a
5	测量直径： 按下软键（ 直 径 ）。打开直径测量窗口，在窗口中，在 $X_ø$ 中输入数值“0”，在 $Y_ø$ 中输入数值“0”， 如果使用了垫块，这里输入的就是垫块的厚度值 *a*	
6	设置直径： 按下软键 设置直径 ，系统计算直径值并保存至刀具补偿数据 按 PPU 上的“返回”软键 《返回 。	
7	配置其他刀具： 对其他刀具重复上述操作，在加工之前必须对所有刀具进行测量、配置	

6.4 跟我学配置工件（当前操作区为“参数”）

6.4.1 输入和修改零点偏置值

在回参考点之后，数控系统窗口显示坐标值是机床坐标系（MCS）的坐标值。加工程序是基于工件坐标系（WCS）的坐标值。工件零点（*W*）与机床零点（*M*）之间的差值必须作为零点偏移存入“零点偏移表”。除了通过刻划刀具（试切法）测量并存入零点偏移外，还可以在“零点偏移”窗口中直接存入数值。存入/ 修改零点偏移的操作步骤如下。

① 按下<偏置>并选择“零点偏移”。打开“零点偏移”窗口，显示零点偏移表，如图 6-16 所示，该表包含编程零点偏移的基本偏移值和当前生效的比例系数、镜相状态以及所有当前生效的零点偏移的和。

② 将光标条定位至需要更改的输入区上，并输入数值。

③ 按下<输入>键，确认输入。对零点偏移所做的修改立即生效。

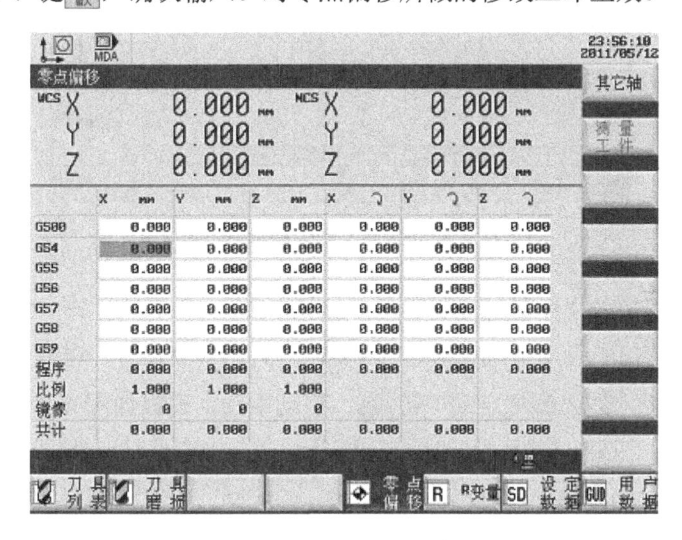

图 6-16 “零点偏移”窗口

6.4.2 用“测量工件”存入零点偏移值

用系统的“测量工件”功能存入零点偏移值，需要选择零点偏移存储地址（比如 G54 ），以及待求零点偏移的轴，操作步骤如图 6-17 所示，分述如下。

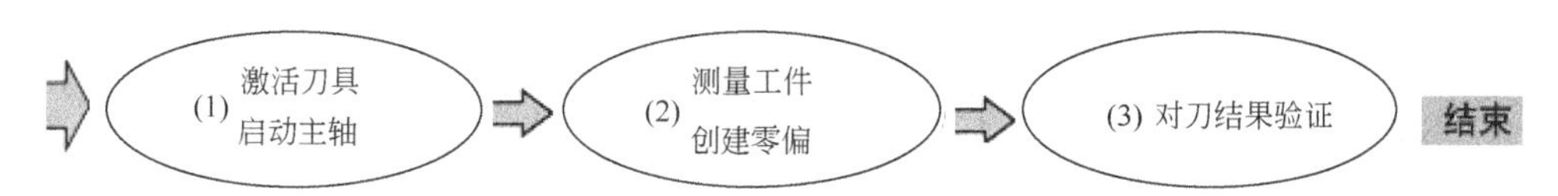

图 6-17 “测量工件”存入零点偏移步骤

（1）激活刀具，启动主轴

① 刀具装载至主轴，激活刀具操作。

a．在机床回参考点之后，按 MCP 上的“MDA”键，进入 MDA 模式。

b．输入刀具编号和刀沿编号，按 MCP 上的“循环启动”键。激活刀具。

② 启动主轴操作。

a．按 PPU 上的“加工操作”键。

b．按 MCP 上的“手动”键。打开窗口中的水平软键是：

T,S,M 设相对坐标 测量工件 测量刀具 端面切削 设置

c．在水平软件中按“T，S，M”软键，打开窗口如图 6-18 所示。

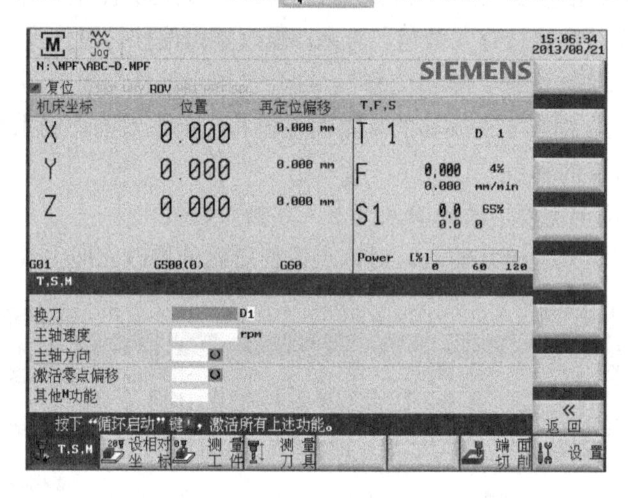

图 6-18　由“T，S，M”软键打开的窗口

d．在图 6-18 窗口的“主轴速度”栏目中输入 500。

e．在图 6-18 窗口中使用“选择”键（），把“主轴方向”选择为 M3。

f．按 MCP 面板上的“循环启动”键，启动主轴，屏显如图 6-19 所示。

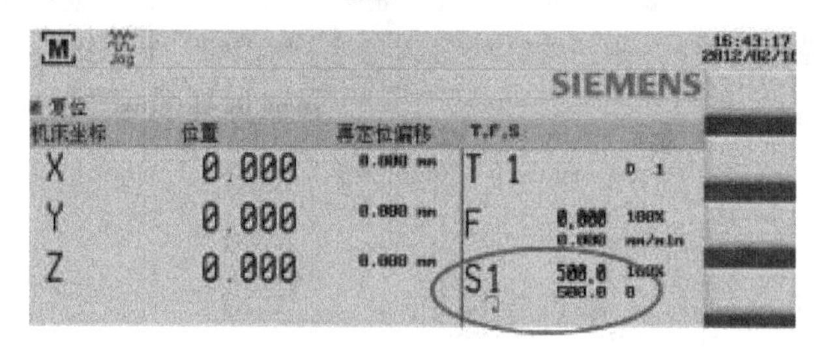

图 6-19　启动主轴后屏幕

g．按 MCP 上的“复位”键，使主轴停转。

h．按屏幕上软键“返回”。

（2）测量工件，创建零偏

通过测量工件创建零偏需要使用已经存储“刀具长度及半径”补偿值的刀具，将刀具移动至工件上的某一位置。使用“手动”或“手轮”方式，使刀具轻轻地刮碰到工件的边缘，然后系统自动计算出工件的零点位置。

在设定工件零偏之前必须要完成刀具的创建，并选择相应的零点偏移（比如 G54 ）以及待求零点偏移的轴，打开设置零偏窗口操作如下。

① 选择“加工操作”操作区中的“手动”，即按键 ⟹ 。打开 JOG 屏幕面如图 6-20 所示。

② 在 JOG 屏幕上按下软键“测量工件”。打开测量零点偏移窗口，如图 6-21 所示。该窗口中三个垂直软键提供三种可选择的对刀方式。

：分别在 *X*、*Y*、*Z* 轴对刀，用于确定工件边缘为工件零点，操作如表 6-7 所示。

：测量矩形工件，分中对刀，确定工件矩形中心为工件零点，操作如表 6-8 所示。

：测量圆弧形工件，确定圆弧形工件圆心为工件零点，操作如表 6-9 所示。

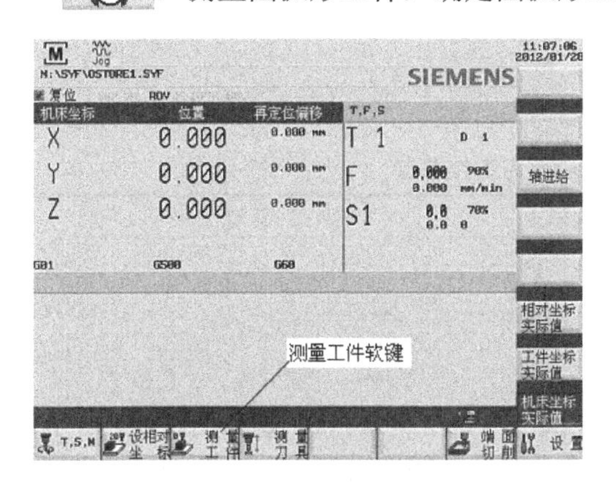

图 6-20　JOG 屏幕

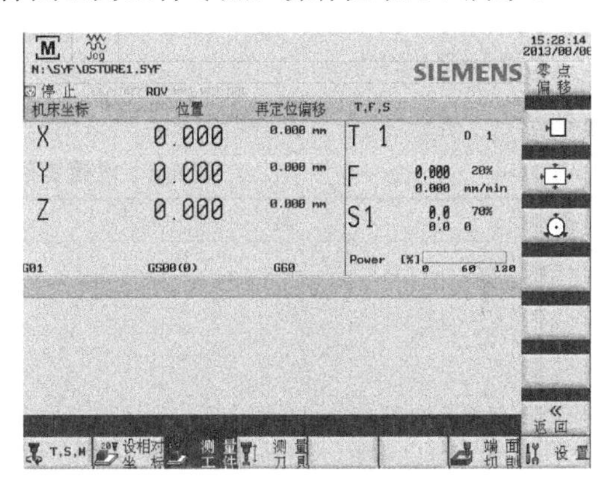

图 6-21　测量零点偏移窗口

表 6-7　工件零点设置在工件的边缘

步骤	说　明	屏 幕 显 示
1	设置 *X* 零点(描述为 *X*0) 的过程: 按下图 6-21 右侧第一个图标对应的软键 按屏幕上软键选择需设定的进给轴 *X* 轴 X	
2	刀具轻轻地刮碰到工件的边缘: 按 MCP 上的轴移动键将刀具移动至 *X* 方向上需要设定的位置	
	按 MCP 上的“手轮”键，选择合适的增量倍率，将刀具移动至工件边缘 *X*0 点处	

续表

步骤	说　　明	屏 幕 显 示
3	设置 X 轴零偏： 将“存储在”设置为“G54”(或其他偏置地址) 将“轴运动方向”选为“−”(根据实际情况进行选择) 将“到工件零点距离”的值设为“0” 按 PPU 上的“设定零偏”软键（设置零偏）	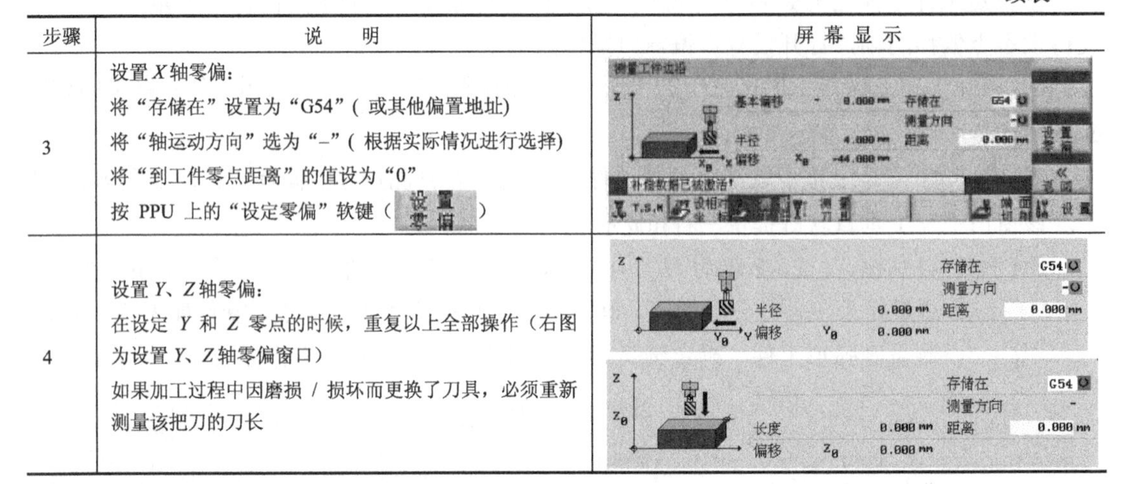
4	设置 Y、Z 轴零偏： 在设定 Y 和 Z 零点的时候，重复以上全部操作（右图为设置 Y、Z 轴零偏窗口） 如果加工过程中因磨损 / 损坏而更换了刀具，必须重新测量该把刀的刀长	

表 6-8　设置矩形件中心点为工件零点

步骤	说　　明	屏 幕 显 示
1	打开设定屏面： 按图 6-21 右侧第二个图标对应的软键，打开设定屏面	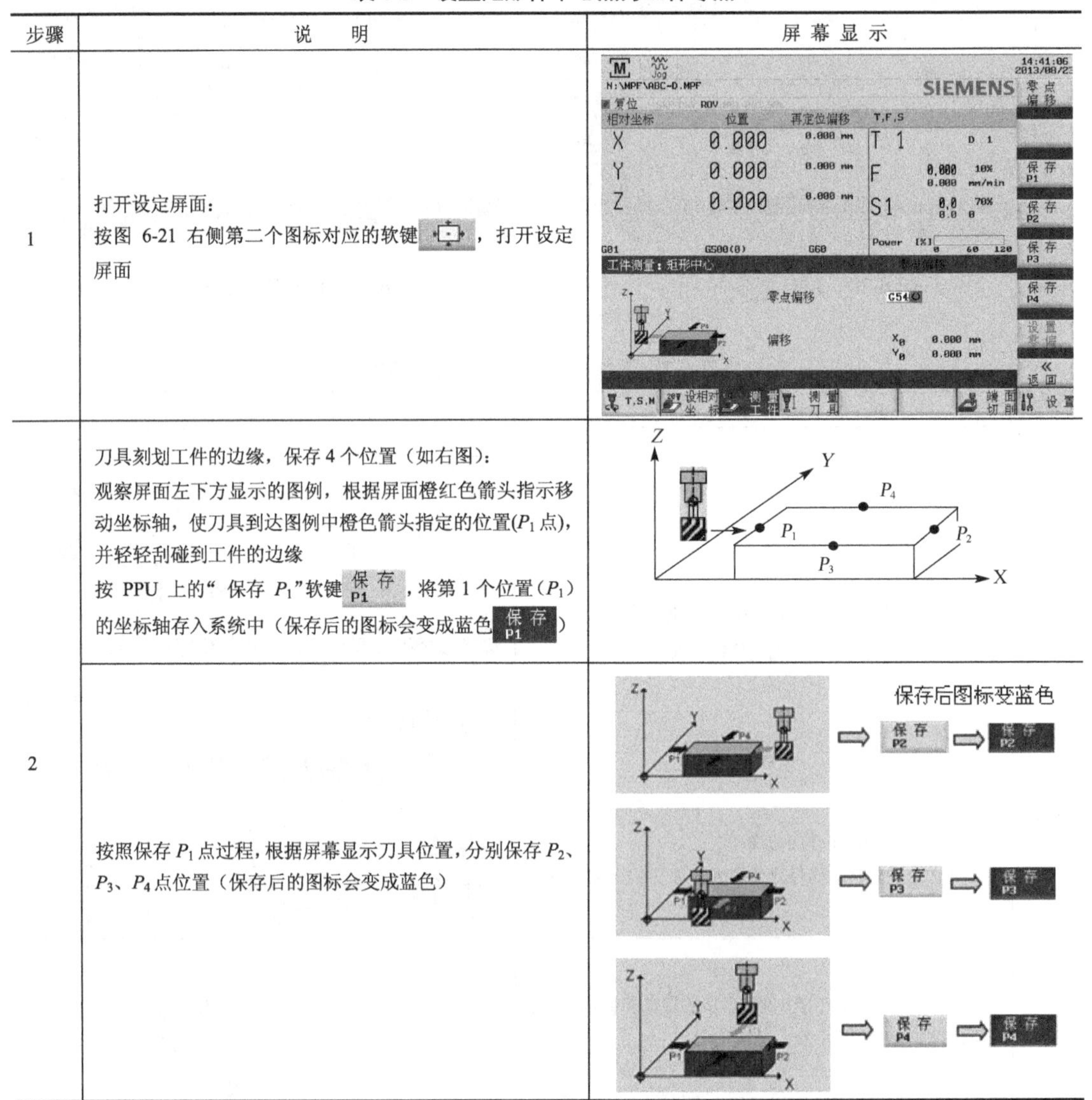
2	刀具刻划工件的边缘，保存 4 个位置（如右图）： 观察屏面左下方显示的图例，根据屏面橙红色箭头指示移动坐标轴，使刀具到达图例中橙色箭头指定的位置(P_1 点)，并轻轻刮碰到工件的边缘 按 PPU 上的“保存 P_1”软键（保存 P1），将第 1 个位置(P_1)的坐标轴存入系统中（保存后的图标会变成蓝色（保存 P1））	
	按照保存 P_1 点过程，根据屏幕显示刀具位置，分别保存 P_2、P_3、P_4 点位置（保存后的图标会变成蓝色）	保存后图标变蓝色

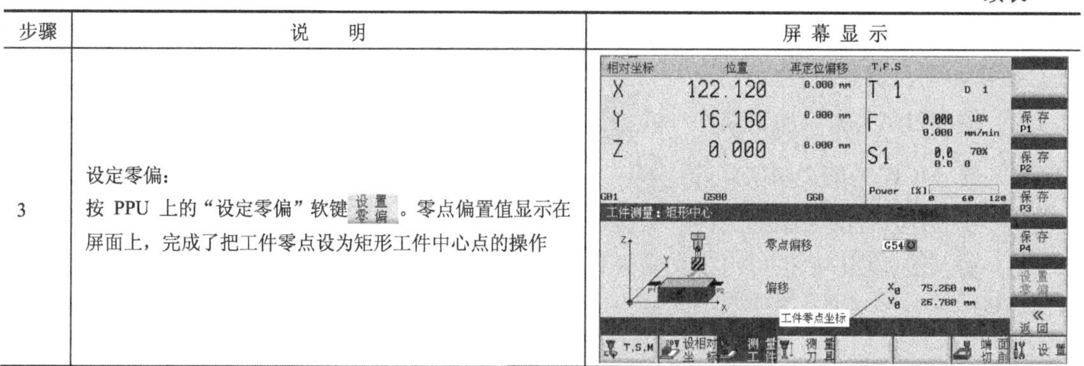

步骤	说　明	屏幕显示
3	设定零偏： 按 PPU 上的“设定零偏”软键 设置零偏。零点偏置值显示在屏面上，完成了把工件零点设为矩形工件中心点的操作	

表 6-9　设置圆弧形工件的圆心为工件零点

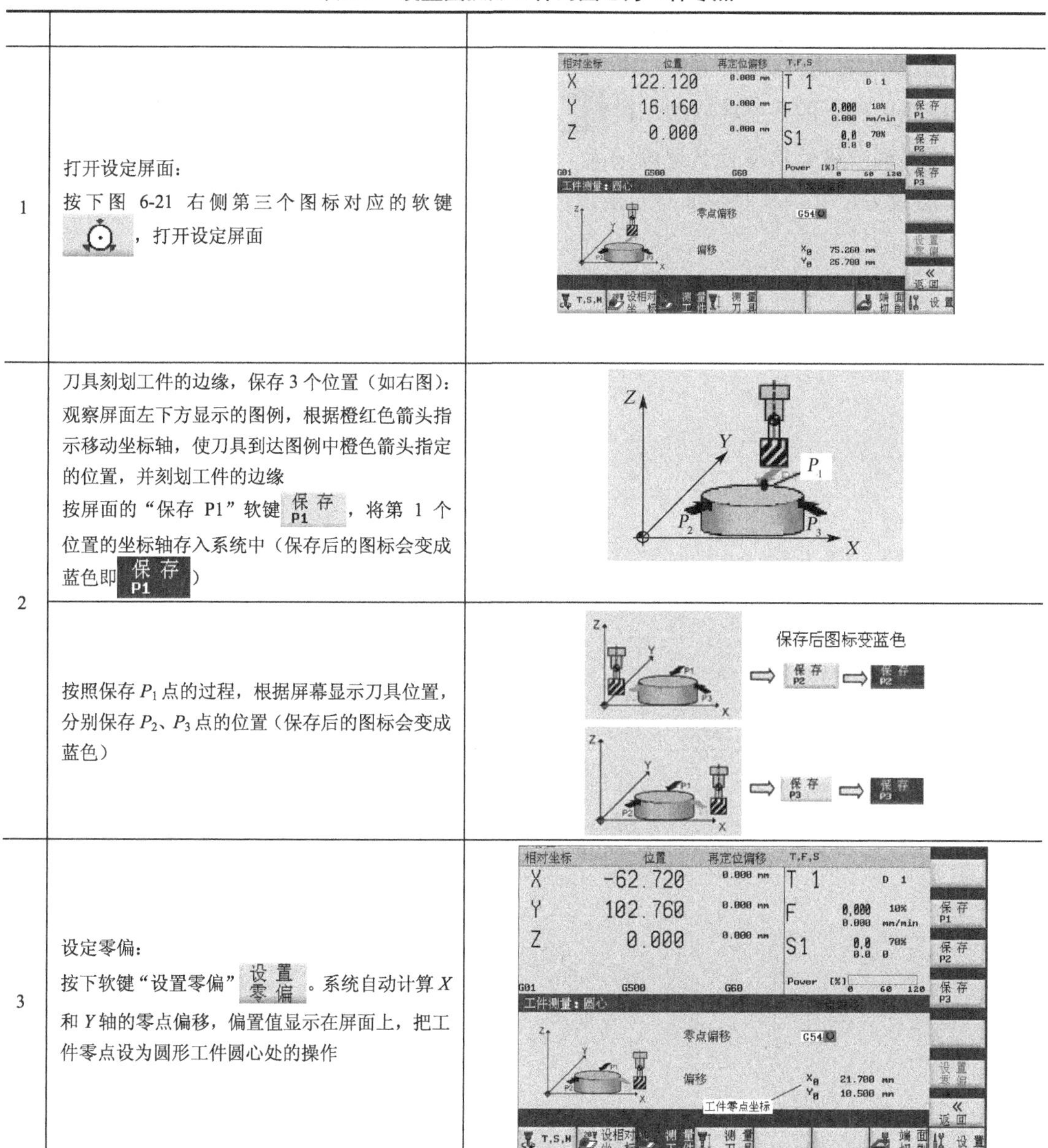

1	打开设定屏面： 按下图 6-21 右侧第三个图标对应的软键，打开设定屏面	
2	刀具刻划工件的边缘，保存 3 个位置（如右图）：观察屏面左下方显示的图例，根据橙红色箭头指示移动坐标轴，使刀具到达图例中橙色箭头指定的位置，并刻划工件的边缘 按屏面的“保存 P1”软键 保存 P1，将第 1 个位置的坐标轴存入系统中（保存后的图标会变成蓝色即 保存 P1）	
	按照保存 P_1 点的过程，根据屏幕显示刀具位置，分别保存 P_2、P_3 点的位置（保存后的图标会变成蓝色）	保存后图标变蓝色
3	设定零偏： 按下软键“设置零偏” 设置零偏。系统自动计算 X 和 Y 轴的零点偏移，偏置值显示在屏面上，把工件零点设为圆形工件圆心处的操作	

（3）**对刀结果验证**

完成配置刀具和配置工件之后，为保证加工安全及准确性，应对对刀结果进行适当的验证，操作如下。

① 按 PPU 上的“加工操作”键 [M 加工操作]。

② 按 MCP 上的“MDA”键 [MDA]。

③ 按 PPU 上的“删除文件”软键 [删除文件]。

④ 输入验证程序(也可自定义验证程序)。

```
G54          ；按需要选择偏置平面
T1 D1
G00 X0 Y0 Z5
```

⑤ 按 MCP 上的“ROV”键 [ROV]，确保“ROV”功能激活，键内指示灯点亮即该功能激活。(附注:ROV 功能是在指令 G00 下使进给倍率开关有效)。循环启动开始时确保 MCP 上的进给倍率数值为 0。

⑥ 按 MCP 上的“循环启动”键 [循环启动]。

⑦ 缓慢调节进给倍率使其逐渐增大，避免进给轴移动过快而发生意外，观察进给轴是否移动至所设定位置，从而验证对刀是否正确。

第7章

西门子（SINUMERIK）系统数控镗铣加工实例

7.1 分析零件图

【例 7-1】 零件图如图 7-1 所示。工件的周边和底面已加工，要求数控铣削上平面，铣削深 10mm、直径 ϕ10mm 圆槽，钻 4× ϕ10 通孔，工件材质为 45 钢。

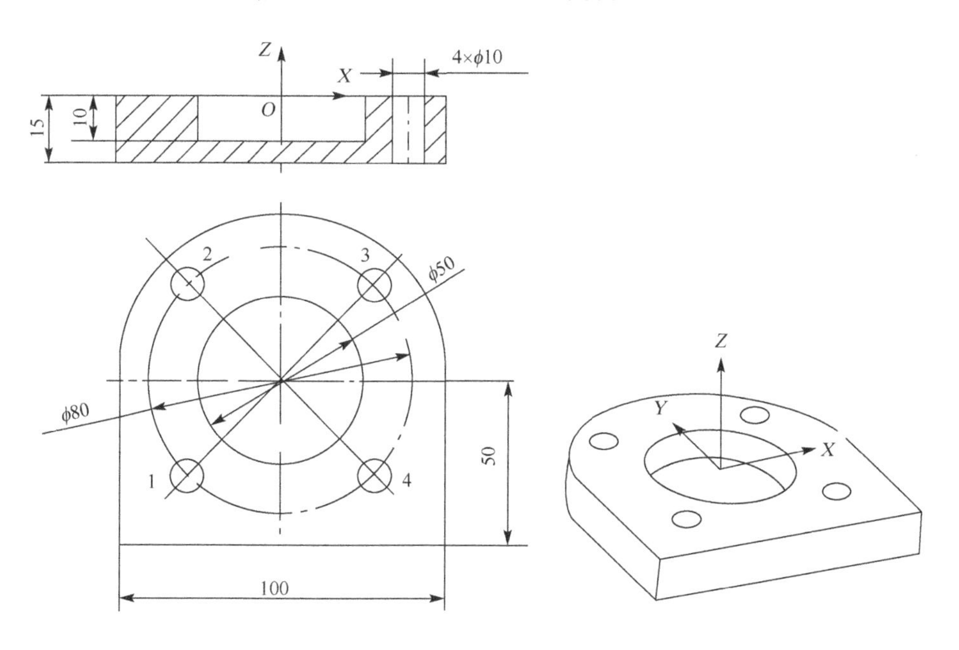

图 7-1 孔系加工零件图

坯料的底面和周面均已加工，数控加工表面是平面、圆槽和孔。零件孔的设计基准是工件中心点。

7.2 确定加工工艺

① 工件坐标系原点。根据基准重合原则，选择加工表面的设计基准为工件编程原点，本工序孔的设计基准是工件上表面的中心点，以该点位置为工件坐标系原点。按右手系的规定，确定加工坐标系如图7-1所示。

② 工件装夹。采用平口虎钳装夹工件。工件的周边和底面已加工完，故以底面和周边面为工件的定位面。

③ 刀具选择。铣平面采用平面铣刀：T1 D1。

铣圆槽采用端铣刀：T2 D1（ ϕ20mm）。

钻孔采用高速钢钻头：T3 D1(ϕ10mm)。

④ 确定切削用量。主轴转速粗加工为1500 r/min，精加工为2000 r/min。

7.3 编程（加工程序）

程序	解释
N10 G17 G90 G54 G60	; N10
N20 T1 D1	; N20 1号刀为平面铣刀
N30 M6	; N30 换刀
N40 S1500 M3 M8	; N40 启动主轴正转，开冷却液
N50 G0 X-70 Y0 Z50	; N50 *Z*轴刀具到退回平面
N60 G0 Z2	; N60 *Z*轴刀具到安全距离
; =======Star t Face mill========	===== 开始端面铣削====
N70 CYCLE71(100,1,2,0,-50,-50,100,100,0,1, , ,0,400,11)	; N70起点（X-50，Y-50），长宽均为100m m，进给率为400mm / min，沿平行于*X*轴方向粗加工
	; N80 主轴转速2000r/min
N80 S2500	; N90 重复N80中进行的端面铣削过程，本次铣削特点是平行于*X*轴方向，交替进行的精加工
N90 CYCLE71(50,1,2,0,-25,-25,100,100,0,1, , ,0,400,32)	===== 端面铣削结束====
	; *Z*轴刀具到退回平面
; ====End Face mill=====	; N110 2号刀为端铣刀，ϕ*20* mm
N100 G0 Z50	; N120 换刀
N110 T2 D1	; N130 主轴正转
N120 M6	; N140 回到工件零点
N130 S1500 M3	; N150 到安全距离（接近工件）
N140 M8 G0 X0 Y0	==== 开始圆形凹槽铣削粗加工===

```
N150 G0 Z2
; ===Start circular pocket milling roughing==
N300 POCKET4(50,0 ,2,-10,25,0,0,3, 0.1,
 0.1, 300, 200, 0, 12, 2, , , 8, 1)
N310 S1500 M3
; ===Start circular pocket milling finishing===
N320 POCKET 4(50, 0, 2, -10, 25, 0, 0, 5, 0.1, 0.1, 300, 200, 0, 12, 2, , , 4,1)
N330 G0 Z50
; ==== drilling====
N340 T3 D1
N350 M6
N360 S2000 M3
N370 G0 X0 Y0
N380 MCALL CYCLE81(50,0,2,-18,0)
N390 HOLES2( 0,0,40,45,90,4)
N400 MC ALL
N410 M30
```

```
; N300 铣削圆形凹槽(深 10 mm, 半径 25mm, 槽基准点坐标( X0 ,Y0), 铣削方向为顺铣, 粗加工, 沿螺旋路径切入

; === 开始圆形凹槽铣削精加工===
; N320  铣削圆形凹槽(深 10mm, 半径 25mm, 槽基准点坐标(X0 ,Y0), 精加工余量均为 0.1mm, 铣削方向为顺铣, 精加工
; 使用 G1 垂直槽中心切入
=====钻孔====
; N340 3 号刀为钻孔刀, 直径 10mm
; N380 钻孔深度 18mm, 使用 "MCALL" 模态调用指令, 即钻孔位置由 N390 中参数决定
; N390 圆周排列孔样式循环指令(圆周的中心点坐标为(X0,Y0), 半径 40mm, 圆周上第一个孔到圆周中心点的连线与 X 轴正方向之间的夹角为 45°, 相邻两孔间的夹角为 90°, 圆周上孔数目为 4 个)
; N400 取消模态调用
; N410 程序结束
```

7.4 检验程序

在“自动”模式下执行零件程序进行自动加工前，必须检查加工程序，以确认程序编写、坐标原点的设置等是否正确。通常需要通过“程序模拟”和“空运行”两个步骤检查程序。

（1）使用“程序模拟”功能对程序进行检测

程序模拟是机床轴不运动，只在显示屏面上显示程序中刀具的运行轨迹，操作步骤如表 7-1 所示。

表 7-1 “程序模拟”操作步骤

顺序	操作说明	屏幕显示
1	按 MCP 上的“自动”键 自动，系统进入“自动”模式，使用 MCP 上的“程序管理”键 程序管理，打开零件程序	

续表

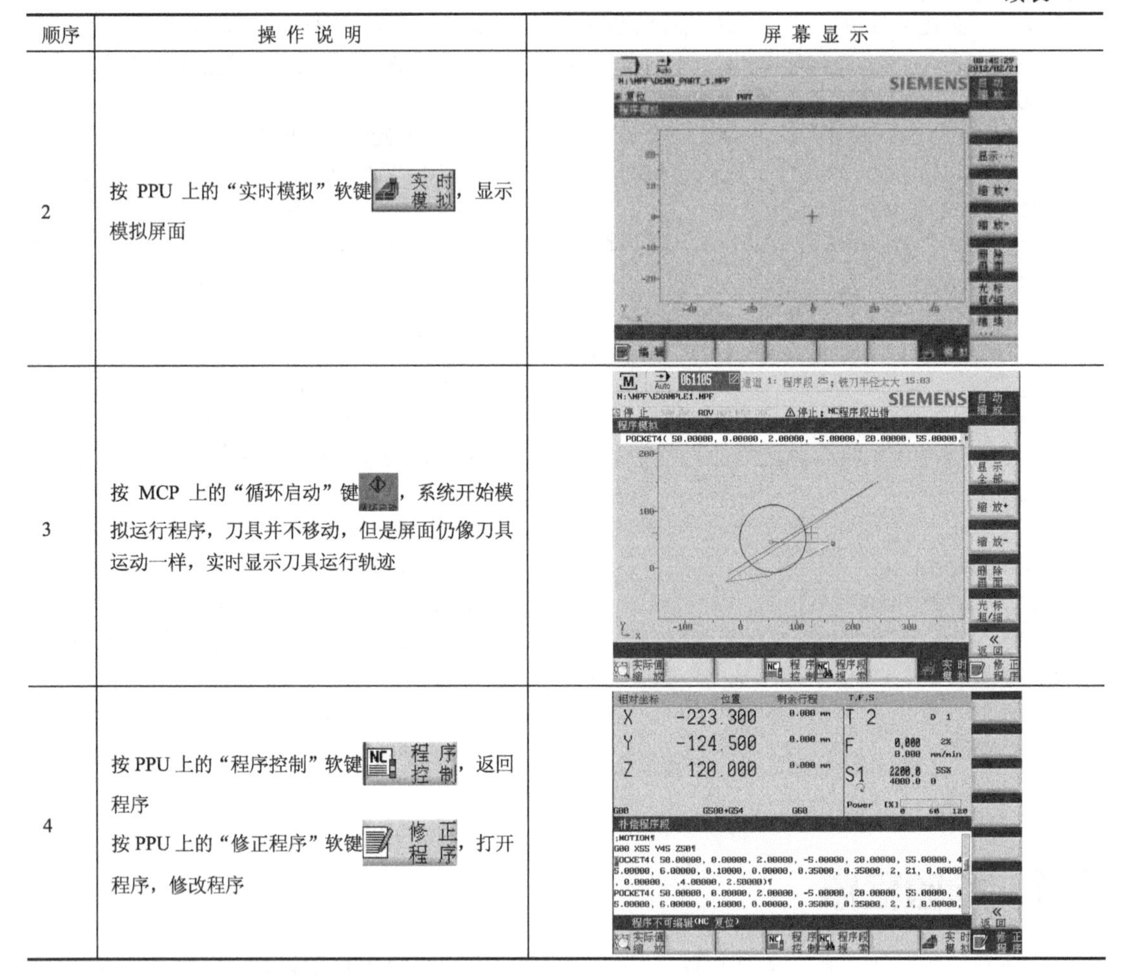

顺序	操 作 说 明	屏 幕 显 示
2	按 PPU 上的“实时模拟”软键 实时模拟，显示模拟屏面	
3	按 MCP 上的“循环启动”键 ，系统开始模拟运行程序，刀具并不移动，但是屏面仍像刀具运动一样，实时显示刀具运行轨迹	
4	按 PPU 上的“程序控制”软键 程序控制，返回程序 按 PPU 上的“修正程序”软键 修正程序，打开程序，修改程序	

（2）执行“空运行”检查程序

空运行是刀具快速移动，与程序中给定的进给速度无关。该功能用来在机床不装工件时检查程序中的刀具运动轨迹。在自动运行期间下空运行模式中刀具按编程轨迹快速移动。为确保安全，应根据工件实际尺寸对所设定的偏置值进行适当改动，保证空运行过程中不会切削到实际工件，造成不必要的危险，操作步骤如表 7-2 所示。

表 7-2 “空运行”操作步骤

顺序	操 作 说 明	屏 幕 显 示
1	完成“程序执行”操作显示的界面上进行下述操作设定和检查 “空运行进给量”的数据： ①按 PPU 上的“偏置”键	

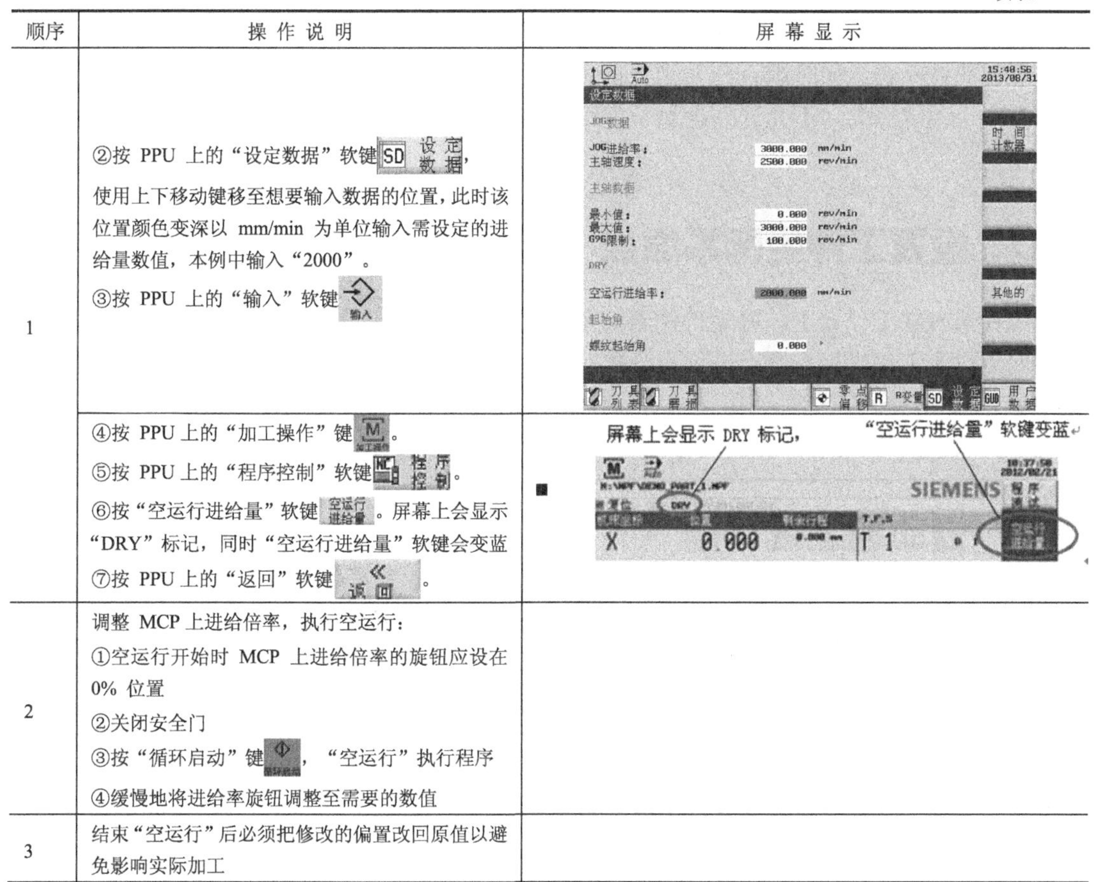

顺序	操作说明	屏幕显示
1	②按 PPU 上的“设定数据”软键 SD 设定数据，使用上下移动键移至想要输入数据的位置，此时该位置颜色变深以 mm/min 为单位输入需设定的进给量数值，本例中输入“2000”。 ③按 PPU 上的“输入”软键 输入	
	④按 PPU 上的“加工操作”键 M 加工操作。 ⑤按 PPU 上的“程序控制”软键 程序控制。 ⑥按“空运行进给量”软键 空运行进给量。屏幕上会显示“DRY”标记，同时“空运行进给量”软键会变蓝 ⑦按 PPU 上的“返回”软键 《返回。	屏幕上会显示 DRY 标记，“空运行进给量”软键变蓝
2	调整 MCP 上进给倍率，执行空运行： ①空运行开始时 MCP 上进给倍率的旋钮应设在 0% 位置 ②关闭安全门 ③按“循环启动”键 循环启动，“空运行”执行程序 ④缓慢地将进给率旋钮调整至需要的数值	
3	结束“空运行”后必须把修改的偏置改回原值以避免影响实际加工	

7.5 装夹工件

① 把平口钳装夹在工作台上。平口钳放在机床工作台上，在固定钳口上打百分表找正平口虎钳方向，使固定钳口与工作台的一个导轨的进给方向平行，即以固定钳口为基准，校正虎钳在工作台上的位置，如图 7-2 所示。用 T 形螺钉把平口钳夹紧在工作台上。

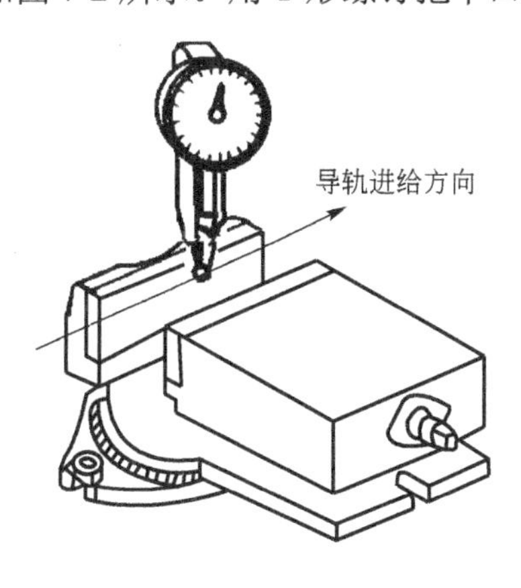

图 7-2 在固定钳口上打百分表找正平口虎钳

② 工件在平口虎钳上的装夹。为确保定位可靠，应确保工件的底面与平行垫铁可靠贴合。夹紧操作中应首先轻夹工件，然后以底面定位，用橡胶锤轻敲工件顶面，以确保工件底面与平行垫铁贴合，同时用百分表测上表面找平工件。最后采用适当的夹紧力夹紧工件，不可过小，也不能过大。不允许任意加长虎钳手柄。

7.6 设置工件坐标系原点（对刀）

工件装夹在工作台上，确定工件坐标系原点相对机床原点的偏置值，称为对刀。把坯料的中间点设为工件坐标系原点，称为分中对刀，可以使用靠棒和塞尺分中对刀，操作方法参见本书 6.4.2 节和表 6-8。

7.7 自动加工试切削

检查完程序，正式加工前，应进行首件试切，只有试切合格，才能说明程序正确，对刀无误。一般用单程序段运行方式进行首件试切。按下 MCP 上的“单段”键，将工作方式选择单段方式，同时将进给倍率调低，然后按“循环启动”键，系统执行单程序段运行工作方式。每加工一个程序段，机床停止进给，查看下一段程序，确认无误后再按 键，执行下一程序段。注意刀具的加工状况，观察刀具、工件有无松动，是否有异常的噪声、振动、发热等，观察是否会发生碰撞。加工时，一只手要放在急停按钮附近，一旦出现紧急情况，随时按下按钮。

7.8 测量并修调尺寸

整个工件加工完毕后，检查工件尺寸，如有错误或超差，应分析检查编程、补偿值设定、对刀等工作环节，有针对性地调整。例如，加工完零件孔后，发现孔深均浅，应是对刀、设置刀补或设定工件坐标系的偏差，此时可将刀长度补偿值减小或将工件坐标系原点位置向 Z 轴的负向移动，而不需重新对刀。通常在重新调整后，再加工一遍即可合格。首件加工完毕后，即可进行正式加工。

参考文献

SINUMERIK

[1] 段晓旭．数控加工艺方案与实施．沈阳：辽宁科技出版社，2008.
[2] SINUMERIK 808D 编程和操作手册（车削）.
[3] SINUMERIK 808D 编程和操作手册（铣削）.